本书获得河南省高等学校哲学社会科学优秀学者项目（2015－YXXZ－08）资助

中国农田水利供给制度创新论

马培衢　著

中国农业出版社

北　京

图书在版编目（CIP）数据

中国农田水利供给制度创新论 / 马培衢著. —北京：
中国农业出版社，2021.9
ISBN 978-7-109-28807-2

Ⅰ.①中… Ⅱ.①马… Ⅲ.①农田水利—水利工程管
理—研究—中国 Ⅳ.①S279.2

中国版本图书馆 CIP 数据核字（2021）第 198502 号

中国农业出版社出版

地址：北京市朝阳区麦子店街 18 号楼
邮编：100125
责任编辑：赵 刚
版式设计：杜 然 责任校对：吴丽婷
印刷：北京中兴印刷有限公司
版次：2021 年 9 月第 1 版
印次：2021 年 9 月北京第 1 次印刷
发行：新华书店北京发行所
开本：700mm×1000mm 1/16
印张：16.25
字数：295 千字
定价：88.00 元

前　言

　　中国是灌溉农业大国，农田水利建设历来是治国安邦的重要公共事务，也一直是国家治理能力的重要体现。中国正处在"绿水青山就是金山银山"的生态文明建设新时代，贯彻"坚持和完善生态文明制度体系，促进人与自然和谐共生"的国家战略，成为建设中国特色社会主义现代化国家的重要议题，农田水利作为国家生态文明之基、乡村振兴之要，探究其供给制度现代化逻辑，可以为透视"中国之治"的制度密码提供独特视角。

　　新中国成立七十多年来，中国建立起了较为完善的农田水利灌排体系和管理体制机制，创造了世界农业发展史上"以约占全球6%的淡水资源、7%的耕地，支撑占全球20%的人口温饱和发展"的中国奇迹，其中一个重要原因就在于坚持立足中国国情、水情和农情，不断探索、创新、践行"人水和谐共生"的农田水利供给体制。然而，21世纪以来，在国家持续加大农田水利财政投入和政策资源供给的制度背景下，农田水利投入难、管理难、组织难的问题依然突出，工程性和管理性双重"最后一公里"相互交织，出现局部性"有增长无发展"的改革困局。这些问题的成因何在、其生成机理和破解路径是什么，既有文献尚未做出系统、科学的解答，更未形成逻辑一致的理论分析框架、改革方略和对策建议。客观把握中国农田水利供给行为及其绩效演化的制度成因，构建理论逻辑与实践逻辑一致的农田水利供给制度分析框架，已经成为农田水利治理体系现代化的重要议题。

　　问题是时代的先声，是社会的回响，更是制度创新的着眼点和突破口。本书将研究视点回到研究对象本身，深入透视农田水利本身及其运行的乡村社会环境乃至外部政治、社会和生态大环境，变化的历史背景和生态背景，揭示农田水利交易性质变化诱致的供给方略和供给制度需求。在实地调研、文献研究和实证分析的基础上，本书发现中国农田水利改革发展困境的根源在于制度供给未能适应和契合农田水利交易特性变化的制度需求，而是出现了制度脱嵌、组织悬浮、供需脱节相互交织造成的制度"内卷化"

问题。纵观国内外历史经验和中国国情，破解农田水利供给低效困局，应该调动政府、市场和村社等力量建构多中心治理格局，但多中心治理未必自然促成农田水利供给绩效的提高。中国的实践经验表明，多中心力量能否在乡土场域形成有序参与、良性互动的协同供给制度，则是决定农田水利供给绩效的关键所在。

本书关于政府社会协同供给农田水利的制度建设思想，缘于作者对中国农田水利改革发展问题长达二十年的思考和研究。作者在数十次乡村实地调研过程中，深切感受到各级政府和社会民众对政府社会协同提升农田水利供给绩效的热切渴望，深切感受到中国乡村水利治理体系现代化理论研究的历史必要性和现实迫切性。这激励作者站在国家生态文明建设和乡村水利高质量发展的全局和战略高度，考察中国农田水利的治理之困和兴水之道，构建中国特色的农田水利供给制度创新理论和本土化推进路径，为透视和解读"中国之治"的制度密码提供一个独特视角。

本书在科学界定农田水利交易特性的基础上，采用具有中国风格的国家与社会交互建构的社会互构视角，围绕制度嵌合、基层制度能力等核心议题，以"交易特性—行为能力—合约匹配"为线索，探究农田水利供给绩效生成的制度逻辑，构建了农田水利供给绩效生成的 TSCP 理论分析框架；循着"理论探析—实证分析—实践应对"的逻辑思路，从宏观和微观视角实证考察农田水利供给绩效差异的制度根源和作用机理；系统分析了政府、市场、社会协同改善农田水利供给绩效的组织与制度条件，结合国内外农田水利供给制度创新实践经验，提出政府社会协同农田水利的制度创新路径与对策建议。

第一章为导论，主要介绍了研究背景和研究意义，界定了本书研究的问题指向和研究方法。第二章从农田水利作为人工与生态有机耦合复杂系统的经济社会交易特性出发，创新性地提出了农田水利交易特性四维决定论，以习近平生态文明思想为指导，综合运用交易成本理论、社会互构论、新经济社会学理论和社会—生态系统耦合分析框架。第三章立足新时代农田水利高质量发展的现实需求，重点分析了中国农田水利改革发展成效、存在问题、困境成因，阐明其制度根源在于制度脱嵌、组织悬浮造成的"制度内卷化"问题。第四章基于农田水利供给制度支撑力现状、制度支撑力不强的成因、既有改革方略有效性分析，阐明农田水利提质增效的四大制度创新需求。第五章系统梳理了新中国成立 70 余年来农田水利供给制度改革历程、成效、经验与问题，得出农田水利供给制度有效运行的四点经验启示。第六章基于全国 31 个省域的时间序列数据，采用窗口 DEA - Tobit 两阶段法，实证分析了农田水利供给绩效时空分异的成因，得出五方面的政策启示。第七章基于案例比较分析，重点梳理了近 30 年来国内外农田水利供给制度改革实践的主要做法、变革重点、制度贡献、潜在问题和经验教训，从制度创新的基本前提、动力基础、动力源泉、组织保障四个方面，提出农田水利供给制度创新经验启示。第八章通过对农田水利协同供给制度创新需求、实践经验、制度条件、内在机理的系统分析，揭示出农田水利协同供给制度创新的理论与实践逻辑。第九章重点提出了农田水利供给制度创新目标、推进路径，并从构建人水和谐共生的水利文化、权责一致的宪政规则、强化政府供给主体责任、赋予农民合作组织综合发展权、建立农民综合合作支持体制、协同供给治理体制等七个方面提出了针对性的政策建议

　　通过历时性和共时性研究，本书得出以下几点基本结论：①随着农业生产、生活、生态水安全需求"共生性"的不断增强，农田水利的"公共物品"性质日益强化，政府在农田水利供给中发挥主导作用成为必然；而这并不意味着市场和社会组织无所作为，二者影响农田水利供给动力、能力、潜力日益增强，决定了政府社会协同供给成为中国农田水利改革发展的必然方向。②作为人类活动与自然生态互构形成的复杂社会—生态系统，农田水利的社会交易属性与其技术经济交易属性交互建构，造就了其交易特性的复杂性，从而需要采取政府、市场、社会互惠合作的混合型契约治理机制谋求交易成本最小化的治理绩效。③村社组织在本土资源利用、供需信息协调、规则供给与监督等方面具有降低水利供给契约不确定性的比较优势，从而使其成为农田水利供给不可或缺的行动主体。为此，健全村社组织有效参与机制是农田水利供给制度建设的基本前提。④县、乡、村"三级联动"的制度创新体系，有利于制度创新的设计者、试点指导者、实践支持者、执行者、组织监督者之间的衔接互构、协同合作和改革实践的有序推进。政府发挥强大的资源调动、政策激励和组织协调优势，激励市场、乡村组织协同创新农田水利体制机制及其实现形式，乃是制度创新的关键动力，这在乡村社会和市场组织尚处成长阶段的发展中国家或地区尤

其重要。⑤我国农田水利制度建设经验的比较分析表明，一些地区开展的"协会＋公司""股份合作""合股联营"等合作治水实践，表明市场组织与具有横向分工优势的农民合作社、村集体的治水资源互补性合作，为改善村社合作治水的制度供给和制度执行能力提供了要素和动力支持，从而改善农田水利供给绩效。这显示出农村"统分结合"经营制度和"三级所有、户为基础"集体水利产权制度具有一定的效率潜能，这也昭示着中国农田水利供给制度创新发展的方向。⑥今后相当长一个时期内，政府主导农田水利改革发展、履行供给主体责任是历史的必然。当然，这并不意味着要沿袭行政化集权供给逻辑，而是通过分权赋能，变革治理结构，提升基层制度能力，优化农田水利制度结构和治理体系，开创政府、市场与社会激励相容的农田水利协同供给体制。

本书是作者对中国乡村水利治理体系现代化问题持续研究的结晶。本书撰写出版的动因源于作者主持申报的国家社科基金重点项目"中国乡村水利治理体系现代化理论与路径研究"获准立项（立项编号：20AJY010）。该项目汇聚了作者对国内外乡村水利治理之道演进和中国乡村水利改革发展的系统思考。基于作者主持的河南省高等学校哲学社会科学优秀学者项目"农田水利供给制度创新研究"（2015 - YXXZ - 08）、国家社科基金"政府社会协同提升农田水利供给绩效的制度建设研究"（13BJY100）的相关研究成果，本书采用国家与社会交互建构的社会互构视角，以农田水利"四维"交易特性为逻辑起点，构建了全新的逻辑路线，经过理论提升、论点凝练与结构重塑，形成了理论与实践交相辉映的中国农田水利供给制度研究的创新性成果，以此来响应农田水利改革创新和高质量发展的时代需求。

谨以此书作为中国风格农田水利供给理论话语体系的尝试性探索，作为开启"美丽中国"生态文明制度体系现代化新征程的献礼之作！

目　　录

第一章 导 论

> 经济研究总是具有有助于改进公共福利的潜力，因为改善了的知识能够对世界产生有利影响，并且不大可能产生不利影响。
>
> ——戈登·塔洛克

第一节 问题的提出

一、研究背景

"人的命脉在田，田的命脉在水，水的命脉在山，山的命脉在土，土的命脉在树"的系统思想，不仅体现了"天人合一"的中国传统智慧，而且蕴含着"人与自然和谐共生"的中国当代生态文明思想。中国是灌溉农业大国，农业立国和水旱灾害频繁的国情与水情，决定了"兴水利除水害"一直是中国极为重要的公共事务。中国位于欧亚大陆东部、太平洋西岸，地形高低悬殊，季风气候显著，夏汛冬枯、水资源时空分布不均且与农业生产力布局极不匹配，一直是中国的基本水情国情。早在春秋时期，管子就提出"善治国者必先除水旱之害"。"灌溉渠道工程的规模之大，绝不是局部的生产机构或者个人所能够进行和完成的，必须由能够跨越地区和个别组织的社会公共机构来承担，所以只能是专制政府的事业"（马克思，1998）①。纵观中国历史上出现的一些"盛世"局面，莫不得益于治国者对农田水利建设的重视及其成就。新中国成立之前，农田水利供给主要采取"官督民修"形式，国家凭借政治动员、行政命令调动资源（魏特夫，1989②；韦伯，2009③；邓大才，2018④），强制用水户提供"免费劳动力"（黄宗智，1992）。然而，受制于技术、经济和治理能力，历代统治者虽有治水的政治意愿和大规模水利建设行动，但并未能实现水旱灾害的"大治"（王亚华，2005）⑤。

---

① 卡尔·马克思. 马克思恩格斯全集（第 12 卷）[M]. 北京：人民出版社，1998：140.

② 魏特夫. 东方专制主义 [M]. 北京：中国社会科学出版社，1989：22.

③ 马克斯·韦伯，彼得·拉斯曼 罗纳德·斯佩乐斯. 韦伯政治著作选 [M]. 阎克文，译. 北京：东方出版社，2009.

④ 邓大才. 通向权利的阶梯：产权过程与国家治理 [J]. 中国社会科学，2018（4）.

⑤ 王亚华. 水权解释 [M]. 上海：上海人民出版社，2005.

新中国成立后，党和国家高度重视以农田水利为重心的水利事业发展，仅用 30 年的时间，就在全国建成了大中小水利衔接的基本农田灌排体系。改革开放后，国家将农村家庭承包责任制的成功做法移植到农田水利领域，并借鉴国际社会推崇的"参与式灌溉管理"、"多中心治理"和"合作治理"理念，先后推行了农田水利管理责任制、产权市场化、用水户合作供给等农田水利供给体制改革措施。特别是，进入 21 世纪以来，国家把农田水利工作摆上基础设施建设的优先领域，明确了各级政府的农田水利投入主体责任，通过村集体"一事一议"财政奖补制度、"农田水利重点县"财政补贴、"项目制"运行管理制度，不断健全农田水利财政投入稳定增长机制、基层水利服务体系能力建设财政保障机制、鼓励新型农业经营主体、社会资本投资农田水利的支持政策等一系列"高含金量"的支持政策措施，有力推动了农田水利事业的跨越式发展。

历经 70 余年的发展，全国建立起了较为完善的农田水利灌排体系和管理体制机制（2019，杨晶）[1]，有力保障了国家粮食安全和农业可持续发展的水利需求，有效遏制了水旱灾害威胁与损失（陈雷，2018）。特别是新世纪以来，中国粮食生产实现了 2004 年以来的"十七连丰"[2]，中国创造世界农业发展史上的奇迹——以约占全球 6% 的淡水资源、7% 的耕地，支撑占全球 20% 的人口温饱和发展[3]，中国在水旱灾害防御上已经达到了较安全的水平（中国工程院的评估结果，2018）[4] 等一系列伟大成就的取得，在一定程度上莫不受益于农田水利提供的强大水利支撑。可以说，新中国成立 70 余年来，中国农田水利事业之所以发生历史性变革、取得历史性成就，一个重要原因就在于坚持水生态治理的大局观、全局观，不断探索、创新、践行"人水和谐共生"的治水理念和治水体制。

目前，中国正处在"绿水青山就是金山银山"的生态文明建设新阶段，农田水利作为人类社会系统与自然生态系统有机耦合的复杂人工生态系统，是现代农业建设不可或缺的首要条件，是经济社会发展不可替代的基础支撑，更是生态环境改善不可分割的保障系统。农田水利建设管理自当坚持全方位、全地域、全过程的系统化治理理念，以促进"人与自然和谐共生"。在全面建成小康社会、迈进建设中国特色社会主义现代化强国的新时代之际，国家提出"节水优先、空间均衡、系统治理、两手发力"新时代治水方针，制定并实施新一

---

① 杨晶. 我国农村水利建设成就举世瞩目 [N]. 中国水利报，2019 - 10 - 11.

② 邱海峰. 2020 年全国粮食总产量 13 390 亿斤，中国粮食生产"十七连丰"[N]. 人民日报（海外版），2020 - 12 - 11.

③ 王立彬. 用全球 9% 的耕地养活了占全球近 20% 的人口 我国为维护世界粮食安全作出积极贡献 [OL]. 2020 年 10 月 16 日，http://www.yybnet.net/news/china/202010/10933921.html.

④ 陈茂山. 新时代治水总纲：调整人的行为和纠正人的错误行为 [J]. 水利经济，2019（10）.

轮高标准农田建设规划，多渠道筹集建设资金，中央和地方共同加大粮食主产区高标准农田建设投入；实施大中型灌区续建配套和现代化改造；到 2025 年全部完成现有病险水库除险加固；发展节水农业和旱作农业；实施水系连通及农村水系综合整治；强化河湖长制；深入推进农业水价综合改革，完善农村水价水费形成机制和工程长效运营机制等一系列农田水利发展目标和政策举措，充分展现了党和国家优先发展农田水利、保障国家用水安全的坚定决心和高超智慧。

然而，令人困惑的是，新世纪以来，在国家持续加大农田水利财政投入和政策资源供给的制度背景下，大规模的农田水利建设却遭遇了"供给不足与管理不善并存、投入不足与利用率不高并存、工程性与治理性'最后一公里'并存"的发展困境。关于改革开放 40 多年来的农田水利改革和制度建设成效，社会各界的评价存在较大分歧，甚至相反。但是，关于这些问题的成因、问题生成的内在机理和破解路径，既有文献尚未做出系统、科学的解答。关于如何有效推进中国农田水利改革发展，理论界和实践界尚缺乏一致性共识，也未形成逻辑一致的改革方略和对策建议。本书将系统研究这些问题，构建中国农田水利发展困境的制度分析框架，提出农田水利高质量发展的制度创新思路和建议，以响应中国农田水利创新发展的时代需求，为弥补该领域研究的缺憾做出应有的贡献。

二、研究的问题界定

中国农田水利作为农业农村优先发展的"先行资本"，其发展滞后问题已经是农业农村优先发展的最大短板。究其原因，本书在实地调研、文献研究和实证分析的基础上发现，中国农田水利改革发展出现了"制度内卷化"① 倾向，迫切需要以系统化的制度创新来破解改革发展困境；而其理论前提是科学评析中国农田水利供给制度改革成效、困境成因及其内在逻辑。

为此，本书在厘清中国农田水利改革发展困境的根源的基础上，将研究主题界定为中国农田水利供给制度改革困境成因分析和制度创新思路建构问题。具体而言，本书的研究目标和任务是深入考察农田水利制度改革成效与困境的体制性根源和生成逻辑，厘清农田水利供给制度演进的政治、经济、社会和生态等宏微观背景，揭示农田水利供给制度及其绩效变化的实践逻辑；进而，探究政府社会协同治水的制度创新策略和行动路径。为此，本论著将研究的主要问题界定为如下五点：

---

① 本书在第三章第五节中，把中国农田水利建设中出现的"供给不足与管理不善并存、投入不足与利用率不高并存、工程性与治理性'最后一公里'并存"的发展困境之根源，界定为"制度内卷化"。进而，结合农田水利改革实践，将"制度内卷化"定义为"过去"的行政性治理传统在新的历史条件下"复活"而制约制度执行主体的制度能力和新制度执行质量或效力的过程和问题现象。

（1）中国农田水利供给制度改革成效究竟如何，农田水利供给绩效波动的制度根源是什么？不同时期农田水利改革措施对农田水利供给绩效产生了怎样的影响，制度供给"内卷化"的成因何在，其作用机制是怎样的？

（2）国家持续加大的财政投入、产权激励、民办公助等政策措施，为何未能得到农户、社会组织的积极响应？激励性政策措施难以持续增效，是否源于其未能有效"嵌入"其运行的乡村水利社会—生态系统？

（3）"受益户共有制""公司＋用水协会""价补分离"节水机制等部分地区涌现的改革实践何以成功，其成功条件是什么？为何难以复制推广？

（4）村集体经济组织、用水协会、种植大户等新型农业经营主体，为何未能成长为农田水利的供给主体乃至组织者？新型农业经营主体参与治水兴水的制度条件是什么？

（5）政府与社会为何要协同治水，靠什么协同，政府社会协同治水的制度保障是什么，该如何构建？

本书将系统解答这些问题，以弥补该领域研究之缺憾，以期为中国特色农田水利供给理论和改革发展实践有所贡献。

第二节　文献述评

一、政治社会学视域的研究

治水历来是富国安民的重要公共事务，与农田水利供给制度相关的早期研究，大多蕴含于国家治水和水利社会史等学术领域的研究之中。该类研究主要起源于西方的政治社会学的"国家—社会"二分的研究范式。围绕治水大致形成了两类观点。

（一）中央集权治理

（1）基本观点。国家自身具备强大的组织资源和合法性权威，可以通过调整行政化命令的方式提供灌溉工程。"在东方，由于文明程度太低，……不能产生自愿的联合，因而需要中央集权的政府执行一种经济职能——举办公共水利工程"（马克思，1998），魏特夫（1989）等学者将马克思的东方国家治水论断推向极致，视中国为单一政府主导的国家治水（邓大才，2018）；当然，国家及其官僚体系不是治水的唯一的决策者和执行者（魏丕信，2006）。

（2）实现机制。官方通常并不独自从事大规模的工程，大多采取官督民修的形式，依靠地方士绅与土地所有者的合作（珀杜，1982），通过政治动员、行政命令调动资源，强制用水户提供"免费劳动力"（黄宗智，1992①）。

---

① 黄宗智．华北的小农经济与社会变迁［M］．北京：中华书局，2000．

（二）水利共同体治理

（1）基本观点。强调国家之外"基层社会"具有较强的自组织与自主治理能力，是农田水利的主要供给主体。水利共同体是共有水利设施的土地拥有者按照"田地量、用水量、夫役费用"均摊方式组成水利协作社会组织（丰岛静英，1956），"共同的水利利益"是其成立与维系的根基（森田明，1974）；当然，其成立和运行也离不开国家权力的适当介入（滨岛敦俊，2002）。而水源不稳定、管水者卖水渔利（萧正洪，2000）、土地集中、乡绅土地所有制（森田明，1974）等都会导致共同体解体（钞晓鸿，2006）。

（2）实现机制。水利共同体包含一定"中国特色"的民间调解组织和机制（黄宗智，2019），作为最为活跃、最直接的文化网络，水利共同体具有较高的社会认同和乡村秩序维护作用（杜赞奇，1998）。当然，在国家主导资源分配的集权体制下，跨村庄的民间自主治水行动常常依附于同政府官员的交易与合作，以获得地方权威、各类资源与发展机会，从而造成社会陷入追求自主与接受地方官员挟制的矛盾境地。

二、公共选择视域的研究

20世纪70年代末，世界性的灌溉系统"治道变革"陆续启动，公共选择视域的农田水利治理研究随之兴起。此类研究发端于中国农田水利领域移植农村家庭承包责任制成功经验的"责任制"实践，深化于国际组织倡导的"参与式灌溉管理"模式的试点、推广，特别是经济自由化的发展，用水户参与式治理、村社自主治理日益成为研究的热点。

（一）市场化参与供给研究

此类研究主要源自世界银行、国际灌排协会等国际组织倡导的"水利民营化"和"参与式灌溉管理"[①] 理念。

（1）主要观点。在中国的具体实践中，主要基于产权市场化和授权参与两者逻辑展开。一是以产权市场化破解激励不足问题：对于公共资源（比如水资源），构建一个有效的市场，水利产权私有化，能够解决公共服务（政府管理）低效率的困境（世界银行，2004）。二是以授权参与解决信息不对称问题：相比于政府，用水者拥有更多的灌溉系统和灌溉水资源需求信息，他们之间能够通过有效的合作成功地管理灌溉水资源（Ostrom，1990；Baland and Platteau，

---

① 参与式灌溉管理（Participatory Irrigation Management，PIM），亦称为灌溉管理权转移（Irrigation Man - agement Transfer，IMT）。其主要内容是在清晰划定水文边界的同一区域内由农户自愿组成非营利性的具有社团法人地位的农民用水者协会接受政府授权部分或者全部承担管理区域内支渠及支渠以下的灌排工程的权利和责任，参与灌区规划、施工建设、运行维护等方面事务（冯广志，2002）。

1996）；灌溉管理分权改革可以实现政府和农户理论上的"双赢"，即政府可以摆脱灌溉系统管理维护的财政压力，同时农户获得水资源管理和开发方面的权利，能够以较低的成本改进灌溉绩效（刘静等，2008；Sushenjit et al.，2007）。公共部门管理非常低效，将政府投资的灌溉系统管理权责移交给用水户或私人部门，可以有效改善灌溉系统的服务效率和可持续性（Vermillion，1997；Johnson et al.，2002）。

（2）两种机制。一是民营化参与，通过承包、租赁、拍卖，或"谁投资、谁所有、谁受益"的民营化，用水户或私人部门以承担管理责任获得水利经营权；二是授权式参与，政府授权用水户承包或参与灌区支渠以下的水利事务管理（柴盈，2014），公共部门与用水户（协会）依据契约分级管理水利设施（刘芳，2009）。

（3）运行成效。我国北方的一些井灌地区，农田水利市场化在一定程度或一定范围内取得了成功（Jinxia Wang et al.，2006）；用水户参与管理减少了监督成本，提高了灌溉及时性和农业产出（Sushenjit et al.，2007；孟德锋，2011），增强了渠道维护与修建工作激励（Raju，2001）。但是，灌溉管理改革只关注于减少政府财政负担，对农户利益考虑不足，已经偏离了提高低收入农户生计的预期目标（Kloezen et al.，1997；Vermillion，1997；Koppen et al.，2002；Shah et al.，2002），弱盈利性水利设施市场化大多是不成功或不可持续的（宋洪远等，2009）；大多数农村地区水利市场化是行不通的（贺雪峰等，2010），导致了明显的市场"困局"（焦长权，2010）——市场失灵、政府失灵、水事纠纷出现（刘敏，2015）。可见，关于市场化参与供给的成效存在较大分歧，其根源何在、如何破解等问题亟待深究。

（二）用水户自主供给研究

此类研究的主要理论依据是自主治理理论——政府、市场之外的公共资源治理的第三条道路；实践形式主要是用水户协会或村庄（村集体）自治。

（1）基本观点。使用者群体自主供给可以比政府或市场更有效地管理灌溉系统（Ostrom，1990），相对于政府有激励优势、相对于市场有产权划分成本优势，弥补了市场和政府的不足（Kukul，2008；杨柳等，2017）。

（2）实现机制。制度供给，使用者能够依据实际情境自主设计、修改治理规则（Ostrom，2010），乃自主筹资、自我实施的关键；可信承诺，是人们承诺在没有外部强制的情况下激励自己（或代理人）并监督他人履行规则（Ostrom，1990），是制度得以提供和实施的前提；相互监督和制裁是保障，监督者与使用者连成监督闭环并为每个节点提供激励（Ostrom，2011），与可信承诺产生交互强化效应（Abdullaev，2010；任恒，2019）。

（3）运行成效。有学者认为用水协会提高了水利管理效率（邓淑珍，

2003)、有利于灌区良性运行（张兵等，2004；刘静等，2008）；而一些学者却发现农民很少参与协会运转，用水协会"空壳化"现象普遍（王金霞，2012；王亚华，2013），其作用效果不太理想（翁贞林等，2015）。同样，在农村"原子化"和市场利益驱使下（吕方，2013；朱静辉，2018）、农业副业化（温铁军，2009）、社会信任缺失（陆迁等2017；王博等，2019），村民"一事一议"经常面临"事难议、议难决、决难行"困境（罗兴佐，2006；朱玉春等，2016），治水绩效并未明显改善（Bastakoti，2012；王亚华等，2019）。

三、可持续发展视域的研究

农村税费改革、"小农水重点县"项目制实施之后，农田水利可持续发展问题广为关注，水利供给效率与公平受益问题成为多学科交叉研究的热点，政府主体责任、农民参与机制、供给成效问题等方面的研究大量涌现；并形成一个基本的共识，即"没有万能药"，现实中政府提供、市场提供、自愿提供都是可行的，三者互为补充、缺一不可。目前研究的重点在于根据政治、经济和社会条件的差异性，以及农田水利设施的不同类型，寻找多元供给主体竞争互补的合作供给组合模式，以提高供给制度的地方适应性。为此，主要形成三类观点。

（一）政府主导供给研究

此类研究的主要理论依据是公共经济学理论（公共物品或准公共物品应主要由政府提供）。农田水利具有公共物品属性，应由政府投资和由政府公共部门对其进行管理（Hayami et al.，1977；Easter，1977）。

（1）基本观点。农田水利具有显著的公益性，农田水利的受益群体远超过农民用水户这一范围，政府应承担额外的投入责任（Kobayashi，2005），由政府投资和公共部门管理是规避和化解市场失灵的有效手段（Easter，1977；Ringler et al.，2000）。政府应在建设投资（陈锡文，2004；罗兴佐，2006）、管护经费补贴（韩俊等，2011）、机制和组织建设投入（贺雪峰，2010）等方面发挥主导作用。

（2）实现机制。明确地方政府责任和职能（林辉煌，2011；曹林海，2013），通过完善财政支持农田水利建设政策体系（张岩松、朱山涛，2013）、强化地方政府农田水利建设职能（曹林海，2013）等措施，形成资金投入、工程建设及管护等方面的新机制（国务院发展研究中心"完善小型农田水利建设和管理机制研究"课题组，2011），建立财政支持农田水利建设的长效投入激励机制和保障机制等（何平均、李明贤，2012），健全水利投入整合机制（陈锋，2015），完善村民"一事一议"奖补制度（罗兴佐，2016），激发社会资本参与供给（王博等，2019）。

（3）运行成效。2011 年国家明确政府主体责任和集中连片投入政策以来，以小型农田水利重点县建设为主的"项目制"的实施，已取得了显著成效（郭洪江，2015），乡村水网和防汛抗旱工程体系基本形成（柴静，2015；鄂竟平，2018）。但是，政府主导间接强化了"条条"化的决策与投入体制，导致项目的部门和区域分化（杜春林等，2017）、基层和农民参与"形式化"，项目供给偏离需求等问题，加剧了农田水利空间与结构失衡（刘祖云，2016；郭珍，2019）。可见，政府主导并未解决社会参与不足和基层弱治理问题。而如何改进政府主导方式、避免政府失灵和"行政消解自治"问题，现有文献并未回答。

（二）村社主导供给研究

该类研究主要源于"世界银行共识"（亦称"世行模式"）[①] 在中国的本土化实践。所谓"本土化"实践主要是指农民用水户协会（WUA）主要是由村两委或基层水利站干部牵头组建的，并非世界银行强调的"农民用水户自愿联合组建协会，协会管理者应由农民自主选举产生"。

（1）基本观点。化解农田水利供给中农民合作困境的途径在于：寻求国家、市场、村庄三者之间的最佳结合方式（徐超，2009）；农村基层组织比民间 WUA 更适合本土实际（贺雪峰，2010），农田水利的公益性和公共性也决定了其供给必须依靠乡、村、组三级农村基层组织（刘岳、刘燕舞，2010）。

（2）实现机制。要化解农田水利所面临的困境，必须强力推进农村基层组织建设（林辉煌，2011），增强农村基层组织基础（贾林州、李小兔，2011），强化村级组织"统"的作用以便组织分散的农民与"大水利"对接（陈辉、朱静辉，2012），培育农户社会资本、强化组织服务功能、提高农民文化程度、提升农民认知水平、增加农民种植业收入、优化社区用水环境以提升农户参与农田水利合作供给的积极性（王昕、陆迁，2012；刘一明、罗必良，2014；苗珊珊，2014；梁汶洁、张静，2015）。

（3）运行成效。农村基层组织（村委会、村民组等村级组织）牵头组建的 WUA 有助于提高农田水利建设管理效率（邓淑珍，2003）、促进灌区良性运行（张兵、王翌秋，2004）、促进农田水利的可持续利用（蒋俊杰，2007）；农村基层组织更了解当地情况和民众需求，可有效回应各种挑战并促成积极合作（Laverack，2006；Beckley et al.，2008）。然而，农村家庭承包经营责任制实施特别是农村税费改革后，大多数村级基层组织财力减弱，"一事一议"中经常面临的"三难"困境（罗兴佐、王琼，2006），其农田水利供给能力不断弱

---

① 世界银行等国际组织通过贷款项目支持和鼓励各国特别是发展中国家开展小型水利工程民营化改革，建立"WSC＋WUA"的市场化灌溉水利供给模式，以改善灌溉管理效益。供水公司（Water Supply Compony，WSC），主要管理骨干渠道系统，负责将水卖给农民用水户协会；农民用水户协会（Water User Association，WUA），主要负责管理灌区末级渠道，并给用水户放水。

化。可见，村社主导供给，其实质是组织农民合作组织，在目前乡村组织"悬浮"、集体经济整体脆弱的情况下，村组集体很难成为农田水利的有效供给者。那么，构建什么样的农民组织化合作载体、如何重构现有农民合作组织才能有效推动农民之间的合作等问题，尚待深入研究。

（三）市场化联合供给研究

该类研究的理论依据是公共经济学的公私合作提供理论，亦称为公私合作伙伴关系（Public - Private Partnership，PPP）理论。

（1）基本观点。以社群自发秩序为基础，多个决策中心在竞争与协助的环境下共同参与水利供给，比单一秩序更有效率（Ostrom，1995、2012）；农田水利的系统性和层次性决定了多中心供给的必要性（刘海英等，2014）。

（2）实现机制。主要是通过市场竞争的方式，政府或公共部门选择私营企业、民营资本，组成公私合作供给的联合体，比如"社区＋大公司"（Johannes，2011），"政府＋新型农业经营主体"（罗琳等，2017），"政府＋中间组织或村集体＋用水农户"（Satoshi et al.，2012；刘辉，2018），"政府＋合作社或水利股份公司＋用水农户"（陈邦等，2017）等组织模式，以公共基础设施特许经营权为标的，授权民营机构提供、生产、运营农田水利设施；厘清多元主体的关系和责任界限，从而实现合作各方达到比预期单独行动更为有利的结果，多元化供给主体在竞争中实现农田水利的协同治理（杨剑等，2018）。

（3）运行成效。PPP模式能够充分激发社会投资参与活力（贾康、白雪，2013），政府、市场、社会之间平等、自主地开展契约性和合作性水利治理事务具有可持续性（Ostrom，2000；郁俊莉，2018）。但是，由于市场主体和中间组织发展不足（柴盈，2015），政府在农村供水、灌溉技术普及、水教育等方面缺乏动力（王亚华，2019），导致农田水利供给质量不高、管护缺失、农民利益受损（翁士洪，2017；蔡晶晶，2017）。可见，政府、市场、社会多中心协同供给农田水利的格局并未形成。

关于政府与社会协同兴水治水的改革发展思路，自从2011年以来，逐步得到社会各界的认同，并已成为学术界的共识，近年来国家陆续出台"建立水利投入稳定增长机制""深化农田水利改革""不断创新水利发展体制机制""切实加强对水利工作的领导"等政策，内容涉及财政、投资、金融、税收、土地、价格、政绩考核等诸多领域。关于促进涉水项目资金整合和加强部门协调的观点式、政论性研究文献也相当丰富。当下中国的乡村水利治理困境是由国家缺位和基层组织弱化造成的。

具体而言，当前政府与社会难以良性互动造成的农田水利供给"内卷化"困境的根源何在，如何突破当前政府官本主义治理手段和基层灌溉服务组织功利化运行共同造成的技术性治理危机？在政府发挥主导作用的宏观政治体制下，政府社会各自的权利空间如何界定，如何避免因政府自上而下的行政化动员而重陷低效率困境？政府社会协同提升农田水利供给绩效的有效实现形式和实现机制该如何构建？政府、农民和社会组织共商共治共享的利益契合点何在？政府社会协同兴水治水合力形成的组织基础和制度条件是什么？这一系列问题尚难找到现成的答案。显然，要破解农田水利发展面临的"内卷化"困境、推动农田水利高质量发展，这些问题都亟待深入研究。

四、既有研究反思

新中国成立 70 余年来，在国内外相关理论流派和国家水利发展战略指导下，中国先后采取了行政化集权供给、市场化参与供给、用水户自主供给、政府主导供给、村社主导供给、市场化联合供给等大量而富有建设意义的供给制度改革探索，并通过各地的改革实践不断丰富和拓展其内涵和制度实现形式。在国家和地方政府的积极推进下，这些改革都取得了一定的成效，农田水利设施建设滞后的状况得以扭转，为保障国家粮食安全、促进农民增收、促进农业农村经济发展发挥了重要支撑作用。但是，从总体来看，农田水利建设和管理还面临一些突出的问题，存在投入机制不完善、建设管理不规范、建后管护机制不健全等问题。那么，既有的理论流派及其改革方略存在哪些问题，制度改革困境的实质是什么、成因何在？中国农田水利制度改革的方向究竟何在？特别是，既有的改革方略是进一步深化，还是另辟蹊径？若要深化改革，究竟该怎么改？突破口在哪儿？

本研究认为，既有理论研究和改革实践困境的根源在于：农田水利供给制度建构脱嵌于农田水利运行的社会—生态系统及其政治经济和自然生态环境。纵观国内外农田水利供给制度改革理论演变进程，可以发现既有研究对于改善中国农田水利供给绩效有一定的借鉴价值。遗憾的是，既有理论及其所指导的改革实践也并不令人满意，存在以下三方面的缺陷。

（一）研究范式存在局限性

农田水利系统是一种复杂自适应系统，是物理基础设施、制度基础设施和社会基础设施的有机统一体。其中，物理基础设施，主要是指水库、机井、塘堰、泵站、渠道等；社会基础设施主要是指普遍道德、文化习俗、信任、权威、社会关系网络等；制度基础设施主要是指规范主体行为权责利和主体互动关系的赋权、激励、分配、监督等方面的规则体系。其三类基础设施是交互影响、协同共变的关系，共同影响农田水利供给成效。因而，农田水利供给低效问题，是单一学科角度难以透视的，需要利用多学科知识的交叉与融合的分析范式，才能全面揭示农田水利供给绩效生成的影响因素、交互作用机制、本质规律和演化路径。而既有研究主要采取经济学、社会学、政治学、水利工程性、资源环境学等单一学科视角，集中于产权制度、农民参与、政府行为、制度环境等经济社会层面，考察农田水利制度改革成效与问题，却忽视了"山水林田湖草沙是生命共同体"的水利生态的系统性和整体性，忽视了农田水利资源系统与人类社会系统是相互形塑、耦合共生的命运共同体，忽视了生态层面的水利资源特性对农田水利制度选择和制度绩效的影响。既有研究纵然在研究方法和问题分析视野上有所交叉或拓展，但受学科背景和理论框架的影响，对问题本身和问题成因的诊断难免缺乏系统思维。相反，能够从农田水利社会—生态系统耦合的视角，系统探究农田水利供给过程中人与自然、政府与社会、村社与农户之间的互动关系，及其交互影响的作用机制和本质规律的研究，还比较缺乏。

（二）问题分析缺乏系统性

虽然所有的研究都认为农田水利需要多元合作治理，但是对其原因、实现条件、治理方式和制度安排都缺乏深入、系统的分析。在农田水利发展方面，很多研究"就水利讲水利"，没有拓展并深化农田水利与现代农业、农村社会行政、经济、农民权益之间的关联，这使得当前的农田水利建设研究相对深度不足。对农田水利的利益相关者的非合作博弈的行为逻辑研究，更多采取了相对静态的分析视角，动态行动机制分析相对缺乏，对问题演化内在机理的强调往往存在西方理论指引的偏向，甚至偏离事物变化发展的问题事实真相。这或许就是既有研究对农田水利发展困境的解释与建议存在较大分歧的原因。

农田水利供给问题研究，不仅要有工程供给管理的思维，注重农田水利工程体系的配套性、整体性，努力提高工程建设标准，更要有全局观和系统思维，跳出"三农"看水利，站到水利供需矛盾如何支撑农业农村乃至国家高质量发展的高度，统筹产业发展、生态宜居、生活富裕、治理有效的互动关系。农田水利与地方社会资本、社会文化、经济结构、农业产业形态、市场化水平、村庄治理等领域的社会合作意识、传统和组织存在密切关系。"就水利论水利""就农业论农业"，都不可能认清现代农业发展中农田水利有效供给的内在机理。农田水利是一种自然生态与人工生态的复合生态系统，农田水利供给制度改革，既要考虑不同时期物品属性和使用者属性变化条件下治理结构选择的动态性和适应性，还要兼顾经济、社会与生态基础及其相互适应性，从而实现政府、社会和市场多中心的衔接耦合与协同共生，走出一条中国特色的"人与自然和谐共生"的可持续水利发展道路。

（三）对社会基础设施的作用缺乏足够的关注

国内外很多研究者，希望通过水利工程的产权明晰、市场化经营、责任制管理等市场方法和技术层面上的努力，解决农田水利治理困境，而忽视了普遍道德、文化习俗、信任、权威、社会关系网络等社会基础设施因素对供给行为和供给绩效的影响。事实上，任何交易行为都是嵌入在社会关系中的。经济维度和社会维度的交易关系共同影响着交易的绩效（Stern & Reve，1980）。仅仅从农田水利治理的经济维度，强调农田水利建管职责在政府、市场与社区之间的"责权转移"和"经济激励"，靠企业精神改革公营部门，而忽视了农田水利治理中社会价值关怀、社会关系因素、非正式制度等社会内在规范作用，在农村要素市场残缺、市场组织与民间组织缺乏的中国现实条件下，终将难以解决具有公益属性的农田水利治理问题。例如，将农田水利系统视为跨时空调配水资源和高效率分配水资源的工程系统，忽视了农田水利与水资源系统、农田生态系统、使用者偏好、社会习俗、村庄特征、地方权威等关联性，以及由此决定的经济属性、社会属性、生态属性的多样性和层次性。

任何农田水利供给制度都内生于一定的社会、文化和经济形态之中，有其运行的目标、资源、技术、组织和制度条件。转型背景下的中国农田水利面临的"供给不足与管理不善""水利资源不足与有限水利设施利用效率低下"并存的两难困境，必然有其内在的系统化的生成原因。既有的理论和改革举措没有很好应对中国转型期农田水利发展中面临的社会基础、经济条件、组织基础和制度环境等约束条件，以及农田水利供给的公益性与私益性冲突问题，使得农田水利改革效果并不令人满意。

任何理论与政策的有效性取决于其前提假设条件是否得以满足。既有研究的这些问题，势必导致其观点和对策时常难以真正"切中病根"，其所提出的对策建议往往难以"对症下药"，存在"头痛治头、脚疼治脚"之嫌。这势必影响既有研究提供的策略建议的科学性和可操作性。

五、亟待研究的问题

综上，立足中国乡村振兴战略和农业经营方式转型背景，从农田水利社会—生态系统耦合的视角，系统探究政府社会协同治水的理论依据和制度建设方略，已经成为深入推进中国农田水利改革必须破解的前沿领域。然而，既有研究对不同国家或地区农田水利建设与管理的自然条件、水源基础、水利需求和水利供给面临的经济社会发展约束条件缺乏系统的把握，导致其对以下几个关键问题尚未开展深入系统的研究：①关于农田水利改革困境的根源问题，不同时期农田水利改革措施对农田水利供给绩效产生了怎样的影响，改革困境的根源是什么，其作用机制是怎样的？②关于制度改革措施适用性问题，为何持续加大的财政投入、产权激励、组织培育等政策措施，为何未能得到农户、社会组织的积极响应？是什么制约了激励性支持政策措施持续增效？③关于协同合作秩序何以形成问题，集体经济组织、用水协会、种粮大户等新型农业经营主体，为何未能成长为农田水利的供给主体乃至组织者？政府社会协同供给的实现形式和促发机制是什么？④特别是，在农田水利管理制度低效已经成为世界性"跨世纪难题"（Stavins，2011）的困局中，在中国一些农村却出现了内生演化的富有地域特色的农田水利合作治理的成功案例。比如，农村水利"划片承包"（贺雪峰，2003）、"受益户共有制"（2010，郑新美）、价补分离机制（刘静等，2018）、"关系产权"实现方式（石鹏飞，2018）、"中国第一包河案"资源危机化解（谭江涛等，2018）、多层次"稻田治理模式"（郝亚光，2018）等治水兴水成功的实践，这些本土性实践何以能成功，其成功条件是什么？为何难以复制推广？而既有理论尚不能很好地解释这些案例实现有效治理的内在逻辑。

这一系列问题都需要从理论和实践上予以解答。本书认为，中国农田水利既有的治道变革方略，尚未根本解决农田水利"政府与社会的分工协作难题"，并一定程度上陷入工程性与治理性双重"最后一公里"交互制约的治理性困局之中。而且，既有理论未能对农田水利发展不平衡不充分问题成因，特别是中国一些农村富有地域特色的农田水利有效治理实践，尚缺乏逻辑一致的学理解释。这反映了中国农田水利治理方略及其理论基础相对于新老问题叠加的改革实践，存在一定的滞后性和弱本土性。为此，本书在系统研究这些问题的基础上，提出更具解释力的中国农田水利供给制度演进机理的分析框架和制度创新逻辑。

第三节　研究思路、结构和方法

一、研究思路

问题是时代的先声，是社会的回响，更是制度创新的着眼点和突破口。本论著的研究主题是中国农田水利供给制度改革困境成因与创新路径。农田水利系统是一个基于社会面和生态面中各子系统的互动而形成的自适应复杂系统。农田水利治理的核心目标是：既维持社会用水秩序和水安全，又保持治水活力。根据社会—生态复合系统理论，这个目标可以具体化为两个层面的问题：一是农田水利生态系统的自然秩序与社会系统的经济社会秩序的耦合协调问题；二是农田水利社会系统中治理系统、使用者系统内部以及两个系统的规则体系协调互动的利益整合和动力激励问题。

要探究农田水利发展困境的根源，必须回到研究对象本身性质及其存续的宏微观环境乃至外部政治、社会和生态大环境，深入农田水利发展方略和供给制度变化的历史背景和生态背景，方能客观、系统地把握农田水利发展困境生成的宏微观条件及其发生机理，形成农田水利发展困境的实质性和根源性的认知判断。当然，要系统审视农田水利作为一种人工与自然协调耦合的社会—生态系统本身属性及其演化规律，要客观考察农田水利系统的社会子系统与生态子系统两个层面及其交互建构关系及其内在机理，需要综合运用与农田水利社会—生态复合系统相匹配的理论和分析框架，来探究农田水利治理系统、资源系统、使用者系统互动关系及其交易关系治理的相关理论。"社会—生态系统"耦合分析框架和交易成本经济学的组织理论、社会互构理论、新经济社会学的制度嵌入理论等理论，作为多学科综合的理论，为本研究提供了较好的理论基础。

基于以上问题研究方法的考量，本书认为要科学破解中国农田水利面临的投入和制度"内卷化"困境，谋求农田水利的持续高效发展，需要将农田水利的资源系统、治理系统、使用者、制度结构、资源产出（社会、经济、生态和制度绩效）等众多变量整合在一个包容的"社会—生态"系统里，建构起透视农田水利供给行为与水利系统互动关系及其结果的制度创新分析框架，从而挖掘农田水利供给绩效变化的制度性因素及其互动关系，阐明农田水利供给中制度多样性的逻辑机理，为构建政府社会协同治水的制度体系建设提供理论基础。

为此，本书从农田水利作为人工与生态有机耦合复杂系统的经济社会交易特性出发，科学界定农田水利的交易特性，并以此为切入点，以马克思"人与自然关系"理论和习近平"人与自然和谐共生"思想为指导，综合运用交易成本理论、社会互构论、新经济社会学理论和社会—生态系统耦合分析框架，以"交易特性—行为能力—合约匹配"为线索，循着"理论探析—实证分析—实践应对"的逻辑思路，从三个层次依次展开：探究农田水利供给绩效生成的制度逻辑和理论分析框架；从宏观和微观视角实证考察农田水利供给绩效差异的制度根源和作用机理；提炼归纳国内外农田水利供给制度创新的实现机制，提出政府社会协同治水的制度创新逻辑和推进路径。具体分析进路和逻辑思路如图1-1。

（一）提出理论预设

基于中国农田水利改革存在的基本问题界定和国内外文献梳理，提出本研究的理论预设——中国农田水利改革困境之根源在于农田水利供给制度建构脱嵌于其运行的社会生态环境，出现了制度"内卷化"问题，从而造成多方面的改革发展困境。进而，立足农田水利多重价值协同实现条件，提出本研究的基本逻辑思路和核心问题。以"资源特性—行为能力—合约匹配"为线索，构建农田水利供给绩效生成的TSCP理论分析框（即"资源特性—制度结构—制度行为—供给绩效"交互建构分析模型），据此探究农田水利供给绩效变化的制度逻辑，并为农田水利供给制度创新提供理论基础。

（二）实证分析

从宏观和微观视角实证考察中国农田水利供给制度演进及其环境适应性，探究农田水利供给绩效变化的制度成因和内在机理；发现我国基层水利"三级所有"工程产权制度、"三级联动"管理体制和"统分结合"决策机制的制度效率条件和效率意义。

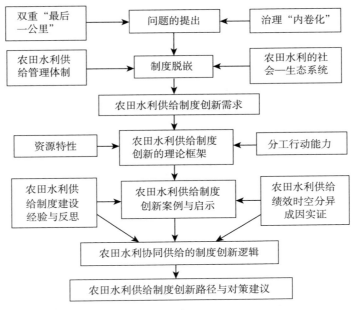

图 1-1 本书的逻辑思路

（三）实践应对

基于农田水利制度创新的典型案例，发现基层政府"三级联动"、责权利协同、政府社会双向互动及其组织载体是创新成功的重要条件，以社会互构论、交易成本理论为基础，探究了农田水利协同供给的制度创新逻辑，提出政府社会协同的治水制度创新重点、难点和推进路径。

二、内容结构

为系统阐释中国农田水利供给制度创新的理论逻辑、历史逻辑与实践路径，本论著的主体内容分为九个章节：

第一章导论，旨在提出问题、明确研究思路。首先介绍农田水利供给在中国的特殊地位，总结农田水利治理之道变革的积极探索及其面临的新挑战；进而，通过对中国农田水利供给体制变革路径及其供给困境的反思，提出农田水利供给制度"内卷化"困境的根源，在于政府的资源投入与制度安排脱嵌于农田水利供给的社会—生态系统，未能为政府与社会分工协作提供适宜的制度体系支撑；最后，从制度嵌入视角，以农田水利供给的资源禀赋结构为逻辑起点，综合运用交易成本经济学组织理论、制度嵌入理论、社会互构理论和社会—生态系统耦合理论，提出本书的研究思路和方法。

第二章构建农田水利供给绩效生成的制度分析框架。从农田水利作为人工与生态有机耦合复杂系统的经济社会交易特性出发，科学界定农田水利的交易特性，并以此为逻辑起点，以马克思"人与自然关系"理论和习近平"人与自然和谐共生"思想为指导，综合运用交易成本理论、社会互构论、新经济社会学理论和社会—生态系统耦合分析框架，以"资源特性—行为能力—契约匹配"为线索，揭示了农田水利供给绩效生成的制度逻辑；进而，构建农田水利供给绩效生成的 TSCP 理论分析框架（"资源特性—制度结构—供给行为—供给绩效"交互建构），为探究农田水利供给绩效变化及其制度根源，奠定理论基础。

第三章阐释农田水利发展需求与现实困境。立足新时代农田水利高质量发展的现实需求，系统梳理中国农田水利发展成效、存在的问题、发展困境的主要表现；进而，探究中国农田水利发展困境的本质属性，提出农田水利发展困境的制度根源在于制度"内卷化"。

第四章系统考察了农田水利供给制度创新的现实需求。立足中国新时代乡村振兴对农田水利的多元功能需求，阐释农田水利供给制度创新的现实需求。从农田水利筹资制度、村社合作治水秩序、基层治理主体参与、合作治水"红利"空间、水价激励机制等方面，客观评价了农田水利供给制度支撑力现状；从产权实现形式、激励效能、合作组织自生能力、分利秩序、合作治水空间等方面，阐明农田水利支撑力不强的制度根源在于制度脱嵌。进而，基于农田水利供给制度改革方略及其争论的综述分析，系统分析农田水利供给制度创新的现实需求。

第五章总结农田水利供给制度演进历程及其困境（建设的历史经验与启示）。基于新中国成立 70 余年来的历史文献梳理，考察了中国农田水利供给制度建设经验及其环境适应性，发现我国基层水利"三级所有"工程产权制度、"三级联动"管理体制和"统分结合"经营体系的制度效率意义和效率条件；进而，从制度互补、利益协同、"统分结合"经营体系、乡村组织活力等方面，阐释了既有制度改革的经验启示。

第六章实证分析农田水利供给绩效时空分异的制度成因与启示。基于农田水利供给绩效的制度分析框架，选取了 7 个投入产出变量和 11 个绩效影响变量，采用窗口 DEA - Tobit 两阶段模型，运用我国 31 个省（市、区）长达 21 年（1997—2017 年）的相关面板数据，实证考察了全国和各省农田水利供给绩效时空变化特征和主要影响因素，发现人均 GDP、农民收入水平、农业经营传统、劳动力流动、中央支持力度等因素具有绩效提升作用。通过对不同时期、不同省区农田水利供给绩效差异的原因分析发现，财政激励、农民组织化参与和水管部门精准服务及"三元"协同程度绩效差异的关键。进而，从明晰产权、"一事一议"财政奖补制度、"统分结合"制度、搭建政府社会互动平台、增强农民自主发展能力等方面，系统挖掘农田水利供给绩效差异的制度性原因，以更好地理解制度安排嵌合于农田水利社会生态系统的效率意义。

第七章国内外经验借鉴与启示。通过国内外农田水利供给制度创新案例、经验教训的对比分析，发现中国农田水利制度创新的基本方向和重点问题，结合案例提出基层政府"三级联动"、责权利协同、政府社会双向互动及其组织载体对于制度创新的重要性；结合产权交易的非价格机制有效性思想，提出村组水利产权"股份合作"供给制度和"统分结合"决策机制的现实可行性。

第八章研究农田水利供给协同的制度建构逻辑。从农田水利协同供给制度建设的历史必然性、现实需求，阐明农田水利协同供给制度创新的必然要求；然后，基于中国农田水利协同供给的制度探索、制度创新条件的社会生态系统耦合分析，提出农田水利供给制度创新的内在机理；进而，从理论与实践两个层面，阐释了农田水利协同供给制度创新的内在逻辑。

第九章，立足新时代农田水利多重价值需求，提出政府社会协同治水的治理体系建设目标，从宪政制度、治理结构、供给制度三个层面，提出了农田水利供给制度创新的行动路径；进而，结合中国农田水利供给主体发展现状，提出农田水利供给制度创新的政策建议。

三、研究理念和方法

本书从农田水利的公共性再生产的视角，以农田水利治理的资源禀赋结构为逻辑起点，综合运用契约治理理论、制度嵌入理论、社会互构理论和复杂系统适应性治理理论，探究农田水利协同治理的基础理论，尝试解答"政府与社会的分工协作难题"，揭示政府社会协同的农田水利治理结构要求及其有效运行的内在机理，以期为中国农田水利供给制度创新提供理论依据，并为破解农田水利发展不平衡不充分的农田水利治理实践提供理论和经验参考。

（一）文献研究和实地调研综合分析法

本书采用文献查阅、田野调查和专题走访相结合的方法。国内农田水利研究以文献研究和实地调查为主，收集了国内农田水利建设管理现状、发展阶段、成功经验、建设和管理方式、面临的困难和挑战等大量资料。国外农田水利研究以文献研究为主，收集、整理、分析了农田水利供给制度发展的相关论文资料。在文献研究基础上，选择典型地区开展调研，求证和细化研究问题。课题组在多次、多地预调研和专题调研基础上，从政府水利部门、乡镇干部、用水协会、农户四个层面，优化设计调研提纲和调查问卷，对河南、安徽、湖北、山东、山西、湖南、广东、四川、甘肃等省区开展了实地调研，与省级、县级水利部门、乡村干部及农户代表座谈。进而，结合各地区自然、政治、经济与社会发展背景，对比分析各地区农田水利供给制度创新与制度建设经验，基于新时代中国农田水利高质量发展的现实需求与改革实践困境，提出了政府社会协同提高农田水利供给绩效的制度建设行动框架及其对策建议。

（二）制度嵌套与社会—生态耦合分析方法

农田水利是人工复合系统，评价农田水利社会生态系统是否有效或可持续，需要研究者或决策者从"社会—生态"系统耦合的视角，从宏观层面上审视整个系统中的"生态面"和"社会面"因素及其间的相互影响，找出影响农田水利供给绩效的关键性变量和环境因素。农田水利制度是一种多层制度有机嵌套的制度体系，农田水利供给绩效是多层次制度互动的结果。因为研究主要围绕农田水利供给的主体行为、动员机制、制约因素、制度缘由及建议等方面，进行某个侧面或层次的问题阐释、机理分析和对策研究，所以难免存在着某些局限，难以对农田水利供给制度演进脉络和结构性问题作出深入理解，从而弱化了它们对现实的解释力，也无助于提出契合农村实际需求的制度创新路径。因此，采用新的制度嵌入性理论，对于系统解构农田水利供给绩效演变的制度结构原因、内在作用机理，基于制度结构演进逻辑，提出供给制度创新路径问题，具有重要的理论价值和实践意义。社会生态系统理论认为只有把可持续发展视为社会生态系统的可持续性问题，揭示和把握社会生态系统的动态演化机制，人类才能够实行有效的系统干预，使得社会生态系统自组织有序发展，从而具有可持续性。从 Fischer、Gardner、Folke 等 19 位学者联合发表的一篇文章可见，社会生态系统的概念及多元的方法论有助于可持续发展。而且，该理论框架关注人类在与环境以及社会的复杂适应性中发挥的作用，关注可持续发展实践和治理模式。这对于深入分析中国农田水利供给绩效不高的影响因素，并从社会与生态系统动态演化的视角，探寻不同影响因素之间的相互作用关系，不失为较好的方法论，对分析具有借鉴意义。

（三）社会互构分析范式

本书尝试将农田水利供给制度创新议题置放于国家与农户①双向互构过程之中，以国家—社会互构机制为重点来阐释国家强制性介入到农户适应性参与的农田水利供给制度变革逻辑。在农田水利供给过程中，国家与农户是农田水利供给过程的两个主体侧面，国家与农户互动关系的治理，发源于国家的农业农村基本经济制度和水利发展战略选择，同时受制于农户对国家治水政策的认同态度。从目前农田水利供给制度改革研究和实践看，政府主导的供给权力运作机制，未能与农户及其基层合作组织形成良性互动关系，是国家农田水利供给制度改革实践难以向纵深推进的重要障碍。

研究农田水利供给中国家与农户互动关系的内在逻辑，需要挖掘公共资源下乡背景下农田水利治理场域隐含的前提预设，秉持国家立场和农户行动的双

---

① 主要是指以农户为核心的农民专业合作社、集体经济组织等农民自主性合作组织。

重理性。国家治水目标与农户水利诉求均有各自的行为局限，无论是行政权力的强势推行或是农户需求意愿（比如，参与意愿和需求偏好等）的切实满足，皆有其各自的价值取向。为此，农田水利有效供给，需要适应性的供给制度来协调国家技术性治理、公共资源的强制性介入与农户需求适应性改造的关系。双方互动关系的复杂性和丰富性，指明了"人水和谐共生"时代的学术研究方向和进路。

（四）窗口 DEA——Tobit 两阶段方法

农田水利供给绩效高低是一定经济社会条件下相关要素投入数量和投入结构合理配置的结果，其影响因素也是可控与非可控因素共同作用的结果。对比现有绩效影响因素测评的诸多方法，本书发现窗口 DEA - Tobit 两阶段法较适合本书问题的分析。一方面，DEA 窗口分析法能够从横向（一个 DMU 处于不同时段）、纵向（同一时段的不同 DMU）、整体（处于不同时段的不同 DMU）全方位考察多对多投入产出相对效率的变化，比较适合大样本的农田水利供给绩效的对比分析；另一方面 Tobit 模型克服了一般多元回归方法难以精确处理大于 0 小于 1 的数据截取问题的缺陷，可以很好地测度不同 DUA 效率值差异的原因，从而可以更直观地测算出农田水利供给绩效时空分异的主要影响因素。

因此，立足中国农业经营方式转型和乡村振兴战略背景，从农田水利社会—生态系统耦合的视角，系统探究农田水利的工程物理功能及其依附的水土生态状况和人类灌排水行为的相互影响关系，已经成为深入推进中国农田水利制度建设与改革发展必须破解的前沿领域。

第四节 相关概念界定

一、农田水利的内涵

农田水利一词，最早见于北宋熙宁二年（即 1069 年）王安石制定的《农田水利约束》，该法规第 236 条"引水以改变土壤性质"和第 243 条"放淤遭意外而被完美解决"的陈述，可以发现引水灌田、排水减淤是当时农田水利的主要措施。关于农田水利的内涵，国际上没有统一的界定。无论是公元前3400 年前后美尼斯王朝在埃及孟菲斯城附近修建的截引尼罗河洪水的淤灌工程，还是公元前 1600—前 1100 年中国实行井田制度，利用沟洫灌溉排水，以及公元前 600 年中国古代孙叔敖兴建的期思雩娄灌区"决期思之水而灌雩娄之野"，早期的农田水利措施主要是引水灌溉工程。春秋战国之后，不仅出现了引漳十二渠、都江堰、郑国渠等一些地表水自流灌溉工程，桔槔提水、凿井穿渠、塘坝水库、圩垸工程等地下水提取灌溉技术措施也不断增多，农田水利活动从被动向主动转变。灌溉与排水相辅相成，构成了农田水利的主要内容。英、美等西方国家一般把农田水利称为灌溉和排水，苏联称之为水利改良土壤，中国则将服务于农田灌溉、排水及人畜用水的对自然赋存状态的各类水体进行有效控制、调配、开发和保护的一切水利措施统称为农田水利。

本书采用国务院 2016 年颁布的《农田水利条例》第 2 条的界定，农田水利，是指为防治农田旱、涝、渍和盐碱灾害，改善农业生产条件，采取的灌溉、排水等工程措施和其他相关措施。其内涵可以从两个层面来理解：

（1）从空间赋存形态看，农田水利是以"点""线""面"三种形态赋存于一定空间位置中的水利工程设施。借鉴施国庆等（2002）的观点，"点"状设施是指赋存于某一点位上的设施，其实物形态主要包括机井、泵站、水闸、水坝等；"线"状设施是指以一条"线"的形态赋存的设施，其实物形态主要有灌排沟渠、输水管道等；"面"状设施是指以一定二维空间"面"的形态赋存于一定区域的设施，其实物形态主要有水库、塘堰等。从区域水利设施类型的需求来看，干旱半干旱地区，灌溉设施是主要的水利措施，但为防治土壤次生盐碱化，也需要排水措施；湿润半湿润地区，降雨较多，排水设施是主要的，但自然降雨时空分布往往不完全符合农作物生长的要求，需要进行人工补充性灌溉。可以说，各地区因自然降雨和水土资源禀赋差异，其农田水利类型千差万别，但"蓄、引、提、排"衔接配套的灌排体系则是农田水利的基本空间样态。

（2）从功能作用看，农田水利是拦蓄、调控、分配和使用水资源的工程与非工程措施，这些工程设施具有改变水资源赋存状态、改变水资源使用方向、改善农田水生态等功能，从而实现调节地区水情，调控农田水分状况，防治旱、涝、盐、碱灾害等的目的。其一，改变水资源赋存状态的功能，是指农田水利以水资源"容器"和"传输"载体的形式，即通过蓄水、输水等工程设施改变水资源原始赋存的时间、空间状态，使之以"面"（如水库、堰塘）、"线"（如灌排沟渠等）的形式或静或动地存在，达到"把丰水期的水资源存储起来以备缺水季节灌溉之用"或者"把丰水区的水资源调配到缺水区满足当地灌溉所需"的目的。其二，改变水资源使用方向的功能，是指农田水利的灌排渠系网络可以对洪水、江河湖泊中的水资源进行"加工"（疏导、分流、输送、调配），使之成为满足农业生产之用的"灌溉水源"。改善农田水生态的功能，同时防治灌溉土地盐碱化、沼泽化和水土流失，结合农业技术措施进行改土培肥，改善土壤墒情和耕地肥力，使之有利于农业生产活动。

二、农田水利供给的内涵

根据现代经济学的界定，供给是指在某一特定时期供给主体在各种可能的价格水平上提供的一定数量的具有价值和使用价值的物品或劳务的经济活动。其内涵可以从以下两个方面理解：①从供给要件看，供给包括供给主体、供给客体和供给机制三个方面。其中，供给主体是供给意愿与供给能力的统一体；供给客体是使用价值与价值的统一体；供给机制是供给主体与供给客体交互作用的纽带，体现为供给主体提供供给客体的基本手段和方式。②从行为过程来看，供给是供给主体依据一定的供给机制，提供某种物品（以下称为客体）的过程。供给包括供给客体制造条件投入、供给客体制造、供给客体提供三个环节，这三个环节是一个相互依存、连续完整的统一体。依据供给的基本内涵，农田水利供给的内涵，也可从以下两个方面来界定。

一方面，农田水利供给是包含其工程设施建设、管理和使用三个环节的完整过程，三个环节是一个完整统一体。它包括农田水利设施建造条件投入、水利设施建造、水利设施及其承载的水资源单元的提供三个环节。①农田水利建造条件投入环节。该环节是农田水利设施建造必需的人力、财力、物力要素的投入，该环节由水利基础条件、要素投入主体和要素投入机制三方面构成，是由水利设施建造的水利基础条件、要素投入主体和要素投入机制三方面及其相互调适的投入决策及其落实过程。②农田水利设施建造环节。该环节由建造主体、建造客体和建造机制三方面的基本内容构成，是人工要素与物质要素衔接耦合制造出农田水利设施的物质生产活动环节。③农田水利设施管护及运行环节。农田水利设施是在多个农业生产经营周期中发挥作用的固定设施，其正常运行（灌排功能正常发挥），不仅有赖于投入和建造环节的工程质量，而且有赖于工程设施存续状态的良好维持（以使其灌排功能不至于因使用过程磨损或自然力冲击而减弱乃至丧失），这就需要管理者或使用者对工程设施进行及时有效的管理和养护；该环节由管护主体、管护客体（农田水利设施）和管护机制三方面基本内容构成，是农田水利设施的基本功能得以持续发挥（保障农业安全用水）的重要环节。

另一方面，农田水利供给是其供给主体、供给客体、供给机制的完整统一体。从供给要件看，农田水利供给过程是农田水利设施的供给主体、供给客体、供给机制三大要件耦合互动的过程。农田水利供给主体是农田水利设施供给意愿与供给能力的协调统一体；农田水利供给客体是农田水利设施本身及其使用价值（如灌溉、排水等）的有机统一体；农田水利供给机制是农田水利供给主体与农田水利供给客体相互联系的纽带，是在一定的经济、社会与政治背景和外部关联生态系统的共同影响下，农田水利供给的主客观要素之间的结构关系和运行方式。可见，作为人与自然耦合互动的自适应复杂系统，农田水利供给的持续性，是由水利资源系统、供给主体系统和使用者群体之间的交互作用、耦合协调的结果，并受到这些交互作用和互动结果的反作用。

三、农田水利供给制度的内涵

制度是一个社会的博弈规则，是决定人们的相互关系而人为设定的一些制约（诺斯，1994），制度也被认为是组织人类公共生活、规范和约束个体行为的一系列规则（燕继荣，2016），在一个不确定的世界中，制度一直被人们用来使其交往具有稳定性。制度通常用来决定谁有资格在某个领域制定决策，应该允许或限制行动，应该使用何种综合规则，遵循何种程序，必须提供或不提供何种信息，以及如何根据个人的行动给予回报（E. Ostrom，1986）。因而，制度和所使用的技术一起，通过决定构成生产中的交易成本和转化（生产）成本来影响经济绩效。

按照制度设定的主体和程序，可以将制度分为 3 个层次：宪政规则、集体选择规则和操作规则（E. Ostrom，1999）。就农村公共物品供给制度而言，第一层次是宪政规则主要是农村基本经济制度，尤其是生产资料所有制和农村财政制度，它是形成不同社会发展阶段经济制度的基础和前提。第二层次是经济体制规则，它是解决资源配置和经济运行的集体选择规则，涉及产权配置、筹资机制、供给决策、组织协调、利益整合、缔约成本、监督与制裁等规则；它对社会经济关系、资源配置和运行方式作出安排，使经济得以高效率运转。第三层次是微观经济主体所做出的操作性规则安排，它对微观主体的日常行为规范、资源利用决策及其结果评价做出规定。当然，这些制度是相互依托相互支撑的，不同层次的制度相互嵌套，共同构成人们行为的激励和约束。

作为农村区域要求社会成员共同遵守的兴水治水办事规程或行动准则，农田水利供给制度，受制于一定时间与空间范围内（区域乃至国家）政治、经济、社会发展水平和农村水生态环境状况等多变量间的相互作用关系，从而造就了不同区域和不同历史时期农田水利供给制度的多样性。

以 2016 年国家颁布的《农田水利条例》为标志，宪政层面的制度确立为"县级以上人民政府应当加强对农田水利工作的组织领导，采取措施保护农田水利发展""县级农田水利规划还包括水源保障、……工程建设和运行维护、资金筹措等内容"，结束了以往农田水利建设投入主要靠"制度外供给"的历史。为此，本书研究的农田水利供给制度及其创新问题主要侧重于第二层次和第三层次方面的规则制度。当然由于农田水利的水源调配、水土保持等水生态水环境服务功能具有较强的正外部效应，可以惠及农田水利工程设施流经的上下游、左右岸的经济社会活动，因而，本书研究的农田水利供给制度会涉及水资源、水利工程的产权束（所有权、承包权、经营权、收益权等）的分割配置制度的调整问题，以及农田水利受益空间单元之间的跨区域（纵向和横向财政主体之间）财政补偿制度重构问题。

四、制度内卷化的内涵

自杜赞奇（2010）提出"国家政权建设内卷化"以来，"内卷化"理论在基层政治社会领域得到运用。学界普遍接受的"内卷化"概念，主要源于格尔茨和黄宗智等学者考察农业和农村"在单位土地上劳动投入的高度密集和单位劳动的边际报酬减少"问题时提出的"农业内卷化"一词（刘世定、邱泽奇，2004）[①]，之后伸展到制度内卷化、国家内卷化、文化内卷化等领域。比如杜赞奇基于对1900—1942年中国华北农村的分析，将格尔茨的"内卷化"概念运用至政治学领域，用内卷化来描述那种"有增长而无发展"的现象[②]；美国人类学家戈登威泽（Alexander Goldenweiser，1936）使用"内卷化"来形容某种文化模式在既定形态下的内部自我复制和精细化的现象。但关于"内卷化"的内涵理解则存在较大分歧（郭继强，2007）[③]。本书更认同戈登威泽（1936）和格尔茨（Clifford Geertz，1963）关于"内卷化"的理解——"系统在外部扩张条件受到严格限定的条件下，内部不断精细化和复杂化的过程"，而"有增长而无发展"现象可视为"内卷化"产生的结果。

本书结合农田水利改革实践，将"制度内卷化"定义为"过去"的行政性治理传统在新的历史条件下"复活"而制约制度执行主体的制度能力和新制度执行质量或效力的过程和问题现象。在实践中，"制度内卷化"表现为基层社会系统在外部扩张条件受到严格限定的条件下，基层治理系统内部不断精细化和复杂化过程。

制度内卷化的结果是制度效力下降甚至制度行为异化问题，供给不足与管理不善并存、投入不足与利用率不高并存、工程性与治理性"最后一公里"并存在中国制度实践中，"制度内卷化"表现为"过去"的行政性供给制度在新的历史条件下"复活"而影响新制度供给的质量和效力的问题现象。

第五节 研究意义与可能的创新

一、理论意义

（1）构建农田水利供给绩效的制度逻辑和理论分析框架。本书综合运用分工经济理论和网络治理理论，以农田水利的资源特性为逻辑起点，揭示农田水

---

① 刘世定，邱泽奇．"内卷化"概念辨析［J］．社会学研究，2004（5）：97.

② 国家内卷化是指因机构的过分膨胀而面临开销不断增长的国家体制的经济效益随着规模扩大而递减.

③ 郭继强．"内卷化"概念新理解［J］．社会学研究，2007（3）：194-208.

利交易特性—制度结构—供给行为—供给绩效之间的交互作用和因果逻辑关系，构建农田水利供给绩效生成的制度逻辑和理论分析框架；从宏观和微观视角实证考察农田水利供给绩效差异的制度根源和作用机理，构建具有中国特色的农田水利供给制度创新的理论分析框架，实证农田水利供给制度质量、效能及其影响因素，为农田水利治理实现动力变革、效率变革和质量变革提供学理支撑。

（2）论证了政府社会协同治水制度创新的理论和实践逻辑。基于新时代中国乡村发展对农田水利经济社会价值属性的新需求，立足农田水利四大功能实现的经济制度条件，提出"纵横向权能并重"的农田水利产权分置原则，为建构政府社会协同治水的农田水利供给制度提供理论支点。进而，本书提出农田水利供给制度创新不仅需要政府、市场、社会组织等多中心参与，而且需要多中心的协同参与，以充分发挥各自的比较优势，及时发现农田水利社会生态系统稳定运行的扰动因素，适时地做出信息反馈和调适性行为，实现适应性治理，以促进农田水利社会生态系统在动态平衡中实现可持续发展，弥补了多中心治理理论将国家的作用主要限于监督和解决冲突的缺陷，具有一定理论拓展意义。

二、现实意义

（1）本书构建农田水利供给绩效生成的理论分析框架，关注人类在与环境以及社会的复杂适应性中发挥的作用，关注可持续发展实践和治理模式。这对于揭示国家投入加大而农田水利供给绩效低的根源，厘清农田水利改革发展的着力点和制度创新路径，对于推进农田水利治理体系现代化，推动农田水利供给实现动力变革、效率变革和质量变革，具有重要现实意义。

（2）基于农田水利社会与生态系统的交易特性和社会属性，综合运用分工经济理论和网络治理理论，阐明政府社会协同治水的历史必然性和内在逻辑，提出政府与社会协同治水的治理体系选择机理。对于推动农田水利供给制度创新与可持续发展具有重要的实践指导意义。

（3）农田水利制度是一种多层制度有机嵌套的制度体系，农田水利供给绩效是多层次制度互动的结果。系统解构农田水利供给绩效演变的制度结构原因、内在作用机理，基于制度结构演进逻辑，提炼升华农田水利供给制度创新的本土化推进路径，有利于农田水利现代化制度精准落地，促进"新旧基建同时发力、实物和服务消费同步升级"[①] 在乡村水利领域优先实现。

---

① 董碧娟. 新消费和新基建要同频共振 ［N］. 经济日报，2020－03－27.

第二章 农田水利供给绩效的
制度分析框架

建立相互信任和发展制度规则对于解决社会困境是至关重要的，这些制度规则需要与具体的当前的生态系统良好匹配。

——埃莉诺·奥斯特罗姆

第一节 相关理论基础

一、三大理论分析范式

农田水利是乡村水生态系统的重要组成部分，在农业农村发展中具有生命之源、生产之要和生态之基功能的控制性资源和重要基础设施，具有鲜明的公共物品性质。公共产品供给效率问题，一直是经济学研究的重要领域。20世纪70年代可持续发展问题提出后，农田水利可持续发展为经济研究的重要理论问题。20世纪90年代以来，越来越多的学者运用系统和演化的理论与方法，以期准确把握农村公共资源系统管理的核心规律，从而形成了丰富多元的理论分析范式。本书基于中国农田水利发展的政治、经济、社会等宏微观制度环境和农田水利价值需求演变的特征，选择三大理论分析范式——理性选择分析范式、产权分析范式、社会—生态系统耦合分析范式，作为研究中国农田水利供给制度及其绩效分析方法指导。

（一）理性选择分析范式

"理性"一直都是整个社会科学研究不断澄清且充满争议的一个核心概念，在社会科学中，几乎所有的理论都隐含着对社会行动者是理性的预设。20世纪50年代，一些经济学家运用经济理性的基本假设，把复杂的政治现象化约为理性人的自利行为，通过实证观察不断修正其假设，扩大理论解释力和解释范围，发展出强调行为个体人性的"简单"理性和强调社会情境的"充分"理性两种类型的理性观，从而实现从"工具理性"向"价值理性"的拓展。基于理性选择分析范式，农田水利的治理方式主要形成了两种研究视角。

1. 工具理性的视角

工具理性强调行动是由追求功利的动机驱使的，而非人的情感和精神价值，行动者纯粹从效果最大化角度考虑问题。关于公共物品的国家供给，亚当·斯密和霍布斯的秩序理论，为水利灌溉"国家治理"或"市场治理"的研究奠定了理论基础。

亚当·斯密虽然强调秩序来自竞争性市场规则下自利经济主体的自主决策，不自觉地促进了社会福利的最大化。但是，市场逻辑究竟可以在多大程度上运用于非单纯私益物品领域呢？亚当·斯密 1876 年在他所著的《国民财富的性质和原因的研究》一书中论述道"政府第三个职能"就是兴建便利市场运作的基础设施及发展教育。正如保罗·萨缪尔森所说，公益物品依靠自发的或自我组织的市场竞争，难以实现私益物品所能实现的优化水平。因此，公益物品应当通过中央集权的方式来实现优化配置。

不同于斯密秩序观，霍布斯认为秩序来自单一权力中心对所有社会关系的支配。国家被界定为一种组织，它垄断着立法权、公共资源调配权和强制执行权。为此，需要建立单一权力中心来支配和规范所有社会关系，以实现社会的和平与秩序。受其思想的影响，人们的政策选择倾向于用霍布斯的国家集权来处理集体物品。1968 年加勒特·哈丁（Garrett Hardin）研究发现，在公共资源领域亚当·斯密的"看不见的手"失灵了。他在《公地悲剧》一文中指出"对于草地、池塘等公共资源来说，每个参与者都按照自己的利益最大化目标来进行使用，其结果导致这些资源的枯竭"。由此，哈丁认为自利化的市场导致了该类资源的悲剧。

哈丁之后，一些人建议由国家对绝大多数自然资源实行控制和管理，以防止它们的毁灭；另一些人则建议把这些自然资源私有化，问题就可得到解决。但是人们在世界上看到的是，无论国家还是市场，在使个人以长期、建设性的方式管理和使用自然资源系统方面，并未取得成功。

20 世纪 60 年代，奥尔森（Olson. M）等一些学者开始以理性选择理论研究公共事务的集体行动领域。奥尔森以理性选择理论为立足点，探究了集体行为及其对公共物品供给的影响，许多合乎集体利益的集体行动并未发生，却往往导致对集体不利甚至有害的"公地悲剧"结果。奥尔森考察了集团规模与集体行动之间的关系，提出建立"选择性的激励"措施，通过惩罚没有承担集团行动成本的人来进行强制，或者奖励为集体利益而出力的人进行诱导，驱使潜在集团中的理性个体采取有利于集团的行动。这种选择性的激励必须是针对集体中做出贡献和没有作出贡献的个体采取区别对待、"赏罚分明"的激励约束，即组织内在权力、利益、贡献和分配上不搞平均主义，而是以奖惩机制来使外部性内化。此外，奥尔森发现集团结构也会影响集体行动：由于成员的异质性，个体的利益关切度也不相同，在成员各自的"规模"不等或对集体物品的兴趣不等的集团中，集体物品被提供出来是最有可能的。因此，在成员的"规模"（指成员从一定水平的集体物品供给中的获益程度）不等或对集体物品的兴趣不等的集团中，集体物品最有可能被提供（奥尔森，2003）。这种选择性的激励必须是针对个体的，使得集体中做出贡献和没有做出贡献的人，做出贡献多和做出贡献少的人得到区别对待、"赏罚分明"，即组织内部在权力、利益、贡献和分配上都不能搞平均主义，而是以奖惩机制来使外部性内化。但中等规模的群体是否会自愿采取有利于增进集体利益的公益物品的集体行动，而且作为具有公共性质的激励机制能否被提供出来，由谁来提供，则是一个尚未解决的问题。

2. 价值理性的视角

价值理性相信一定行为的无条件的价值，行动者纯依对特定价值的伦理、审美、宗教、政治或其他行动方式的考虑做出选择。人类社会基于公共物品的特性及其私人供给困境的价值理性选择，要求国家来提供和管理公共物品。关于农田水利国家治理的研究认为传统时期治水是自上而下依靠官僚组织实现的治理路径，其治理的重点在于对大江大河的治理，包括河道以及湖泊的疏浚、灌溉、防洪，确定水权分配的原则、灌溉纠纷的介入与调解等。

马克思阐明灌溉工程对于东方文明的重要性，较早把国家治理形态与灌溉工程治理联系起来。马克思在《不列颠在印度的统治》中指出："东方社会的气候和土地条件，使利用水渠和水利工程的人工灌溉设施成了东方农业的基础。""在西方，修建水利工程的要求可以通过私人企业结成自愿联合的方式得以实现，但是在东方，由于文明程度太低，幅员太大，不能产生自愿的联合，因而需要中央集权的政府进行干预。因此，亚洲的一切政府不能不执行一种经济职能——举办公共水利工程。这种采用人工措施改善耕地肥沃程度的设施需要依赖中央政府办理，中央政府若忽略灌溉兴利和排水除害，这种设施立刻就荒废下去。"（《马克思恩格斯选集》，1995）

马克斯·韦伯也注意到中国的农业是一种灌溉农业，这样，治水的需要就可能促进一种中央集权的政治制度。韦伯认为，治水农业的存在是东方与西方最重要的区别之一，是东方国家出现官僚阶级的重要原因。在其所著的《世界经济通史》中写道："在埃及、西亚、印度和中国的文化演进中，灌溉是具有关键性的问题。治水问题决定了官僚阶级的存在、依附阶级的强制性劳役以及从属阶级对帝王的官僚集团的职能的依附。"这些重大而艰巨的工程不是社会个体和某些社区能胜任的，虽然它从经济效益上促进了农业生产。①

黄仁宇作为"治水派"的重要继承者，认为中国的集权统治是对大自然力量的回应，治水在其中发挥重要角色。在《黄河青山：黄仁宇回忆录》中说到"人民需要一个能全盘处理水患问题的当局，因而造就中国这个国家的诞生"（黄仁宇，2002）。相对于马克思强调需要国家集权提供灌溉工程，黄仁宇更重

---

① 马克斯·韦伯. 世界经济通史 [M]. 姚曾，译. 上海：上海译文出版社，1981：272.

视自然力量对于中央集权体制形成的特定作用，即防洪这种人类适应自然、改造自然需要而选择集权治理体制的重要性。这可以视为从社会系统与生态系统协调视角研究集权治水体制成因的早期重要文献。

（二）产权分析范式

产权分析范式，实质就是研究并揭示产权配置如何影响资源配置效率的制度分析范式。在如何防止"公地悲剧"的探索中，人们逐步意识到市场秩序能够正常运转，离不开对产权与契约的保护，解决公共资源供给不足和滥用问题，很大程度上要借助明晰界定的产权。而关键问题是，公共资源的产权如何合理地界定，私人产权以怎样的实现方式才能不损害社会福利，甚至改善社会整体福利。

产权分析范式的核心在于它把权利看作为一种资源。科斯开创性地提出通过产权界定与权利安排来解决公地悲剧问题的产权分析范式。该方法的核心是把产权作为一种生产要素。基于此，一些学者（Richard A. Posner，1997）认为，明晰产权是防止公共池塘资源管理出现"公地悲剧"的最佳策略，所有的资源与环境问题，都可以通过产权途径来解决。阻碍交易的条件一般都会降低经济效率。私有产权既提供了所有权的激励效应，又提供了竞争的必要控制效应，这两方面的组合，能够促进经济成功。

因而，建立完善的产权制度，可以通过市场机制来实现经济与环境的共生。若价格机制不能发挥作用，公共权利和行政权利等各种权利就成为决定资源配置的机制。农田水利领域中行政权力的滥用造成了非竞争性的环境，从而导致大量无效率的灌溉管理组织的存在。

巴泽尔创新性地提出产权运作分析范式，以破解产权私有化失灵问题，从产权运作的视角，巴泽尔将产权看作"由消费这些资产、从这些资产中取得收入和让渡这些资产的权利或权力构成"，明确区分法律权利和经济权利。相比同质实体的产权概念，巴泽尔强调对资产的实际运用，关注人的努力程度以及交易成本对权利的影响，进而把与产权实现紧密相关的交易成本定义为"与转让、获取和保护产权有关的成本"。由此产生了卓有成效的产权界定思路，把个人财富最大化的含义重新定义为"不论何时个人觉察到某种行动能增加他们权利的价值，他们就会采取这种行动"。不同于其他产权经济学家所认为的限制产权将降低权利价值，巴泽尔认为"各种属性统统归同一人所有并不一定最有效率，有些属性被一方持有，还有些属性被置于公共领域，这种分布才是产权界定的实际状态"，"正是为了增加权力的净价值才应该对权力进行必要的限制"，由此得出的结论是现存的所有经济现象都是有效率的，并且需要对权力进行必要限制的（李中秋，2015）。

从本质上讲，对产权施加限制性约束就是绕过价格机制来分配资源。巴泽尔指出价格机制并不是总能够有效配置资源，产权交易的非价格机制往往是有效的，且使用范围广泛，人们有时候更愿意选择"非市场机制来配置资源"，从而避免传统经济学家遇到的产权交易的市场机制失灵问题。对于农田水利等公共资源而言，其本质属性在于其非排他性。可以说，巴泽尔的产权运作分析逻辑，为构造交易成本节约化的农田水利产权治理制度提供了很好的思路。

同时，艾克塞罗德（1981，1984）和威尔逊（1982）等学者针对国有化或私有化的传统两分法无助于解决"公地悲剧"问题，把研究重点放在探讨相关实际场景动态变化的研究成果，提出了一些比早期模式更乐观的集体行动预见。受此启发，制度分析学派代表人物埃莉诺·奥斯特罗姆在大量实证案例研究的基础上发现，公共池塘资源领域中各种参与者的利益关系原本就是多元化的，利益冲突在所难免，但是在长期的沟通对话、共同协商、主动调整、自我管理的环境下，人们能够找到私有产权和公有产权共存的供给制度。

（三）社会—生态系统耦合分析范式

20 世纪 80 年代，埃莉诺·奥斯特罗姆等人通过对大量使用者自主管理渔场、牧场、湖泊、地下水域等情况的实证考察，发现资源使用者常常可以自行设计出一套复杂的机制，来进行决策和执行规则，并解决利益冲突。通过引入重复博弈的动态方法，她论证了在市场秩序与政府管制秩序之外，还有第三条道路——自主治理公共资源的可能性；在对公共池塘资源治理中，有多个权力中心同时进行，而且集体行动可以在社群治理层次上得以实现。这里的"多中心"在产生与发展有序关系方面是"自生自发的"，即在人们建立有序关系意义上，多中心体制内的组织模式是自主组织起来的。这是与传统理论截然不同的"公地悲剧""搭便车"等问题的解决方案。

奥斯特罗姆教授注意到复杂不确定环境对个人策略选择和集体行动的重要影响，并选出复杂不确定环境下影响个人策略选择的四个内部变量（预期收益、预期成本、内在规范和贴现率），进而，提出自主治理成功运作的八项原则。尽管如此，自主治理成功都只是或然性的而非确定性的，仍难以成为研究复杂社会生态系统问题的诊断工具。

随着社会—生态耦合分析的兴起，国内外学者对农田灌溉、森林、草场、渔业等公共池塘资源属性的治理研究更加注重人与自然、社会与生态之间的复杂互动与多元演变，其中灌溉系统具有的人与自然复杂互动特性成为"社会—生态"耦合分析的焦点之一。在这波研究浪潮中，奥斯特罗姆发现只有充分理解了人类社会与自然生态系统在不同空间、时间和组织范畴上的复杂互动性，才有可能理清"公地悲剧"的生成机理。奥斯特罗姆（2007）将社会生态系统整合研究理念引入其制度分析与发展框架，发展出一种新的社会生态系统（Social - Ecological System，简称 SES）诊断方法分析框架（图 2 - 1）：多层次嵌套性发现框架。此框架对社会面及生态面中影响行动者的激励与行为的众多微观变量进行分级分类，并考虑在时间与空间范围内诸多变量间的相互作用关系。该框架可以从更为广泛的社会、经济、政治和生态环境背景变量下，探究公共资源可持续利用和集体行动问题。

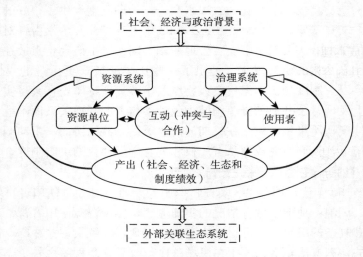

图 2-1　社会—生态系统（SES）分析框架

资料来源：E. Ostrom A General Framework for Analyzing Sustainability of Social Ecological Systems [J]. Science，2009，325（5939）：419-422.

在该框架中，社会—生态系统（SES）包括 4 个核心子系统：资源系统、资源单位、治理系统、使用者，属于第一层级变量。在一个由经济、社会与政治背景和外部关联生态系统影响下的特定行动情景中，上述四个子系统直接影响着社会生态系统的交互作用和最终互动结果，并受这些交互作用和互动结果的反作用。而且，由 8 个构件构成 SES 分析框架的第一层次。图 2-1 中所显示的一级变量还可以进一步分解为二级变量，并且可以依次往下分解出三级变量等，从而形成社会面和生态面的多层级系统变量。对于研究者和政策制定者而言，依据框架收集各种数据资料，进行实地调查，发现和识别影响行动情景的微观变量，确定影响资源系统可持续发展能力的因子，并从宏观上理解特定供给制度的适应性。

可以说，奥斯特罗姆的社会—生态系统诊断分析框架，丰富了农田水利供给制度分析的方法和领域。王亚华（2018）运用该框架及自主治理理论，对古代中国灌溉自主治理的涌现提供了一种多变量组合的系统解释，而且 SES 框架中资源利用历史、人口变化趋势、技术进步等作为经济社会与政治背景的变量设定，可以为自主治理的发展提供初始动力或支持性环境，它们可能比既有的认知更为重要。这进一步表明奥斯特罗姆提出的 SES 框架具有很好阐释公共池塘资源治理中制度多样性的逻辑机理和实践意义。该框架对于全方位识别和考量影响农田水利治理的多种因素诊断，以及探寻农田水利有效治理的制度要素，提供了很好的分析工具。

二、交易成本理论

交易成本理论是一种采用契约的探究方法研究经济组织及其治理的新制度经济学。其内容涉及交易成本类型、成因、交易契约治理等诸多方面，本节重点介绍该理论关于资源交易本身的三维度交易特性决定论，以及依据资源交易特性选择相匹配的契约治理结构，以达到交易成本最小化和交易效率最优化的思想。

不同的交易契约，最优的治理结构是不一样的。这就为交易成本经济学设计供给制度及其结构提供方案——选择契约关系的供给制度和治理结构，降低交易费用，促进合作契约供给绩效的改善。

（一）交易成本理论的交易特性分析

该理论以交易为逻辑起点[①]，采用比较制度分析方法，探究交易存在的各种特征或维度及其对交易成本的影响。交易成本理论的奠基人科斯（Ronald H. Coase，1937）在其著名代表作《企业的性质》中首次提出交易成本的概念，并用来研究组织选择和组织效率边界问题，阐明了交易成本、产权在经济组织和制度结构中的重要性及其作用，揭示了交易成本对组织形式选择的决定性意义。

20世纪70年代，交易成本理论的集大成者、加利福尼亚大学教授威廉姆森（Oliver Eaton Williamson），在科斯的基础上，对交易费用进行了深入分析，他认为交易成本不同于生产成本，它不是生产活动中由技术因素决定的各种耗费，而是一种"经济系统运行的成本"，交易成本可视为物理学中的"摩擦力"（Williamson，1975），他将"交易成本"归纳为"事前成本"和"事后成本"两大类[②]（Williamson，1981），具体化为搜索成本、信息成本、议价成本、决策成本、监督成本、违约成本。在威廉姆森分析体系中，事前交易费用和事后交易费用是相互关联的，从而使得交易成本在分析中更便于操作，真正成为了经济组织分析的一个重要工具。

威廉姆森从交易维度方面考察了交易费用产生的原因[③]，并在纵向一体化

---

① 交易是制度经济学的最小分析单位，它是指具有可分离性的物品在人们之间的让渡，反映的是人与人之间的关系。

② 一类是事先的交易费用，即协议的起草、谈判的费用和保障契约执行所需要的费用。第二类是事后交易费用，是签订契约后为解决契约本身所存在的问题，从改变条款到退出契约所花费的费用。

③ 交易成本产生原因主要来自两个方面，即交易的主体方面与交易的客体方面。交易的主体方面主要包括人的有限理性与机会主义行为，交易的客体方面主要包括交易的不确定性、交易频率、交易所涉及的资产专用性（威廉姆森，1985）。

组织治理问题的基础上，发现源自交易商品或资源交易本身的三个特征：交易不确定性、交易的频率、资产的专用性①，即资源的交易特性。所谓资源交易特性，是指某种资源能够满足人们某种需要（包括交易需要）的特殊属性，即资源的有价值特性。

（1）资产专用性。资产专用性是指某项资产能够被重新配置于其他替代用途，或被替代使用者重新调配使用，而不牺牲其生产经营价值的程度（威廉姆森，2001）。资产的专用化加强会导致交易意愿的减小，这是因为资产专用性的增加会导致资产改为他用的可能性减小，资产被套牢的可能性增加。因为机会主义者可利用专用性投资"要挟"对方，不同的专用性程度在相同的机会主义倾向下，可以选择不同的治理结构予以匹配以节约不同的交易费用。在资产专用性的几种形式中，地方定位性投资的场地资产专用性最强，对此资产的控制权只有在利益相关者之间适当配置，才能激励交易双方进行有意识的特定投资，使得可能的共享剩余最大。纵向一体化的好处是节省了谈判和交易的费用，用一个连贯的方式来适应环境的变化，保证了交易各方的利润空间。

（2）交易的不确定性。交易的不确定性主要源自交易环境的不确定性和行为人的有限理性，交易者由于受到主客观条件的限制，难以实现完全的理性，表现为有限理性。交易的不确定性包括偶然事件的不确定性、信息不对称的不确定性、预测不确定性和行为不确定性等。交易的不确定性主要包括自然社会环境（交易的环境）、人文环境（价值观念、心理诉求、个人偏好等的改变）、经济环境（交易规则、市场范围、社会预期、生产技术等）的不确定性。在交易活动中，因为信息搜索、信息甄别、判断决策等不完全性问题间接增加交易成本。

（3）交易频率。由于在达成契约过程中涉及专用性投资，交易方有采取"机会主义"的动机和"敲竹杠"策略，使得交易方需要多次修改原有约定，大大增加了交易频率，从而增加签约和履约的交易成本，交易成本的性质和规模大小对资源交易效率产生不利影响。

该理论强调处于契约关系中的参与人是机会主义倾向的"契约人"，其特征是有限理性，由于理性限制，参与人不可能在事前就通过契约设计来降低或者消除机会主义行为的不良后果，从而导致契约是不完全的。在一定的交易特征和不确定的环境中，有限理性的契约人就可能利用不完备契约实施机会主义，这就可能带来资源配置低效率，因而只能通过事后的供给制度来加以解决。

---

① 资产的专用性是指在不牺牲生产价值的条件下，资产可用于不同用途或由不同使用者利用的程度。

（二）交易特性与供给绩效

交易成本经济学以交易为基本单位来考量经济组织的治理问题和边界的决定问题，不仅强调交易是基本的组织分析单位，也认同约翰·康芒斯所说的"冲突、互利、秩序"三项原则很大程度上正是治理的所有内容（Commons，1932）。交易成本在本质上属于经济利益范畴，人的经济利益不仅要从自然界中获得，而且要从人们的合作中实现。而合作的具体方式要通过谈判形成契约——实现合作、利益分配所达成的协议，要缔约必然会发生成本，针对具有不同交易特性的物品或资产达成不同的契约形式，会耗费不同量的交易费用，也会产生不同的合作效果。威廉姆森将决定组织治理模式和组织边界的因素，归结为交易特性因素和合同人因素两大类[①]，并通过影响交易特性的几个方面来解释经济组织的效率边界，交易属性的差异性是多样性契约存在的基础（威廉姆森，2002）。资源交易本身的三维度特性共同决定了交易契约的方式及合约关系中所采用的治理结构。为了使合作绩效最优化，就必须有相应的治理结构与交易特性相匹配，即交易供给制度匹配论——不同性质的交易，需要不同的缔约活动以确立不同的契约供给制度或交易规制结构与之相匹配。依据资产专用性、交易频率和不确定性的程度，威廉姆森援用麦克尼尔的契约分类方法，将契约关系分为：古典契约、新古典契约和关系契约。古典契约相当于市场治理，新古典契约对应于三边治理，而关系契约则对应于双边或（科层）一体化治理。同一种交易技术结构与不同的组织匹配时，交易将表现出不同的行为倾向，从而会导致不同的交易费用；同样，同一组织与不同的交易技术匹配时，其交易费用也不相同。如果某种交易技术结构与特定的体制组织形式相匹配时，其交易费用最低，这时，这种资源配置的运行效率最高。

对于不同的交易契约，最优的治理结构是不一样的。这就为交易成本经济学设计供给制度及其结构提供方案——选择契约关系的供给制度和治理结构，降低交易费用，促进合作契约供给绩效的改善。当人们为所要完成的交易选择了恰当的治理结构，所面临的交易成本就会最小化，从而实现供给绩效最优化。该理论对于考察不同时期农田水利资源单元的交易特性的变化，以及基于资源交易特性的交易成本最小化契约类型选择，具有重要的理论指导意义。

当然，交易成本组织理论只强调契约制度与个人行为间的关系，而忽视了交易契约制度与社会制度的关系，使得交易关系所嵌入其中的社会互动与交易关系的生命周期过程等要素难以进入分析视野，这在某种程度上限制了其对交易关系与交易行为的解释能力。

---

① 交易因素主要包括资产专用性、不确定性和交易的频率等，而合同人因素包括交易主体的有限理性和投机行为。

三、制度嵌入理论

美国当代交易成本理论研究者迪屈奇指出，组织制度不仅与个人行为有关，它更是制度环境（如政治主张、法律制度、文化习俗等）的产物。忽视了经济交易行为所嵌入其中的社会互动背景对交易行为的解释是不完全的（Granovetter，1985）。制度嵌入理论，是西方经济社会学第三阶段发展的重要理论类型。该理论源发于马克·格兰诺维特（M. Granovetter）1985年在《美国社会学杂志》发表的《经济行动与社会结构：嵌入性问题》一文中提出的"经济制度是一种社会建构"理念。该理论认为经济行动是嵌入（embed）到社会结构中的，经济制度的运行离不开社会结构。所谓"嵌入性"（embed-edness），即经济行为与社会网络之间存在着密切的联系。嵌入性，是由匈牙利政治经济学家卡尔·波兰尼（Polanyi）最早提出的，由格兰诺维特发展的一种理论观点。"人类经济是嵌入到经济与非经济制度之中的"，"经济制度是靠非经济动机来运转的"[①]。格兰诺维特从经济与社会结构关系的角度引入波兰尼的嵌入性概念，强调社会网络、社会结构在经济生活中的作用和意义。格兰诺维特把经济社会学的理论核心归纳为三个基本命题：①经济行动是社会行动的一种特定类型；②经济行动具有社会性的定位；③经济制度是一种社会性的建构。[②] 进而，基于社会人的"双重动机"相互作用假设[③]，建立起一种能将横向的经济因素与非经济因素以及纵向的社会规范约束与个人理性选择结合起来的嵌入性分析框架。根据格兰诺维特的观点，经济是一个制度化的过程，社会结构的性质、功能和指向性决定了一种经济制度的兴衰，从而促进了经济学和社会学的思想交流。

该理论通过对经济行动和经济制度与社会网络和更大范围的社会结构之间"嵌入性"关系的揭示，为新经济社会学开辟了不同于新制度经济学分析的崭新视角。受此启发，美国公共选择学派创始人之一，埃莉诺·奥斯特罗姆提出，制度可视为联合了自然条件与经济社会条件的诸多社会因素的联合体，制度是多层嵌套的、网络型的，一起影响行为人的策略选择（Ostrom，2000）。从1982年开始就致力于构建多层嵌套的制度分析框架——IAD（Institutional Analysis and Development）框架，以解释包括应用规则在内的外生变量如何影响公共池塘资源自主治理中的政策结果，为资源使用者提供一套能够增强信

---

① 卡尔·波兰尼. 巨变：当代政治与经济的起源 [M]. 黄树民，译. 北京，社会科学文献出版社，2013：25.

② Granovetter，Mark and Swedberg，Richard. The Sociology of Economic Life [M]. Westview Press，1992：6 - 19.

③ 作为'社会人'的个人动机是由价值动机和利己动机组成的。

任与合作的制度设计方案及标准，并且用来评估、改善现行的制度安排。IAD框架实现了博弈论、交易成本理论、社会选择理论、契约理论、公共物品理论和公共池塘资源理论相互兼容，可以帮助那些对不同治理方式感兴趣的学者和政治制定者，建立具体制度的诊断、分析和规范能力，提高社会个体和群体以民主的方式解决相关问题（王群，2010）。经过 40 余年的不断完善，制度分析与发展框架及其升级版社会生态系统耦合分析框架（SES）已成为公共资源治理的操作指南和综合性诊断工具。特别是具有流动性的自然资源利用管理制度，其产权结构不仅仅是网络型的，而且是立体的。作为主体间相互作用的社会空间，行动者的经济社会特征、共同体的经济社会属性、行动者嵌入其中的政治—经济—社会环境及其通用规则等，分别表征社会、经济和"经济—社会"互动支配规则，影响并决定着经济主体的行动舞台。在自然资源利用和管理的社会经济活动中，人类的互动行为是在限定规模的关系网络中进行的，社会文化、价值观念、正式制度、非正式制度等汇集在多层次制度场域中综合发挥着影响作用。正是在多层制度互动的网络化过程中，行动者之间才得以形成共同的认知（比如信任或不信任，等等），并对其行动产生实际影响。经由正式制度与非正式制度融合而构成网络化（群体或组织）的内在性规范，依靠网络化排他性制度规则维持共同体的存续，同时也搭建起经济运行的制度平台和行动情景。据此，制度的行动者体系、社会子系统体系以及环境体系三者紧密相联，形成一个完整的制度嵌合体系，从而达到整体性制度构建的目的。

该理论尤其适用于具有空间流动性的自然资源产权制度、生态环境问题治理等可持续发展问题的研究。制度嵌入理论研究的深入给制度分析和政策研究带来更广阔的空间，也为本书研究农田水利供给制度演进机制和创新发展提供了良好的理论资源。

四、复杂系统适应性治理理论

适应性治理是一种依据社会—生态系统（Social - ecological system，SES）复杂性而提出的治理模式。其理论渊源是复杂系统科学的复杂适应系统理论（Complex Adaptive Systems，CAS）、生态学的社会—生态系统（Social - ecological system，SES）分析框架和公共资源管理科学的适应性治理理论。其产生背景是全球性生态问题日益凸显，人们认识到人类社会发展与自然生态系统之间互动关系的复杂性，生态系统不应被简单视为被管理的对象。20 世纪70 年代后，探讨生态系统与经济发展关系的复杂系统科学、生态经济学等跨学科研究逐步兴起。适应性治理理论结合了社会—生态系统韧性管理与系统治理的理念，旨在探索合理的组织结构，使社会资本能通过该结构动态地调节系统状态，从而应对社会—生态系统的复杂性与不确定性。因而，适应性治理理论，是通过协调环境、经济和社会之间的相互关系来建立韧性管理策略、调节复杂适应性系统的状态，从而应对非线性变化、不确定性和复杂性的理论[①]。

复杂系统框架下适应性治理理论的发展有两个重要阶段。第一阶段，奥斯特罗姆及其同事从 SES 的复杂性中得到启发，于 2003 年在适应性管理概念基础上提出了适应性治理（adaptive governance）概念；福克（Carl Folke）等结合社会生态系统框架，在 2005 年提出"社会—生态系统的适应性治理"概念，并设计了适应性治理的一般实现框架[②]；第二阶段，奥斯特罗姆等在 2009年提出了社会—生态系统耦合的一般分析框架[③]（详见本节三大理论分析范式的第三个——社会—生态系统耦合分析模型），并指出自组织与治理子系统的重要性，将适应性治理作为处理复杂系统中的公共资源可持续利用问题的治理模式。它强调社会—生态系统的适应性和不确定性以及基于多元主体的利益冲突引发的突现性，该框架整合了公共池塘资源的自组织、生态系统韧性与稳态、治理结构等理念，是一种强调不断学习以适应变化、增强治理弹性的可持续治理路径。

适应性治理旨在建立适应性的社会权力分配与行为决策机制，使社会—生态系统耦合系统能够可持续地提供人类所需的生态系统服务（Folke et al.，2005）。该理论的核心概念是恢复力、适应性循环和扰沌，强调社会生态系统的显著特征是作为适应性主体的子系统间的非线性作用所产生的适应性和突现性。其中适应性是该系统的一种固有属性，是复杂性的一种重要特征，"自然和人类都具有内在价值，在社会生态系统中，人类和自然作为适应性主体的价值地位应当是平等的。"[④] 可改变社会结构调节社会—生态系统状态，实现区域可持续性，提高人类福祉（Lebel. et al.，2009）[⑤]。人类应该减少社会—生态系统内部的不确定性，适应环境以及提高 SES 应对干扰的适应能力。该理论的具体目标包括：理解和应对社会—生态系统多稳态、非线性、不确定性、整体性以及复杂性；建立非对抗性的社会结构、权力分配制度以及行为决策体

① Chaffin B C, Gosnelland H, Cosens, B A. A decade of adaptive governance scholarship: Synthesis and future directions [J]. Ecology and Society, 2014, 19 (3): 56.

② Folke C, Hahn T, Olsson P, et al. Adaptive governance of social - ecological systems [J]. Annual Review of Environment and Resources, 2005, 30 (1): 441 - 473.

③ Ostrom E. A general framework for analyzing sustainability of social - ecological systems [J]. Science, 2009, 325 (5939): 419 - 422.

④ 范冬萍，付强. 中国绿色发展价值观及其生态红利的构建 [J]. 华南师范大学学报（社会科学版），2017 (3).

⑤ Lebel L, Anderies J M, Campbell B, et al. Governance and the capacity to manage resilience in regional socialecological systems [J]. Ecology and Society, 2006, 11 (1): 19.

系，匹配社会子系统与自然子系统；通过综合方法管理生态系统，使其可持续地提高人类福祉。这与习近平在 2014 年 3 月 14 日关于保障水安全的讲话中提出治水理念是一致的，即"治水要从改变自然、征服自然转向调整人的行为、纠正人的错误行为。"不要试图征服自然，要做到人与自然和谐，天人合一。

当然，适应性治理理论还不够成熟，在中国适用性还有待改进。奥斯特罗姆的研究团队关于复杂、层叠与冗余结构能够增强治理在多变环境下的适应性（Dietz et al.，2003）的结构论观点，是以地方自治为体制条件，且不以政府为治理核心，因而难以适用于中国实际——其中央与地方是上下级关系，治理上强调政府负责、社会协同。适应性治理实践研究表明，制度等结构因素并不重要（Heilmann and Perry，2011），韩博天等从主体论出发，提出政府自主性是适应性治理在中国实现的关键，石绍成和吴春梅进一步在反思结构论与主体论的基础上，从地方规则对因地制宜的贡献出发，依据问题建构、规则设置与行动实施的过程逻辑，探究因地制宜的发生情境、制度空间与实现机制，建构符合中国实际的适应性治理理论框架，从而初步解决了该理论的中国适用性问题。本书在此基础上拓展应用于农田水利供给制度建设的研究中。

五、社会互构论

社会互构论是由中国社会学会名誉会长郑杭生教授的学术团队提出的，是中国社会学理论探索的重要成果之一。其形成源发于对个人与社会、国家与社会关系这一现代性过程的重大问题的研究，具体指社会行动主体间多元互构、并立共变关系的理论系统[①]。相对于一再陷于困境难以自拔的西方社会学理论传统，该理论是颇具中国特色的本土化社会学理论。

社会互构论认为"我们身处于社会互构的时代"，"社会互构"体现了现时代社会现象及过程中蕴涵的根本性和实质性的关系机制。该理论以现代性之全球化与本土社会转型为背景性视域，"着眼于个人与国家、社会与国家等多重关系，解释利益共同体与权力系统的互构、非制度行动与制度性行动的交互建构"[②]，着力理解和阐释多元社会行动主体间的相互形塑、同构共生关系，强调社会行动主体间的互构共变关系，即个人与社会的相互建构与形塑的关系。[③] 在社会互构论看来，国家与社会公众是社会互构的两个侧面。其中，国

---

① 郑杭生，杨敏．社会互构论：世界眼光下的中国特色社会学理论的新探索［M］．北京：中国人民大学出版社，2010：199．

② 郑杭生，杨敏．社会互构论：世界眼光下的中国特色社会学理论的新探索［M］．北京：中国人民大学出版社，2010：459．

③ 谢立中．超越个人与社会之间的二元对立——"社会互构论"理论意义浅析［J］．社会学研究，2015（5）．

家是以科层制为组织形式的行政管理系统，是拥有法定公共权力的政治单位，具有合法的强制力；而村社农户则表现为局部的、分散化样态，具有自在性和自治性。国家的体制模式、组织方式、制度化程度、实践能力等特征对村社农户具有相当强的建构和形塑力量；而村社农户的行动特征、多元诉求、传统习俗以及村社精英的流向①，则构成农户互构及其对国家反向建构的基本要素。该理论为透视农田水利供给过程中国家与村社农户的交互关系及其互动机制，提供了中国本土化的理论基础。

本书提出的协同治理是以社会互构论为基础的政府与乡村社会协同参与的适应性治理方式，是国家与村社农户相互谐变、共生共长的治理形态。农田水利供给及其制度建设过程中，国家与村社农户的协同治理不仅是一个结果，更是"互构场域"形成的过程。这里"互构场域"是指国家与村社农户交互建构的时间、空间、样态等互动场域，表现为国家与村社农户在农田水利供给过程中的互动内容、互动方式、互动空间具有多样性和具体性。协同治理的过程，是国家和村社农户在"互构谐变"的治理实践中达到"互构、共在、共生"的"效应"过程，生动体现中国推进农业农村现代化发展进程中，国家与村社农户之间的互构共变、共生共荣关系。

当然，农田水利供给中国家与村社农户互构式的协同治理，需要挖掘乡村基层政权向村社农户渗透过程中村庄的地方性知识、自生性规则以及农户的合作能力，农田水利供给制度建设中形成的供给规则、治理秩序要契合国家意志与民生政策，进而不断拓展农户自治的成长空间，最终切实激发国家政权体制之外的村社力量和社会资本的有效参与。这既是国家力量成长的见证，更是促进乡村水利"善治"的必然趋势。

第二节　农田水利复合交易特性四维决定论

一、农田水利自然生态特性

(一)农田水利类型

目前，我国大部分农村地区是以蓄水、引水、提水、排水工程相结合的农田水利系统为主，且以井渠结合的灌溉排水方式为主。本研究就以蓄引提排结合的农田灌排水利系统为分析对象，揭示农田水利系统的基本功能和工程结构特征。从基本功能来看，农田水利系统通常包括三个部分：一是渠首及输配水工程系统，涉及流域水资源和跨区域的渠首、主要输配水系统，是灌溉工程的

---

① 郑杭生，李棉管.中国扶贫历程中的个人与社会——社会互构论的诠释理路 [J].教学与研究，2009 (6)：102.

核心；二是配水工程系统，包括支渠和分支渠；三是田间工程系统，斗渠、田间配水渠道、水窖、水池、堰塘及排水沟渠等工程设施。这些工程措施和其他相关措施，既包括灌溉、排水工程，还包括水土保持和水源涵养工程，而且功能完善、配套完整的农田水利工程，一般是由一系列大、中、小水利设施衔接构成，从而形成一个相互连通、功能互补、完整灵活的大、中、小与蓄、引、提相配合的灌排水利系统，达到充分利用自然降水、地表水、地下水等水源，最大限度地发挥各种工程措施的作用。

（二）农田水利的物理结构特性

1. 工程设施的功能互补性

一个调蓄功能完备的农田水利系统通常具有"葡藤连架、长藤结瓜"式的物理结构特征。其中，"葡萄"代表地窖、小水库等小型水体，"瓜"代表湖泊、地下水库等大型水体工程；"葡萄的纽须"代表小输水管、小沟等末级渠系设施；"藤茎"代表引水渠管、排水沟渠、地表或地下河流等较大输配水渠道。而且，这些水利工程设施技术含量、工程规模和资金需求逐级递减。由于渠道好似藤条，系统内的库塘好比结在藤上的瓜，因而可称为长藤结瓜式灌排系统。本书采用刘肇玮（2004）绘制的农田水利工程系统结构，如图 2-2 所示。

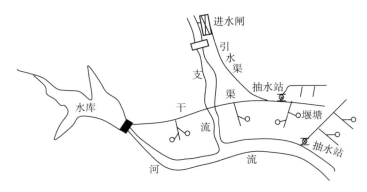

图 2-2 蓄引提结合的农田水利工程系统结构示意图

2. 水利设施与水源不可分割性

水利设施"依水而生"，其分布规律与流域水系分布是密切联系的；可用的水源赋予了农田水利存续的实质意义，若没有水资源，水利设施就如同没有了生命脉动，就无法完成农田灌溉、滋润生物、涵养生态等生产生活服务功能。由于水资源是由大气水、地表水、地下水和土壤水在水系中不断循环转化，在一定水文地质单元或流域孕育的生态资源，因而每个水利单元或水系流域都是一个完整的统一体，具有总量有限性、流动性、循环再生性、多用途性等自然特征。这在客观上要求水利工程建设必须统筹考虑灌区地形、地质、水文、气象、土壤结构、种植结构、自然灾害等自然特征及农业区划和经济发展要求，遵从流域生态和自然生命规律，进行科学的布局规划、结构设计及设施建设。

3. 水利资源系统与资源单位可分性

水利系统可以由多于一个的人或组织联合提供，一定量水资源单位的实际提取和占有过程可以由多个占用者同时或依次进行。然而，水资源单位却不能共同占用或使用。因此，农田水利资源系统可以共同享用，而水资源单位却不能共享。只要水资源平均提取率不超过平均补充率，水利系统就能够可持续利用。这对于把水利资源的提供、生产和使用环节分解开来，采取不同的投融资方式、建设方式、运营管理方式，进而建构多元化治理主体和治理结构具有重要的意义。

二、农田水利的社会交易性质：需求侧的分析

关于公共物品的判断，经济学界普遍认同"非竞争性、非排他性"的界定标准。这源于新古典综合派代表人物萨缪尔森（Paul A. Samuelson）对公共物品消费的"不可分割性"的强调。根据萨缪尔森关于公共物品的经典定义——"每个人消费这样的物品，都不会导致别人对该产品消费的减少"，马斯格雷夫（1956）将上述定义的核心界定为"消费上的非竞争性"，并发展出"消费上的非排他性"以作为公共品的另一个特征，从而将"非竞争性、非排他性"并列为界定公共物品的两个基本标准。依据"竞争性、排他性"两重标准排列组合，经济学界得出经典的纯私人物品、纯公共物品、俱乐部物品、公共池塘物品四种物品类型。

需要注意的是，经典公共物品理论根据消费特征界定物品属性的标准存在很大局限性：它难以解释为什么许多公共物品特征并不明显，甚至具有显著私人物品特征的物品和服务，却采取了公共提供或公共介入的方式。为克服经典公共物品界定方式的局限性，公共选择学派代表人物布坎南从供给决策角度来定义公共物品的"不可分性"（布坎南，1968），认为"任何集团或社团因为任何原因决定通过集体组织提供的商品或服务，都将定义为公共商品或服务"（布坎南，1993[①]），即将某种物品"确定为"公共物品。其理由可以是"根据公共判断"——以满足公共需要为目标的集体选择或公共政治安排。"人们观察到有些物品和服务是通过市场制度实现需求与供给的，而另一些物品与服务则通过政治制度实现需求与供给，前者被称为私人物品，后者则称为公共物

---

① 詹姆斯·M. 布坎南. 民主财政论——财政制度和个人选择 [M]. 北京：商务印书馆，1993：20.

品。"且公私品是公共性程度连续变化的谱系，而俱乐部组织是这种变化的载体。布坎南的这个观点，开辟了将公私物品同组织和政治制度联系起来的物品供给机制研究新视角。

更有学者利用宪政经济学的分析方法提出公共物品之所以具有"公共性"，不是因为别的，而是因为其由集体或政府提供。关于物品消费的"非排他性"或"不可分性"，与其说是源于物品本身的特性，毋宁说是源于其"排他"的交易成本难题或决策过程的不可分性（张琦，2014），需要通过集体决策的方式决定其供给方式。正如马莫罗（Marmolo，1999）所言"全体消费者在宪政层次上对产品的供给方式进行决策，公共物品对应于政府供给，私人物品对应于市场供给。"因此，所谓"公共"和"私人"只是指不同的供给方式，而与物品本身无关；物品供给方式的决策，也就同时决定了物品的"公共性"。在宪政经济学的视野里，公共物品供给的关键不再是效率问题，而是制度设计问题。

可见，将某种物品界定为公共物品，仅从消费特性上来界定物品属性是不完备的，需要从社会政治决策情景中寻找决定其"公共性"的本质性理由。从需求层面看，一种物品自身具有重要价值，或者它能产生某种重要功能（正外部效应，包括收入分配功能），或者兼而有之，"应该是"公共物品的则可以通过集体选择或公共制度安排"确定为"公共物品。从供给层面看，公共供给方式能产生更高的效率，从而有利于节省公共资源。因而，随着经济社会的发展，某种物品属性的界定既要依据"物品自身的消费特征"，更要考虑以满足公共需要所做出的"公共政治安排"。因为公共物品这一概念是与特定的集体联系在一起的，只有在明确的集体决策、公共政治安排中来考察公共物品才有意义[1]。

根据产生于20世纪五六十年代的社会交易理论，个体或组织之间的社会行为本质上是一种交易（既包括对物质物品的交易，也包括对帮助、支持等非物质物品的交易）[2]。交易一方在给予他者的同时也试图从他们那里得到相应的回报，而得到给予的另一方也因此面临回报的压力，但回报行为可能在不确定的时间内发生，回报形式也不一定。因而，社会交易是一种长期互惠的自愿交易，只发生在成熟的社会关系之上，主要依靠该社会长期形成的惯例和社会规则进行治理。基于上述观点，本书认为可以由此得出一个重要推断：一种物品是否具有"公共"属性，不仅取决于该物品本身的特性，更取决于该物品的"需求共生性"。具有"需求共生性"的物品的提供，一般需要通过"公共权

---

① 王广正. 论组织和国家中的公共物品 [J]. 管理世界，1997（1）：209-212.

② 任旭，刘延平. 从社会交易理论看战略合作伙伴关系 [N]. 光明日报，2009-01-31.

利"集体决策来实现。这一推断就为深入理解农田水利的资源交易特性提供了主要依据。

为此，本书就把"需求的共生性"作为判断物品属性的核心标准，以此将相互联系的主观性与客观性、经济性与政治性、社会性、供给与需求等各类标准，概括为一个简约表达物品的社会公共需要的判断标准；进而，本书将人类群体对物品的需求是否存在"共生性"作为判断物品是否需要"公共提供"的重要判断标准。所谓"需求的共生性"是与需求的个体性相对应的概念，是作者借鉴发源于中国"和合共生"思想的"共生理论"① 提出的概念。就农田水利而言，"需求的共生性"是指农民的个体性水利需求实现是与他人或其他群体的水利需求实现存在互相依赖性的，即需求不是一方依赖另一方，而是互为依赖方。农田水利需求的实现受自然环境、经济技术条件和社会制度的制约，作为人类利用自然和改造自然的产物，在不同的水生态环境和经济社会发展阶段下，农田水利需求的个体性与共生性也会随之改变。其供给制度通常需要统筹公平性、效率性和层次性等多维度供给目标，在公共提供、市场提供、混合提供（公私伙伴）等提供方式中做出相应的制度选择，以实现社会资源配置效率的最大化和社会福利损失的最小化。由于公共物品与公共需求和公共利益之间存在本质性联系，因而，界定农田水利是否应该采取"公共提供"的标准，这就为类似于农田水利的诸多公共池塘资源的宪政规则优化、决策秩序调整、供给制度设计和供给方式选择提供了基础性理论依据。

在人民追求美好生活的新时代，农田水利供给所产生的效益集中体现在粮食安全、农田生态改善和水环境安全，防洪安全、供水安全、粮食安全、经济安全、生态安全、国家安全，都对农田水利供给提供了较高的需求，而且这些属于满足社会生存与发展的"共生性"需求。具有生产、生活和生态服务功能的水利资源已经成为具有较强稀缺性的共生性需求资源，即使参与其中的人的个体性需求各不相同且无自觉的共同目的，农户为适应其个体性水利需求也得依赖他者自觉或不自觉地通过合作、协作，创造出能使他者获益、满足共生性需求的水利资源。由于农田水利具有的满足社会"共生性需求"的鲜明公共利益属性，决定了其建设和提供均超出私人个体的控制能力，需要依托政府机构、乡村组织和受益群体社团（例如农民用水合作组织或农民专业协会），通过一种超越市场决定但又利用了市场力量的手段和机制来供给，既弥补在满足公共需要上的市场失灵，又能促进私人产品生产的发展，其供给方式不能完全市场化。

---

① 金应忠．再论共生理论——关于当代国际关系的哲学思维［J］．国际观察，2019（1）：15-16.

三、农田水利的"四维"复合交易特性——基于供求关系互构的视角

农田水利不仅是农业的命脉，而且是区域经济与生态系统的基础性支撑要件。农田水利的多功能价值是自然系统、社会系统、经济系统各因素相互影响、相互作用、相互耦合的产物。农田水利供给活动不仅受到自然环境、水利工程的自然属性、资产专用性等交易技术结构的影响，而且其交易的实现还受到相关社会政治环境、相关主体之间的经济社会交换关系所决定的"物品公共性"的影响。因此，农田水利供需交易关系在一定程度上体现着政治、经济、社会关系。

问题是现有的研究大多集中在农田水利交易关系的经济技术维度，而对社会维度的研究较为缺乏。交易成本组织理论主要是从供给视角来分析物品的交易特性，只强调契约制度与个人行为间的关系，而忽视了交易契约制度与社会再生产过程及社会制度的关系，使得交易关系所嵌入其中的社会互动与交易关系的生命周期过程等要素难以进入分析视野。该理论关于物品的交易特性的定义——某种资源能够满足人们某种需要（包括交易需要）的特殊属性，属于供给视角的物品的有价值特性，在某种程度上限制了其对交易关系与交易行为的解释能力。根据新经济社会学制度嵌入理论，经济行动是嵌入（embed）到社会结构中的，经济制度的运行是嵌套在人类为解决物品消费的"竞争性、排他性"和"需求共生性"所建构的社会关系网络之中的。而要全面反映物品交易关系的本质属性，需要从物品供给与需求两个侧面有机融合的视角，将供给侧交易性质三维要素与需求侧政治社会属性（"需求的共生性"）相结合，分析物品交易关系属性的决定标准。

为此，本书从物品供给与需求有机融合的视角，突破威廉姆森的交易特性"三维"决定论，将之拓展为的交易特性"四维"决定标准，探索农田水利供给中凝结的交易关系特性，以期为全面反映物品交易关系属性提供判断依据。

（一）农田水利的供给侧交易特性的决定

农田水利供给侧交易特性的决定标准仍然沿用威廉姆森的划分方法，具体分为资产专用性、交易不确定性和交易规模性三个维度。

1. 资产专用性

资产专用性是指某项资产能够被重新配置于其他替代用途，或被替代使用者重新调配使用，而不牺牲其生产经营价值的程度（威廉姆森，2001）。机会主义者利用专用性投资"要挟"对方，不同的专用性程度在相同的机会主义倾向下，可以选择不同的治理结构予以匹配以节约不同的交易费用。在资产专用性的几种形式中，地方定位性投资的场地资产专用性最强，对此资产的控制权只有在利益相关者之间适当配置，才能激励交易双方进行有意识的特定投资，

使得可能的共享剩余最大。

按此逻辑，农田水利基础设施具有的规模经济性和范围经济性，显然是地方定位性投资，因而具有很强的资产专用性。农业生产的连续性和长周期性要求在一个耕作周期内，农业经营者必须在此之前投入必要的农田水利基础设施、灌排机械和输水设施。以蓄引提结合水利系统为例，蓄水工程、引水工程、提水工程和机井设施的配套性决定着供水能力和供水效率，其中任何一部分的破损，都会大大降低系统的功能，甚至导致整个系统的崩溃。同时，灌排系统的整体有效性，决定了农田水利系统需要一定规模的固定资产投资，这种投资一旦形成就难以移作他用，从而形成一定的资产专用性。因此，农田水利供需双方契约关系的连续性具有重大意义，需要通过长期合约治理的选择来节约交易费用。

2. 交易风险性

农田水利供求交易的不确定性，不仅源于可用水源的自然依赖性、用水的阶段性，还表现在交易时间、交易数量、交易成本的不确定性。首先，原发的不确定性。灌溉水源具有多样性，受天气、降水量等自然因素影响，灌溉排水需求的不确定性必然造成用水交易的不确定性。第二，行为不确定性。由于灌溉不过是自然降雨不足时的人工补水措施之一，农户对工程供水的消费程度，不仅在于取水成本占农户支出的比重，还取决于自然降雨、河流取水的可获得性及其成本。而且用水者是否进行灌溉排水设施建设和维护的投资，往往基于水资源的稀缺性、自然来水满足率、灌溉投入成本收益及水成本的高低，灌溉排水交易频率和交易数量的不确定性越大，在"惜钱等雨"的心理作用下，农民用水行为的不确定性越大。第三，农田水利基本建设，往往需要有长时间的稳定预期。水资源自然循环往往又与强烈的风险性相伴随，这种风险性在旱涝灾害高发、重发的极端气候增多的现实条件下更为突出。农田水利交易所涉及的风险性，其意义在于使应变性的、连续的决策成为农田水利持续高效发展的必要条件。因而，选择具有较高沟通协商和应变能力的治理结构对于农田水利高效发展具有重要意义。

3. 交易频率

交易规模是由交易频率与规模经济共同决定的。交易频率越高，规模经济效应越低，交易费用也越高；反之亦然。农田水利规模性指的是某些农业资源，无论使用多少，都需要在一个很大的平均产出水平和水涵养空间以及一定的资本设备支撑条件才能正常运行。一方面，由于农户土地分散、作物品种分散、距离渠首的位置和水源条件不同，而且不同农作物用水量和用水时间存在较大差异性；同时，为了降低水费，农民只浇保命水和及时水的行为导致上下游乃至同村组农民的需求存在一定的时空和规模分散性和差异性。这就造成频繁需求与有限次数供给、分散化需求与规模化供给之间的矛盾。另一方面，农田水利设施投资对与之匹配的灌溉范围有一定要求。受到地形地貌和时空条件的限制，在一些耕地零散山丘区，灌溉排水的多样化供给难以由某个集中组织来承担，而必须由与经营规模相匹配的多样化组织来分散供给，方可做到"因地制宜"。可以说，农田水利交易频率和交易规模的可变性，决定着其治理结构的确立和运转是有成本的。相比于单次或小规模发生的交易，多次和大规模地发生的交易更容易抵消合作治理的交易成本。至于这些成本在多大程度上能被其所带来的收益所抵消，则取决于该治理结构中所发生的交易频率和交易规模，进而决定其交易效率。

（二）农田水利需求侧交易特性的决定

农田水利需求侧的交易特性决定标准采用本书提出的物品属性界定标准，即农田水利"需求的共生性"标准。农田水利是农村重要的基础设施，在中国农村发展区域差异大、城乡差异大的背景下，对农村公共产品属性的界定，除了一般意义上的公共属性外，还要特别注意考察经济发展阶段性、公平性和层次性（韩俊等，2011）。本书提出的"需求的共生性"，恰好可以综合反映一个国家（或地区）经济发展阶段性、公平性和层次性的农田水利需求的"共生性"强度，即一定发展阶段农民群体对农田水利的需求是否存在相互依赖性，或者说农户个体为适应个体性水利需求是否依赖他者自觉或不自觉地通过合作、协作，来创造出能够满足共生性的农田水利资源。

当然，不同农田水利设施可同时兼有多种功能，如灌溉、生活供水、水力发电、景观、环保等，使得同一设施可能既有公共物品的属性，又有公共池塘资源的属性，甚至具有私人物品的属性，从而呈现出嵌套性资源属性形态。而且，随着经济发展阶段、制度环境改变、生态环境变化，农田水利资源系统的相对稀缺性和多元价值需求的提升等，都会引起农田水利设施"需求的共生性"的改变。

（三）农田水利复合交易特性的决定

农田水利供给与需求两侧的交易特性，在不同自然和经济社会环境下，会表现出可变性、不确定性和复杂性，从而造成农田水利交易呈现不同的交易特性。如图2-3所示：在供给侧交易特性方面，资产专用性、不确定性和交易频率等交易技术结构，影响并决定着农田水利的技术性交易性质。农田水利治理中嵌入治水行动者的社群属性、社会规范、国家水利战略共同决定的水利需求的共生性、竞争性和排他性，影响并决定农田水利的需求侧交易特性。

在经济、社会与制度环境与农田水利生态系统耦合构成的农田水利社会—生态系统中，农田水利的供给侧和需求侧交易性质，亦即农田水利交易的三大经济技术属性和社会交易属性，共同塑造了农田水利的复合交易特性。一方

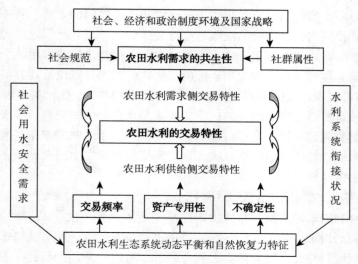

图 2-3 农田水利交易特性四维决定关系

面，在经济社会和政治制度环境的约束下，社会规范、社群属性（主要指嵌入治水行动者的社会共同体属性）共同决定了农田水利需求的共生性，进而决定了农田水利需求侧的社会交易性质；另一方面，在区域水生态、水源系统特征、农田水利工程系统特征的自然限制下，特别是农田水利水源与水利需求匹配度、农田水利供需平衡度两个重要特征，共同决定了农田水利交易的三方面经济技术属性（资产专用性、交易频率和交易不确定性），即农田水利供给侧的经济交易性质。

第三节 农田水利供给绩效生成的制度逻辑

任何交易关系除了其经济维度（交易的形式与组织管理机制）以外，还包含着政治社会维度，二者共同决定着交易关系的性质，进而影响着交易的绩效（Stern & Reve，1980）。从本章第二节提出的交易特性"四维"决定论来看，农田水利供给的交易成本和供给绩效，并不由其产权安排唯一决定，其"需求共生性"及其实现的公共政治制度（水利发展政策）也会影响交易成本的性质和规模大小。从而，在产权结构不容易改变的情况下，通过改变资源的交易特性也可以实现资源交易空间的拓展和供给效率的提升。

一、交易特性与主体行为能力

按照威廉姆森的合约治理观点，交易特性具有重要的产权和组织制度含义。不同的交易特性决定了不同的交易及其成本，而不同的交易机制或合约治理结构具有不同的节约各类交易成本的作用。因而，资源的交易特性从而交易成本的高低决定不同交易主体的行为能力，进而形成不同交易主体的分工优势和专业化功能（罗必良，2017）。从产权主体的行为能力来看，所有有效率的产权配置主体均具有排他能力、交易能力和处置能力（何一鸣等，2014）。在农田水利治理领域，排他能力、交易能力和处置能力同样是作为农田水利资源建设、管理、使用主体的行为能力维度。

（一）排他能力

它决定谁有能力使用某种农田水利资源，即农田水利产权主体有权选择用农田水利设施及其赋存的水资源做什么、如何使用它和给谁使用，从而把农田水利资源使用途径的选择行为以及承担这一选择后果之间紧密联系起来。产权主体行使其财产权利所表现出来的排他能力，主要取决于两个方面：一是初始产权界定的充分程度。产权界定越充分或越清晰，在农田水利资源及其产权的交易中就越容易被度量，排他能力就越强，交易契约就越完备。二是资源特性的复杂性。资源的特性越复杂，其权利界定越困难，产权持有者的信息越不完全，产权主体的排他能力就越不充分。例如，农田水利存在多种有价值的用途和特性，在产权持有者对农田水利运行状况或资源恢复能力的信息或认知知识不足、谈判技巧欠缺、行使产权保护的力量有限等情况下，农田水利资源的一些有价值的特性因度量成本昂贵被置于公共领域而被有竞争优势的人攫取。此时，产权私有化未必有效率。

（二）处置能力

处置能力与资源本身及其资源特性的可分性有密切关系，它是农田水利经营管理者在实际运作水利财产权利过程中所表现出的资产运用能力。它不但包括农田水利资源的各种权利在两个或更多的主体之间分配，而且可以表现为水利经营主体改变水利资源原有用途或性质，使之配置到一个符合其利益目标函数的新用途。例如，村庄小水库承包者为了获得更高的经营收益，会将原来用于防洪调蓄的水库改作鱼塘。出于保证防洪安全、灌溉供水等多种原因，对其经营者采取处置能力管制往往是必要的。

（三）交易能力

交易能力涉及农田水利资源产权转让、租赁、出售、抵押等方式造成产权所有者身份和资格的改变，并表现为产权持有者根据水利资源的用途差异把相应权利通过合约形式与潜在产权主体进行转让和交易的频率和交易规模。农田水利的资产专用性越强，其退出原有用途而转移到其他用途的代价就越高，其产权持有者的交易能力越低。这主要涉及农田水利经营者对水利设施和水资源流转的位置、数量和价格是否具有决定权。如果自己决定，就认为其谈判力很强，其交易能力很强；如果是交易双方协商确定的，就认为其谈判能力比较强，交易能力比较强；如果是由对方决定的，就认为其谈判能力较弱，交易能力较弱。产权界定在相当程度上是为了促进交易进而改善资源配置效率，因而产权主体的交易能力在产权制度设计和制度执行中至关重要。

二、行为能力与供给制度

在农田水利某环节的资源特性不能改变的情况下，是否有办法提升行为能力？是否可以通过设计合约交易装置的方式节约交易费用，从而提升产权主体的行为能力？交易治理理论和社会网络理论分别从中间组织发展和社会资本两个方面提供了解决方案。

首先，从交易成本节约的角度看，在资源的交易特性不能改变的条件下，资源的产权就应该配置给具有行为能力比较优势的行为主体。"所谓'市场'、'企业'或者'政府'、'中间组织'等组织形式，只不过是人与人之间各种合同的表现形式，它们都可以还原为个人以及与之联系着的一组合同"（巴泽尔，1997），某些交易要按这种方式来组织，而其他交易则要按另外方式来组织，其原因在于不同的交易具有不同的交易契约特性。由于契约属性的差异，契约执行的交易成本存在差异，交易组织方式存在多样性。根据交易成本经济学的观点，不同契约类型应匹配不同的供给制度，如市场治理、混合治理、科层和官僚治理等治理形式（Williamson，2002）。就具体交易活动而言，采用的契约或组织形式可能是两种极端形式（市场、科层）中的某一个或介于二者之间的某种形式（表 2 - 1）。

表 2 - 1　交易特性与供给制度匹配关系

频率 ＼ 投资沉淀性	非专用	混合	专用
偶然	市场治理：单干 （古典式契约）	三方混合治理：购买服务、PPP 模式 （新古典契约）	
经常	市场治理：松散联合 （古典式契约）	双边混合治理：服务外包、委托管理	科层治理：一体化
		（关系型契约）	

资料来源：O. E. ，Williamson，1971.

组织理论中通常把多边合作情况称为"集体行动"。集体行动可能是私人的（企业、市场），也可能是公共的（社区、政府等）。在古典自由主义框架下，政府可以被认为是选民多边或集体关系型契约的治理结构，其共同目标是提供一定量的公共物品以及为之所需要征收的足够的税收。与此类似，也可以去理解一个市场或企业的组织或制度框架。对企业来说，所谓共同目标是保护交易各方的投资、最大化企业的剩余（以及所有者的收入）等；就市场而言，潜在买者和卖者的共同目标是增加交易各方效用。

农田水利建设、管理、维护活动的专用性越强，所需的专用知识和对特殊技能的要求越高，从而能够较容易且成本较低地排斥非专业人员的使用，即排他能力也越强。但是，其专用性越强，产权主体的交易及处置能力便越弱。因为专用性越强就意味着缔约成本越高，从而交易中的议价成本与交易后的履约成本也相应增加，前后两种成本分别约束产权主体交易能力与处置能力的发挥。同时，产权主体的三个行为能力均涉及信息问题：产权交易与产权处置都需要耗费一定的信息资源，信息成本会随农田水利交易不确定性的增强而增加；农田水利资源的特性越复杂，产权主体的信息就越不完全，产权主体的排他能力就越不充分，进而会削弱各种产权主体的行为能力。此外，蓄水、引水、分水、配水设施利用的规模性越大，个人单独使用的难度就越大，设施产权主体的处置和交易能力也就越小。相对而言，农田水利治理中的政府、社团、私人三类交易主体分别在排他能力、交易能力和处置能力上存在差异：国家科层治理在产权的每个行为能力上都最弱，农民或私人治理的行为能力均最强，集体治理的行为能力则处于前两者之间。

其次，从社会结构角度看，社会网络作为一种重要的社会资本形式，具有降低交易成本的作用。原因是社会网络是将社会成员联结在一起的关系模式，是促进社会成员遵守团体规范的必要条件（科尔曼，1988），在彼此熟识的网络中，团体对规范偏差者的惩罚有效，且单一群体成员所付出的互动成本很低，行动者个体更可能采取合作互惠、诚实可信的策略，从而有效促进社会成员之间互惠交易或集体行动的达成。

社会网络降低交易成本的机制主要是通过沟通协商、获取信息、重复博弈，在合作者间培育信任、增进互惠、深化分工来实现的。一方面，社会网络有利于社会成员获得市场信息，并沟通信息，进而促进交易；而且社会网络通过嵌入的社会关系和重复性博弈使得交易双方增进信任，从而减少信息不对称和有限理性带来的机会主义行为。另一方面，当组织间的交易发生在一个网络中，会因分工网络效应的存在而大大提高交易效率，从而降低交易费用（杨小凯，2008）。因此，农田水利参与者的社会网络大小和紧密度会对其行动能力和交易合约的选择产生重要影响，从而形成不同的农田水利供给制度和治理结构。

在农田水利交易成本约束条件难以改变的条件下，要提高农田水利供给绩效，必须存在具有行为能力优势的农田水利治理主体来协调多元主体之间的关系。然而，现实情景中，农田水利专用性、规模性和风险性很高，难以自发生长出具有较强行动能力的交易需求主体，无论是农民用水户协会、新型经营主体，还是村社组织或灌溉管理单位，其整合资源运营管理农田水利的行为能力都不强。于是，就需要鼓励和支持农户与用水户协会等组织化主体双方协商构建有利于达成交易的制度装置——专业化组织，比如规模经营的农田水利合作联合社、股份合作组织、灌区水利合作组织，协调水利产权流转的产权交易平台等。借此大幅减少交易成本，解决"不可交易性"问题。

为激励专业化组织者，让其获得剩余索取权以及要素合约中的剩余控制权，其行为能力因而得以提升。此时，集剩余索取者与剩余控制者为一身的产权主体能够有效地发挥其排他、处置和交易产权的行为能力，大幅减少资源特性产生的交易成本，从而促进农田水利供给过程中相关产权主体的分工与专业化发展。比如，政府支持农民用水户协会、家庭农场、行业协会等新型村集体经济组织乃至村社组织的发展，以改善农田水利交易性。

事实上，这类交易装置就是各类供给制度的组合。例如，建立健全"一事一议"财政奖补制度，提高农民自主治理农田水利的集体行动能力；2018 年出台的《深化农田水利改革的指导意见》关于"大中型灌区斗渠及以下田间工程可由水管单位代行所有权，也可由农民、农民用水合作组织、农村集体经济组织、灌溉服务队等新型农业经营主体持有和管护。社会资本参与或受益主体自主建设的，按照'谁投资、谁所有'的原则落实工程所有权和使用权，依法享有继承、转让（租）、抵押等权益"的规定，就是为了通过赋权，提高农民用水户协会、新型经营主体、社会组织乃至受益主体等农田水利供给主体的行动能力。同时，权益保障与合约约束以及法律援助的需求就提了出来，由国家法律、行政法规或民间权威来保障合约交易的合法性，包括参与自由、缔约自由、合约的法律保障等，就成为弱行为能力者愿意进行产权交易的前提。

三、行为能力与治理结构

农田水利的三类交易主体在行为能力上的排序结果，是建立在不考虑资源特性约束的前提之上。一旦把农田水利的专用性、风险性和规模性等交易特性引入上述的治理主体行为能力，结果将变得复杂且不确定，甚至可能相反。从专业化的角度而言，就应该让那些具有行为能力的主体控制其拥有比较优势的生产程序。例如，农田水利提供、提取、管护等供给活动中资产专用程度越高、不确定性比较大、交易较频繁的环节，只有国有产权和集体产权等非私人产权才能够节约这类资源的交易成本，应该让政府（及其附属灌区水管组织）或社区来使用和控制。

对于一项农田水利资源单元的产权制度安排，必须考虑两个问题：一是主体拥有产权是重要的；二是谁拥有它更有效同样是重要的。对于后者，应该以交易主体的行为能力与交易客体农田水利的资源特性作为产权配置的判断标准。产权配置包括产权的纵向独立性和横向清晰性两个维度。纵向"产权独立"是产权逐渐独立于国家，建立纵向排他性权利，主要涉及产权与政权、财产权与统治权的关系，即受政权保护、且不受政权侵犯的独立性。横向"产权清晰"是产权摆脱社会各类共同体，建立横向排他性权利，伴随着国家对权利的确认、保护和规范（邓大才，2018）。农田水利产权的"纵横清晰度"决定着相关主体的产权行为能力、分工优势、交易决策权力、权力空间和行动边界，进而决定农田水利供需交易的治理结构和治理模式。

当农户或农民组织等产权持有者对其资源的有价值属性不具备排他、处置能力时，交易就成为重要的选择，进而会产生两种可能的结果：一是弱行为能力者通过自由交易把农业经营权转让给强行为能力农业经营组织，既实现了自身的潜在收益显性化，又使对方的收益增加，从而避免了行为能力不足导致的产权稀释引起的租金耗散，实现了合作剩余分享的帕累托效率改进。二是这种交易也可能受到行为能力强者的掠夺。具体表现为：①强者利用信息优势、谈判实力压低弱者的产权收益，导致交易合作的剩余租金被强者过多地攫取和分享，在弱者面临产权租金侵蚀而且不能自由退出时，就会出现既不公平又有损效率的产权再分配行为；②产权转入者通过改变农田水利资源用途或采取其他手段使之实现增值时，比如利用水库开展旅游服务增值，转出者就会因"价值幻觉"产生后悔心理——觉得这次交易不公平，原产权持有者会认为过低评价自己的水利资源而导致纠纷成本，不仅会对农户的交易能力产生极大的限制，而且对交易环境产生不利影响。可见，只有在自由、平等、公正的市场交易基础上，产权弱行为能力者把农田水利经营权转让给农民用水合作社、集体经济组织、灌溉管理单位等强行为能力的组织，农田水利资源才能真正实现最优配置。

农田水利之所以要由政府或其他公共组织来提供，原因之一也就在于其公益性价值难以通过交易来实现。不过，农田水利工程及水源的提供和生产是可以分离的，即农田水利的建设、管理、经营、管护、使用等供给活动是可以分离的，这为政府社会合作治理农田水利提供了可能性。政府、市场和社群等不同的利益主体均具有供给实施的能力，三者之间存在竞争关系。在满足农田水利供给绩效标准公共控制的前提下，可以允许农田水利服务的组织之间公平竞争；究竟选择哪一种方式取决于供给主体对成本—收益的权衡，但可以肯定的是，竞争的引入将促使不同的主体在解决同一灌溉治理问题时更注重"效率"标准，并有效回应公共需求。

四、制度行为与供给绩效

根据交易成本经济学的观点，经济制度设计直接决定了经济组织的交易成本，从而最终决定了经济效率。就农田水利供给而言，其制度结构确定之后，直接决定了相关行动主体的决策权力、行动空间及其互动协作的交易成本，从而最终决定供给体系的整体效率。在不同的产权秩序下和不同产权主体行为能力条件下，受农田水利供给制度所包含的产权秩序、筹资制度、供给决策、组织动员机制、成本分摊、治理体制等方面的制度体系的影响，形成相应的农田水利治理结构：科层式制度结构（集权型和管控型），合作制度结构（参与式管理、协同治理），自主式制度结构（自由市场模式、农民自主治理模式），形成政府集权治理模式、政府管控治理模式、农民参与治理模式、政府社会协同共治模式等。具有不同行为能力的供给参与者依据其在资源提供、工程制造、设施管护、分水配水等环节中具有的交易信息发现、信息传递、规则执行与监督方分工优势和专业化能力，围绕产权配置、成本分摊、利益整合、自组织、监督、惩罚等供给活动，选择交易成本最小化的制度结构实现机制和实现形式，即采取不同的制度参与行为——多元主体权益实现机制、互动机制及行为方式，比如科层机制、社会机制和市场机制及混合机制（比如，供水企业＋用水户协会、灌区水管单位＋新型经营主体、政府＋村集体＋用水农户等），由此产生不同的交易成本和交易效率，从而形成不同的农田水利供给绩效。

第四节　农田水利供给绩效生成的制度分析框架

一、农田水利供给绩效的表征

随着经济社会发展、水资源稀缺性的加大，人们对农田水利多功能价值的需求日益丰富，对灌溉供水、防涝排水、防洪泄水、水环境和水生态安全用水的需求强度和需求层次不断转型升级，从而决定了农田水利发展目标与功能价值内涵需要不断拓展，从而决定了农田水利供给绩效的内涵。

第一，提供经济产品的供给服务功能。农田水利，作为人类活动与生态环境系统耦合形成的"资产"，不仅具有服务农业生产（农作物或畜禽所需的水资源等）的保障灌溉用水、饮水安全、粮食安全等经济产品供给服务功能。农田水利通灌溉排水、防渍除盐碱工程技术措施，具有防治农田旱、涝、盐、碱灾害，改善农田水分状况和土壤墒情，改善农业用水条件，改善土壤耕作性能，促进农业稳产高产的生产服务功能。因此，农田水利通过人工补水或排水措施满足农业生产用水环境，为农业生产旱涝保收、高产稳产和可持续发展提供了重要的水利支持服务作用。

第二，提供生态服务功能。水是生态环境的控制性因素。农田水利作为农村生态系统的重要组成部分，不仅为人类提供环境服务和生态服务等各种物质和精神福利，更重要的是维持了动植物赖以生存发展的生命支持系统，为实体系统的健康持续发展提供有益的支撑。生态化的农田水利工程措施，具有养分循环、水土保持等维持生物多样性和地球生命健康的支持功能。在涵养水源、净化空气、调节农村水生态、水环境中，河流、湖泊、水库、塘堰等蓄水设施发挥着重要的支撑功能，其良性运行提供了良好的生态服务功能。

通过采取污水灌溉、咸水灌溉、肥水灌溉、引洪淤灌等灌水技术，从控制水位、改善水质、湿地修复、水土保持、盐碱地改良、沼泽地改良、植树绿化等方面，为废水、污水、洪水提供排放空间，减少水污染和洪水灾害对农村生产生活环境的危害，改善农村水生态和水环境；而且大量灌溉服务标准化、灌溉质量和土壤墒情信息化的现代农田灌溉项目建成，可以节约农业生产用水，为农村生产、生活、生态用水留下更多水资源，为农业多功能化和农村产业体系复合化奠定了基础。

第三，调控洪水、防范疾病等方面的调节服务功能。古代治水之所以是治国安邦的大事，主要因为洪水灾害对人类生命财产安全的威胁最大，大水过后疫情泛滥对社会的破坏力最强，因此导致民不聊生、社会动乱。农田水利系统的堰塘、灌排沟渠、河流、水库，都在不同程度上发挥着蓄滞雨洪、洪水利用、抵御洪灾、保障防洪安全的调节服务功能。生物多样化的生态水利有利于减少血吸虫病的扩散。节水灌溉工程建设和水源地生态改造，有利于减少流入河湖、坑塘的面源污染负荷和水体富营养化问题。

第四，提供消遣、精神和文化收益等方面的社会（文化）服务功能。"水生民，民生文，文生万象"，水利发展不仅促进了水利科学技术的发明创造，而且滋润和哺育了人类社会的文化生活，形成以水利器物文化、水利制度文化和精神文化。农田水利工程和灌溉技术不仅是巨大的物质财富，更是丰厚的治水智慧宝库。比如，中国古代修建的郑国渠、都江堰、灵渠等水利灌溉工程，蕴含着中华民族利用自然、改造自然、保护自然的水利文明，并作为"非物质文化遗产"传播着民族的自信和民族精神。同时，农田灌溉用水的计量方法、分水规则、分水秩序与用水习俗，往往是协调人与人之间关系的行为规范。人们习惯把农田水利功能停留在农业领域，实际上，农田水利是乡土社会最重要的集体公共事务和乡村秩序形成、乡土文化生发的重要场域。围绕水利问题形成的区域性社会关系，孕育出特定的乡风民俗、社会网络、公共秩序和社会组织制度。比如，红河县阿扎河乡普春"刻木分水"① 传统，具有丰富的人文和制度含义。

因此，农田水利供给绩效，可以定义为：在一定的制度结构下，通过一定

---

① 中央电视台九频道人文地理栏目：刻木分水［OL］. 2012 - 11 - 25. http：//jishi. cntv. cn/ke-mufenshui/videopage/.

的制度选择行为，使某一水利组织在水利资源配置效率、技术效率、经济效益和市场外部性等方面所达到的现实状态。

二、绩效生成的制度分析框架构建

从复杂系统理论来看，农田水利系统是一种典型的社会—生态系统耦合形成的公共池塘资源，是人类发展过程中展现公共精神、集体行动能力乃至社会价值信仰的重要场域，其存续和发展是宏观社会经济和政治环境因素共同作用的结果。该系统中要素共同进化和相互作用的结果使得要素相对价格（或相对价值）发生改变。制度是在复杂社会系统中形成与演化的，伴随着人们对制度的选择以及制度对人们的约束，人与自然、人与制度、制度与环境是交互影响的。为突出重点，本书首先考察制度环境变化对资源特性及其供给制度的影响，进而将政治与经济体制、社会文化传统等相关外部制度环境视为既定（以下简称制度环境）的情况下，考察不同资源特性对制度结构、供给行为选择和供给绩效之间的交互作用关系。

为了系统而清晰地表达农田水利供给绩效生成的制度逻辑，本书构造了农田水利"资源特性、制度结构、制度行为、供给绩效"的 TSCP 分析模型。该框架以产业组织 SCP 范式、交易成本经济学和新经济社会学为基本理论支撑，以农田水利系统的资源特性为逻辑起点，揭示农田水利资源特性——制度结构——制度行为——供给绩效之间的交互作用和因果逻辑关系（图 2-4）。

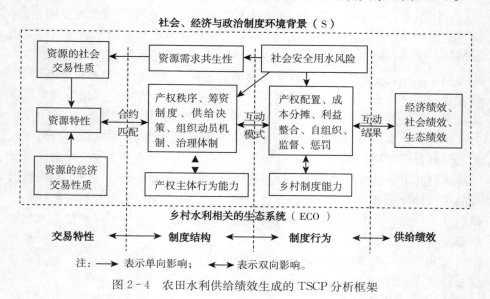

图 2-4　农田水利供给绩效生成的 TSCP 分析框架

模型中，T（Trading features）代表农田水利供给契约的社会交易特性和技术交易特性共同决定的农田水利交易特性，反映农田水利需求侧和供给侧两个维度的交易关系。S（Structure）代表农田水利的制度结构，其功能特性是由农田水利治理参与方的合约模式、利益协调机制、决策机制和动力激励机制等共同决定的。C（Conduct）代表制度行为，即农田水利供给过程中政府与社会的单向推动或基于各方"利益契合"的双向多维行为互动关系。P（Performance）代表农田水利治理的经济社会与生态绩效。

在农田水利供给绩效生成的 TSCP 分析框架中，农田水利治理中的交易特性、制度结构、制度行为和供给绩效之间是一种基于农田水利交易特性的互动因果链。在一定的自然生态状况、经济技术水平和社会制度环境下，农田水利交易特性内在地要求适宜的契约治理结构相匹配，从而影响着不同治理结构的有效性；进而诱致相关主体采取不同的制度行为，比如产权配置、成本分摊、利益整合、自组织、监督、惩罚；由此产生不同的交易成本和交易效率，从而形成不同的农田水利供给绩效。

反之，不同的农田水利供给绩效会刺激相关利益主体强化或改变其治水参与行为，进而形成维护或变革现行农田水利供给制度结构的动机和行为能力。农田水利供给绩效的现状和变化趋势是由要素投入参与者所采取的制度行为所决定的，而农田水利供给绩效反过来又影响投入参与者的投资收益预期和行为激励，进而产生改变其参与治水的意愿和动力，并提出完善或变革现行治理体制、组织形式或产权制度安排的要求。随着约束条件的变化，现行农田水利供给制度体系需要对治水行为和制度环境的变动作出响应，政府和社会响应这种需求的能力决定了治水制度的变迁、被新制度取代或者消亡，影响着农田水利制度结构及其绩效变迁的方向。

三、TSCP 分析框架的内在逻辑

（一）交易特性与产权秩序

在图 2-4 所示的模型中，作为农田水利供给系统的客体，农田水利的交易特性是由其自身的资产专用性、风险性和规模性决定的。而在不同宏观政治经济社会环境下，社会对农田水利的功能价值需求具有不同的优先序，从而形成公益价值或私益价值优先的物品属性，进而与农田水利的交易特性一起共同决定着农田水利的宪政制度结构。从社会经济功能看，农田水利具有水资源支撑功能（灌排服务、人畜饮水服务功能）和水生态承载功能（防汛抗旱、生态服务和环境服务功能），并规定了农田水利产权的经济属性和社会属性，产权的经济属性强调私人性和经济性，强调产权的效率和水利的资源支撑功能；产权的社会属性关注集体性和社会性，着眼于产权的公益性和公共水安全保障功能。

在经济社会发展的不同阶段，水资源稀缺性决定了农田水利资源属性中各自属性的需求强度的差异，使得农田水利的经济和技术交易特性具有重要的产权和制度含义，并因社会对农田水利多项功能关注度的差异，及其满足公众生存或发展需求的功能高低，可以形成两种产权秩序：生存型产权秩序和发展型产权秩序。生存型产权秩序重在保障社会的防洪抗旱和生活生产用水安全等基本水安全需要，发展型产权秩序进一步关注节水优先、生产生活与生态"三生"共赢等人水和谐的水安全需要。进而，根据政府和社会实现产权秩序目标的行为能力差异，形成多元产权属性优先序不同的产权秩序类型：第一类是社会属性优先的科层式产权秩序，即纵向产权独立化于国家的制度及其体系（简称纵向产权独立化），第二类是经济属性优先的市场化产权秩序，即横向产权分置独立于共同体的制度及其体系（简称横向产权明晰化），第三类是经济与社会属性并重的协同性产权秩序，即纵横"排他性产权"协同耦合制度体系。当然，这三类又可以根据其对满足生存需要或发展需要的功能高低，细分为两大类、六小类产权秩序：生产型经济属性优先的产权秩序、社会属性优先的产权秩序、混合式产权秩序，发展型经济属性优先的产权秩序、社会属性优先的产权秩序、混合式产权秩序。

在农田水利社会系统中，能够进行水利资源配置和交易的行为主体（以下简称交易主体）往往可以分为三种，它们分别是国家、村社组织（村集体、农民组织或社会组织）和农民（私人），这三种交易主体各自拥有不同的比较优势，它们又分别对应着不同的合约交易机制（行政机制、社群机制、市场机制），即横向清晰和纵向独立。横向维度是"产权清晰过程"，产权摆脱社会各类共同体，建立横向排他性权利，同时伴随着国家对权利的确认、保护和规范；纵向维度是"产权独立过程"，即产权逐渐独立于国家，建立纵向排他性权利。在不同的国家、地区、历史条件、时间节点下，产权的清晰过程和独立过程会有所差异，但都会对国家治理形态产生深远的影响（邓大才，2018）。农田水利纵横向产权分配和明晰化程度，同样对农田水利供给制度和治理系统具有根本性的影响。

不同的农田水利社会生态系统，具有不同的自然物理特性和社会交易特性，与之相关联，不同的产权控制形态、产权规则、产权结构，形成不同的农田水利产权秩序和产权结构。基于不同的产权秩序目标和国家宪政体制，需要设定相应的产权规则和产权结构为农田水利多功能价值实现提供系统的产权制度保障，即农田水利资源所有制结构。比如，通过宪政层面的制度规则明确农田水利所有制的资产构成、组织载体，以及在农田水利供给和使用过程中不同利益相关者之间的权力和利益关系，从而决定农田水利供给的目的、对象和手段。比如，农田水利工程国家所有制或集体所有制可以采取以公有制为主体与多种所有制经济共同发展的所有制结构。进而选择政府或村集体统一经营、私人承包经营或"统分结合"合作经营等基本经营制度。

（二）制度结构与供给制度

不同的交易特性决定不同的交易及其成本，而不同的交易（包括产权配置）合约治理结构具有不同的交易成本节约作用。因而，资源交易特性及其交易合约成本高低决定着不同交易主体的分工优势和专业化功能（罗必良，2017）。作为农田水利供给系统的主体，政府、农民、社会组织等行为或产权主体，其各自的供给动力和行为方式是建立在其产权行为能力基础之上的，即产权的使用权、收益权和转让权。在不同社会、政治与经济体制下，应根据政府、农民、社会组织等行为主体的行为能力匹配不同的实现形式和实现机制，即治理结构层面的农田水利产权治理体制、产权制度实现形式和实现机制，从而决定了它们在农田水利供给中的角色、地位和行动空间。当然，一个社会在其治理结构集合中选择哪一种，最终取决于具有较高强制力的行动主体——国家在约束条件下的目标函数最优解。

由于农田水利供给制度具有鲜明的"情景依赖性"，有效率的农田水利制度安排是相关主体沟通对话、信息反馈、适应性学习和协同互动的结果，并是在有序的互动过程中持续演进的。根据交易成本最小化原则，有效的制度体系可以将交易成本最小化或将治理结构层参与者的积极性最大化，其关键在于制度结构与交易特性之间的匹配。在交易成本不变的情况下，有效的制度体系在于各层级制度之间的匹配以使相应层级的决策者激励达到最大化；或者在激励程度一定的情况下，有效的制度体系在于各层级制度之间的匹配以使总体交易成本达到最小化。否则，就有必要进行制度变革。可见，有效的农田水利制度结构（产权秩序和治理结构），应根据农田水利系统的技术特性和交易特性，选择农田水利多功能价值最大化且交易成本最小化的产权秩序、产权规则与产权结构。

（三）制度行为与供给绩效

农田水利提供与生产的交易本身具有资产专用性、交易不确定性和交易规模性，在交易成本最小化的契约选择原则约束下，国家、乡村社会、农户都会在不同的约束条件下（行为能力和预算约束）追求各自的目标函数最优化。

农田水利供给制度及其效率具有显著的"情景依赖特征"。任何大规模的集体行动都需要适当的组织形式以较小的成本保证集体目标和集体利益的实现，这就决定了配置组织存在的必要性及其有效性。农田水利工程通常是由多人或多利益主体联合生产或提供，农业水资源配置系统本身的长期存在总是与一定利益主体密切相关，农田水利供给能力的提高和改善往往需要整个系统的相关行为主体集体协商，共同行动。这些资源所有者的参与状态直接影响到用水户的价值创造和灌溉系统租金的大小。这就要求配置组织能够协调灌溉活动参与者的利益，整合和利用灌溉水生产、人力资源的投入和用水信息，及时适应用水需求的变化，做出积极的响应。不同的制度由于与制度客体的资源特性、产权与产权配置本身的制度功能等制度要素的匹配性，具有不同的制度可信度和制度效能，进而会衍生出性质一致但大小各异的交易费用，最终导致不同的制度效率生成。

不同经济社会发展阶段，农田水利发展的宏观环境和微观基础都存在较大的差异，政府、社会、市场在农田水利建设和管理中的地位和作用不同。在制度选择的过程中，不同行动主体具有不同的目标取向，而新的制度安排对不同的主体来说，其目标实现的程度可能是不同的。因此，不同的农田水利供给制度选择及其制度安排，势必产生不同的制度绩效。为了促进制度更好地发挥效用，必须重视政府、社会和市场之间双向互构和有机嵌合，促进产权制度、治理结构及其运行机制的持续优化与协同演进。

第三章　农田水利发展需求与困境

在中国，人的行为才是造成水问题的最主要因素。治水模式也需要由单一的工程治水转为工程性治水与制度性治水并重；单一工程治水与系统治理相结合；局域治水与流域全局水治理结合；政府治水与社会、企业、全民治水并重。

——伍新木

中国正处于向高质量发展转型的新时代，农田水利设施提档升级，既是农田水利可持续发展的首要任务，也是其获得持续发展投入的前提条件。而目前中国农村水资源短缺、水生态损害、水环境污染等问题，已经成为中国农业农村面临的四大水问题。农田水利防洪水、排涝水、治污水、保供水等方面的能力还很脆弱，甚至一些地方的水安全保障能力和生态服务功能有所弱化。"产业兴旺、生活富裕、生态宜居、乡风文明、治理有效"的乡村振兴战略目标要求，对农田水利提质增效和可持续发展提出了新的更高需求。

第一节　新时代农田水利高质量发展需求

一、促进人与自然和谐共生的需要

现阶段，中国正在迈进全面建设中国特色社会主义现代化国家的新时代，在此新征程中，农田水利作为乡村水生态系统的重要组成部分，其有效供给的核心要义和本质要求在于"绿色、共赢、协调、共享"。农田水利大发展不仅是支撑乡村产业振兴、生态宜居、乡风文明的重要"先行资本"，其"润泽乡土、孕育文明、涵养生态"的多元功能充分释放更是人民追求美好生活的基本需要。这些都对农田水利建设和管理，提出了更高品质、更好服务水平等高质量发展要求。

我国目前水资源总量为 2.8 万亿立方米，居世界第六位，但人均水资源量仅为世界人均占有量的 28%。水资源空间分布不均，水资源分布与土地资源、经济布局不相匹配。北方农业区占全国国土面积的 64%，水资源量却只占全国的 19%，而长江以南地域却以 36% 的国土面积占全国 80% 以上的水资源量。同时，水资源年际变化大、年内分配集中，丰、枯水年变异无常，中国水资源自然条件之复杂，决定了中国水旱灾害的频繁发生。特别是受全球气候变暖和极端气候增多的影响，中国不仅将长期面临水资源严重短缺的局面，而且

"北旱南涝""南旱北涝"乃至"南北旱涝并存"的趋势将在一定时期内持续，这些都决定了构建以农田水利为核心的城乡防洪抗旱排涝水网是今后一个时期中国治水的首要任务。

这就决定了现阶段农田水利建设的主要矛盾为农业提质与生态改善为重点的人水和谐需要和水利发展不平衡不充分之间的矛盾。乡村生态改善需要多种水利措施统筹推进。随着乡村居民对美好生态环境的需求不断提高，人们对农田水利的需求不再局限于灌溉、排水、防洪等农业增产需要，而是扩展为支撑农业提质增效、促进乡村水生态与水环境改善等方面的需要，增强农田水利的生产、生活和生态用水安全保障能力。

因此，当前和今后一个时期，中国农田水利建设，要顺应人民群众对美好生活的向往，坚持节水优先、生态修复优先，必须更加注重保障和改善民生、水资源节约保护管理和生态文明建设，应坚持"节水优先、空间均衡、系统治理、两手发力"的总方针，农田水利发展目标是实现农田水利服务生产、生活、生态的"三生"功能协同共生，促进农业发展、农民富裕、农村繁荣的和谐共赢。

首先，农田水利建设，需要加强农田生态保育，大力开展农村水环境治理，探索河湖库塘清淤整治工作机制。加强水土综合保护，水土流失防治，以小流域为单位，山水田林路全面规划、综合治理，实现"有淤常疏、清水长流、泥不出沟、水不乱流"，基本形成"田成方、水成网、路相通、渠相连、网联村、旱能浇、涝能排"的水利网络，构筑起绿色流动的乡村水网体系，全面提升乡村水生态环境质量，让水利生态建设和环境保护成为乡村经济发展新动能。

农田水利建设，要突出协同性，把农田水利高质量发展作为促进人与自然和谐共生、促进乡村治理有效和乡村产业融合发展的主战场，处理好水资源开发与保护关系，以水定需、量水而行、因水制宜，切实按照'节水优先、空间均衡、系统治理、两手发力'的治水方针，多措并举增强水资源可持续供给能力。在巩固农田防洪、抗旱、除涝、粮食增产等生存和生产安全服务功能的同时，还要加强高效供水、高效节水、水土保持、生态保育等包容性发展服务功能，实现生产发展、生活改善、环境友好、生态安全多目标协同的"人水和谐共生"的发展目标；尽快"补齐"短板，为农业农村高质量发展提供强有力的水资源保障和水利支撑，让农田水利治理活动成为保安全、惠民生、促发展、保生态、利国利民的多赢性公共经济活动，增强发展的包容性、普惠性和共赢性，这才是符合中国国情、水情和民情的可持续发展的农田水利发展之路。

二、保障国家粮食安全的需要

农业立国和水旱灾害频繁的国情与水情，决定了水利是农业的命脉，是促进农业综合生产能力提升、保障国家粮食安全的根本支撑。现阶段，我国水旱灾害频发这一老问题依然存在，而水资源短缺，水生态损害，水环境污染等新问题更加突出。当前，在水资源和耕地资源稀缺性不断提高的宏观环境下，采取节水灌溉、水土保护、"工程换水"①、秸秆覆盖和免耕等农田水利工程和非工程措施，已经成为落实藏粮于地、藏粮于技战略的重要举措。从全国来看，经过数十年的发展，我国农田水利基本形成"旱能浇涝能排"的农田水利灌排体系，但基础设施建设严重滞后，防洪排涝体系不完善，农田灌溉体系不稳固，供水保障能力不强，农田水利建设滞后仍然是农业稳定发展和粮食安全的最大制约。

一方面，我国耕地亩均水资源占有量仅 1 400 米³，是世界平均水平的 1/2。按目前的正常需要和不超采地下水，全国缺水总量约为 300 亿～400 亿米³，一般年份农田缺水受旱面积降到 600 万～2 000 万公顷，农业水资源供需矛盾将更加突出。另一方面，全国农田水利的整体灌排能力依然相当脆弱，大多数水利工程靠吃老本。全国 10% 以上的低洼易涝地区排涝标准不足 3 年一遇，部分涝区治理不达标。旱涝保收田面积仅占耕地面积的 30% 左右。全国约 40% 的大型灌区、50%～60% 的中小型灌区、50% 的小型农田水利工程设施不配套，大型灌排泵站设备完好率不足 60%，还有近半数的耕地是"望天田"，缺少基本灌溉条件。200 多万公顷耕地仍然"望天收"，粮食持续稳定增产的后劲不足（李国英，2014）。

在农业水资源利用空间趋紧和生产生活生态多元用水竞争加剧的现实条件下，迫切需要农田水利建设从提高供水能力向提升供水质量和节水能力转变，切实提高保障国家粮食安全和农业持续发展的水资源支撑能力。一方面，农田水利发展要以促进农业用水方式转变和提高用水效率为目标，积极开展多态水源联合调蓄、大小水利有序贯通、开源节流措施综合运用，加快推进区域规模化高效节水灌溉行动和山丘区"五小水利"工程、集雨节灌工程建设，推进大中小各类农田水利设施联网贯通、水源互济。另一方面，农田水利需要按照规模适度、技术先进、管理科学的要求，全面开展高效供水、有效节水的现代化改造和提升工程，加快水源工程、大中型灌区续建配套与现代化改造，加快灌溉渠道与排涝沟改造工程、低压管道灌溉工程、农田输配电设施配套工程等小型农田灌排设施自动化、智能化功能提升和配套达标，打造"田成方、水成网、路相通、渠相连、旱能浇、涝能排"灌排体系；同步建设田间工程和用水计量设施，推进灌溉信息化和智能化，健全基层水利服务体系，强化监督检查，推动农村水利持续健康发展，增强自然灾害抵御能力和农业生产保障能力，为国家粮食安全和重要农产品有效供给提供高质量、低成本的水资源支撑。

---

① "工程换水"，是指使用地表水置换地下水的工程措施，以保护地下水资源。

三、提高农业质量效益的需要

水是农业生产过程中必不可少的关键因素。农田水利作为农业农村发展的"先行资本"，其供给质量决定着农业农村的发展潜能。当前，中国农业发展主要矛盾已经发生了深刻变化，迫切需要中国农田水利改变发展思路。农业发展由保产量转向保质量增效益的目标转变，要求农田水利发展目标需要由服务农业增产转向服务农业绿色发展。我国粮食产量能够实现"十五连丰"，达到 12 万亿斤[①]的高产水平，得益于农田灌溉水有效利用系数和有效灌溉面积的不断提高，如图 3-1 所示。但是，跟世界先进水平的 0.7～0.8 有效利用系数相比，我国还有相当的差距；相反万元 GDP 用水量，我国是国际上先进水平的两倍。

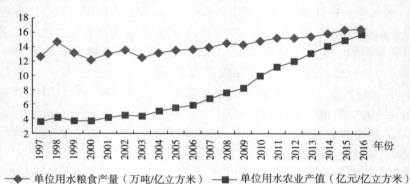

图 3-1　全国多年灌溉水产出率变化趋势
资料来源：历年中国统计年鉴和中国农业年鉴。

近年来，水污染、水土流失和耕地质量下降，已经成为当前和今后一段时期农业提质增效的主要瓶颈。农田水利灌溉方式大多仍停留于地面灌溉和大水漫灌，操作不合理很容易造成过度灌溉，经常性的过度灌溉会造成土壤盐碱化、土壤肥力下降、土壤板结。粗放式水利灌溉措施还造成农作物残留的农药、化肥等有害物质渗入到地下或者流入河流、湖泊，造成环境污染和生态破坏。据统计，我国化肥利用率为 30%～40%，而农药使用率仅为 10%～20%，这不仅增加了农业生产成本，而且过量投入的化肥和农药通过农田排水、地表径流、禽畜养殖产生的大量排泄物直接流入河流，进入河流及地下水源，造成水体黑臭，富营养化。水环境污染问题，不仅直接威胁着农民身体健康，而且污染农业生产环境和乡村水生态，制约着农产品品质的提升。

因此，要切实增强中国农业竞争力、保障中国农业安全，必须加快农田水

---

①　斤为非法定计量单位，1 斤＝500 克，下同。

利提档升级的建设步伐。随着人们对绿色安全食品的需要不断增长，迫切需要大规模高效节水、生态友好的现代化水利措施，支撑农业实现安全、高产、优质、高效发展。为此，需要把采用节水灌溉技术和节水方法，提高灌溉供水利用率和利用效益，作为落实农业绿色发展理念和"藏粮于地、藏粮于技"战略的重要抓手，结合农业种植结构调整、耕地休耕轮作的发展需要，因水制宜、量水而行，大力发展工程措施与农艺、农机、生物、管理等措施紧密结合的节水灌溉工程，大力推广喷灌、微灌、管道输水灌溉等高效节水灌溉技术，实现水灾害防治、水资源节约、水生态保护修复、水环境治理的一体化治理。

四、保障用水安全的需要

水是生命之源、生产之要、生态之基，是经济社会发展不可替代的基础支撑，是生态环境改善必不可少的保障系统。中国是一个水旱灾害频繁的农业大国，治水历来是治国安邦的头等大事。新中国成立 70 余年来，党和国家多次推动的农田水利建设运动，建成了比较完善的兴利除害和防灾减灾工程体系，城乡用水安全问题基本得到保障。但是，随着经济社会的发展，城乡用水安全问题愈来愈凸显，其中不仅包括保障水资源需求的供水安全、减少水灾害的防洪安全，还包括日益突出的水质和水生态安全等。2020 年春夏之际，长江、淮河等流域暴发了百年一遇的区域性洪涝灾害，农作物受灾面积 1 899.7 万公顷，其中绝收 255.5 万公顷[①]。这场灾害在一定程度上表明中国农田水利的发展基础还不稳固，农田水利供给质量和效率还不能适应农业农村用水安全的基本需要。

为建立起保障农村乃至城乡用水安全的生态水网，迫切需要从我国国情和发达国家的水管理经验教训出发，以 2020 年维持"零增长"，2030—2050 年实现"负增长"为总体目标，系统制定全国性与区域性的农田水利中长期发展规划和农田水利高质量发展路线图，为乡村全面振兴筑牢稳固的水利保障体系。

第二节　农田水利发展成效

中国位于欧亚大陆东部、太平洋西岸，地形高低悬殊，季风型气候显著，降水和径流量时空分布不均且与农业生产力布局极不匹配，人口多、耕地少、夏汛冬枯、水旱灾害频繁，一直是中国的基本水情和国情。特殊的气候、地理

---

① 应急管理部发布 2020 年前三季度全国自然灾害情况 . http：//www. gov. cn/xinwen/2020 - 10 - 08/content ＿ 5549725. htm.

等自然条件以及社会条件决定了中国农业必须走灌溉农业的发展道路。

早在春秋时期，管子就提出"善治国者必先除水旱之害"。"灌溉渠道工程的规模之大，绝不是局部的生产机构或者个人所能够进行和完成的，必须由能够跨越地区和个别组织的社会公共机构来承担，所以只能是专制政府的事业"（马克思，1998）[1]。新中国成立之前，农田水利供给主要采取"官督民修"形式，国家凭借政治动员、行政命令调动资源（魏特夫，1989；韦伯，2008；邓大才，2018），强制用水户提供"免费劳动力"（黄宗智，1992）。然而，受制于技术、经济和治理能力，历代统治者虽有治水的政治意愿和大规模水利建设行动，但并未能实现水旱灾害的"大治"（王亚华，2018）。在中国漫长的治水历史中，历代统治者虽然有治水的政治意愿，但受制于技术经济条件和治理能力，都没有能够实现水问题的"大治"。根据历史资料统计，每年水旱灾害的频次，隋代 0.6 次/年，唐代 1.6 次/年，宋代 1.8 次/年，元代 3.2 次/年，明代 3.7 次/年，清代 3.8 次/年。这说明水旱灾害的发生频率并未因经济发展而减少，反而随时间呈加快趋势。

新中国成立后，党和政府高度重视农田水利建设，领导人民先后开展了多次大规模的农田水利建设运动。特别是，21 世纪以来，国家以农田水利管理体制市场化改革和农村税费改革为契机，启动了持续至今以"民办公助""小农水重点县""五小水利"为重点的连片推进的农田水利项目建设，河湖井渠互济贯通的农田水利灌排体系基本建成，农田水利实现了跨越式发展，有效遏制了水旱灾害的威胁，为农业农村发展提供了有力的水利支撑。

一、有效灌溉面积大幅提升

有效灌溉面积的大小，是衡量地区水利化程度和农业生产稳定程度的重要指标[2]。新中国成立之初，农田水利基础设施十分薄弱，仅有 22 座大中型灌溉水库，1 600 万公顷的灌溉面积根本无法抵御频发的自然灾害，粮食安全难以保障。新中国成立后，以 1949 年新中国第一次全国水利工作会议为标志，国家开始有计划有步骤地恢复发展防洪、灌溉、排水等水利事业，经过 1955年全国农村农业合作化运动、1958 年"大跃进"、1964 年和 1976 年两次全国"农业学大寨"运动[3]，先后多次发动和组织群众大量兴修调蓄水利工程，完成了国内大中型灌区的田间配套工程建设，基本形成了比较完整的农田灌排体

---

① 卡尔·马克思. 马克思恩格斯全集 [M]. 第 12 卷. 北京：人民出版社，1998：140.

② 耕地有效灌溉面积是有一定水源、灌溉设施配套，在一般年景下当年能够进行正常灌溉的地块较为平整的农田面积。具体包括当年可正常灌溉的水田面积和旱地中的水浇地面积。

③ 纪志耿. 新中国成立初期党领导农田水利建设的历史进程及其经验 [J]. 经济研究导刊，2016（2）：19-20.

系。截至 1979 年，全国累计建成水库 86 132 座（其中大型水库 319 座，中型水库 2 252 座，小型水库 83 561 座），塘坝 642 万座，总库容达 4 081 亿立方米[①]；有效灌溉面积由 1952 年的 1 995.9 万公顷，提高至 1979 年 4 500.3 万公顷，24 年间增长了 1.25 倍[②]，农业人均有效灌溉面积由 1949 年 0.53 亩[③]提高到 0.89 亩。

改革开放后，随着社会对农田水利支撑农业农村生产、生活、生态和谐发展的多元功能认知不断深化，特别是 1998 年启动实施全国大中型灌区续建配套与节水改造以来，先后完成 2 万公顷以上大型灌区的改造 260 处，干支渠骨干渠道防渗衬砌整治 8 万多公里，渠系建筑物加固配套改造 25 万座，大型灌区有效灌溉面积从 1998 年的 1 600 万公顷增加到 2018 年的 1 800 万公顷。这些工程和技术措施保证了中国农业用水总量基本未增加，而有效灌溉面积大幅增加。全国耕地有效灌溉面积已经从新中国成立初期的 1 600 万公顷扩大到 2019 年的 6 800 万公顷，增长 325%；除涝面积达到 2 382 万公顷。特别是，最近的 30 年，灌溉面积就增加了 2 000 万公顷，灌溉面积平均年增长率高于世界平均水平 2.7%，有效灌溉面积已经占到全国耕地面积的 50.3%，居世界首位（倪文进，2019）（图 3-2）。

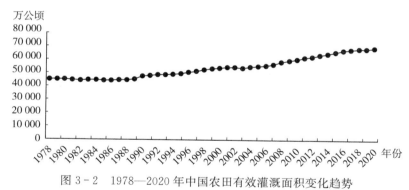

图 3-2 1978—2020 年中国农田有效灌溉面积变化趋势

在耕地有效灌溉面积大幅提升的同时，我国节水灌溉面积也实现了较快发展。自从 1998 年党的十五届三中全会提出"大力发展节水农业，把推广节水灌溉作为一项革命性措施来抓，大力提高水资源利用率"以来，全国节水灌溉面积从无到有，2019 年已经达 3427 万公顷，占灌溉面积比重达到 46.3%，其中微灌面积 628 万公顷，居世界第一（倪文进，2019）。

---

① 胡峰. 关于水利专项资金使用与管理的建议 [J]. 经济研究导刊，2014（15）：150-151.

② 王立华. 从粮食产量等数据看新中国前三十年的农业 [OL]. 2019-09. https：//www.sohu.com/a/339221815_425345.

③ 亩为非法定计量单位，1 亩≈667 平方米，下同。

自 2008 年国家推行农业水价综合改革以来，全国近 800 个县（灌区）开展了农业水价综合改革试点，累计实施灌溉面积超过 1 067 万公顷（倪文进，2019），试点区亩均节水约 100 立方米，灌溉周期平均缩短约 20%（姜文来，2018）。灌区灌溉用水量保持在 1 200 亿立方米左右，亩均实灌水量由 1998 年 630 立方米降至 500 立方米，节水能力和技术水平显著增强（倪文进，2019），切实促进了农田灌排工程设施良性运行和农业节水增效。

二、水利增产能力明显提高

我国农田有效灌溉面积的大幅增加，大幅提高了农业生产能力。全国粮食产量由 1949 年的 1.1318 亿吨、改革开放之初（1982 年）的 3 亿吨，增长至 2020 年的 6.695 亿吨；平均亩产由 1949 年的 68.6 千克、1982 年突破 200 千克，2018 年达到 374.7 千克，比新中国成立初增加 4 倍多。

在这些可以实现有效灌溉的 6 800 万公顷耕地上，以占全国 50% 的面积，生产了占全国总产量 75% 的粮食、90% 的棉花、蔬菜等经济作物[1]，有力支撑了国家粮食安全和农业农村持续稳定发展。其中，已建成的 459 处大型灌区和 7 300 多处中型灌区，以占全国耕地面积 46% 的灌溉面积，生产的粮食占全国粮食总产量的 74%、各类经济作物占全国总产量的 60%、商品蔬菜占全国总产量的 80%[2]。1997 年以来的 20 余年间，全国单位用水粮食产能、单位用水农业产值均呈稳步提升态势。可以说，新中国成立以来，我国农田水利工程和技术措施的大发展，有效保障了国家粮食稳产增产和水资源可持续利用，创造了世界农业发展的中国奇迹：以约占全球 6% 的淡水资源、9% 的耕地，支撑了占全球 20% 以上人口的温饱和发展问题[3]。

三、水旱灾害防御能力显著增强

经过 70 余年的水利工程建设，全国建立起了比较完善的农田水利灌排体系，农田水利防灾减灾能力得到了极大提高，根本改变了农业生产落后和农村灾害频发的局面（陈雷，2012）。如图 3-3 所示，我国农业受灾和成灾面积呈明显下降趋势。据中国工程院的评估结果显示我国在水旱灾害防御上已经达到

---

① 彭瑶. 我国农田有效灌溉面积 10.2 亿亩 粮食总产量增至 1.3 万亿斤 [OL]. http：//news. china. com. cn/txt/2019-09-27/content_75251800. htm.

② 智研咨询集团. 2020—2026 年中国有效灌溉行业市场前景规划及投资趋势预测报告 [OL]. https：//www. chyxx. com/industry/202007/878511. html.

③ 王立彬：用全球 9% 的耕地养活了占全球近 20% 的人口 我国为维护世界粮食安全作出积极贡献 [OL]. 2020 年 10 月 16 日，http：//www. yybnet. net/news/china/202010/10933921. html.

了较安全的水平①。

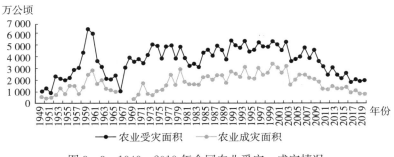

图3-3　1949—2019年全国农业受灾、成灾情况
资料来源：历年中国统计年鉴和中国农业年鉴。

综上，新中国成立70年来，特别是改革开放以来，农田水利事业快速发展，为农业农村发展、人民安居乐业做出了巨大贡献。当然，中国农田水利在取得巨大成绩的同时，也面临着诸多问题和挑战，主要表现在国家"真金白银"的强劲改革措施尚未切实破解，农田水利投入不足、管理不善、组织乏力、质量不优、效益不高等。

第三节　农田水利发展存在的问题

随着全球气候变化影响加大和中国工业化、城镇化的深入发展，中国农田水利供给面临的形势更趋严峻，农田水利建设滞后仍然是影响农业稳定发展和国家粮食安全的最大硬伤，农田水利供需矛盾突出仍然是农业可持续发展的主要瓶颈。如何提高农田水利供给质量和效率，如何统筹"防灾、减污、节约和保护"的关系，已成为新时代农田水利改革亟待破解的难题。面对广大农村居民追求美好生活的新期待，加快农田水利建设、提升农田水利供给绩效刻不容缓。

一、工程建设质量不高依然突出

改革开放以来，特别是新世纪以来，国家实施"一事一议"财政奖补"小农水"重点县项目、"五小水利"项目、高效节水灌溉项目区建设等建设管理制度改革，各级财政农田水利投入加大，大中型水库、灌溉机电井、明渠暗管、"五小水利"修建项目等均有较大幅度幅的增长。但是，农田水利供给具有较强的系统有效性，从水源地到田间，蓄、引、提、排工程有机结合，干、支、斗、农、毛五级渠道衔接配套，是农田水利持续运行的关键。现阶段农田

---

① 陈茂山. 新时代治水总纲：调整人的行为和纠正人的错误行为［J］. 水利经济，2019（10）.

水利供给质量与精准灌溉、高效节水灌溉的需要仍有不小的差距。"蓄、引、提、排"衔接配套的灌排水网体系尚未形成。

（1）工程建设质量方面，政府花巨资兴修农田水利工程效益不尽如人意。工程使用过程中的表现则是工程质量优劣的最好检验标准。课题组对中部六省及西南两省市（四川、重庆）的调查发现，灌排工程供给存在"碎片化"倾向，一些新建水利工程的水源、动力、配水、调蓄等设施尚未实现大小衔接、互济联通。而且，单一水源工程多、多水源联用工程少，生产用水型工程多、生态涵养型工程少，硬化管道式工程多、生态友好型工程少等问题突出。一些灌排工程往往由于水源不足、调蓄力弱、动力负荷低、功能单一等原因，功能难以有效发挥，抗旱排涝功能极其脆弱，甚至一些验收"合格"乃至"优秀"的工程建成之后就成摆设。不断被媒体曝光的工程质量问题就可让人们窥见"冰山一角"。例如，"灌溉水渠一敲就碎"的"豆腐渣"工程（郭萍，2018），"民生工程质量令人担忧"（卫树鹏，2018），"投资数千万水利建成就报废"（肖波等，2014），"中看不中用"的小农水工程（焦点访谈，2014-02-25）等类似新闻不断见诸媒体，很多验收合格乃至优良工程未必真正做到了质量达标、功效达标。这些问题在"小农水重点县"工程、"高标准农田建设"、"新增千亿斤粮食田间工程"等项目区均有发生，而且常识告诉人们这或许只是"冰山一角"。

（2）农田水利供给质量不高，不仅表现为工程建设质量不高，而且表现为供水服务质量不高。农田灌溉水利用系数作为评价灌溉渠系的工程状况和管理水平的一个重要指标[①]，可以在一定程度上说明灌溉工程服务质量的高低。从灌溉水有效利用系数来看，尽管已经由2000年的0.43提高至2005年的0.48、2015年的0.53和2020年的0.559[②]，但二十年间增长量不足0.13，与世界先进水平0.7～0.8的利用系数仍有较大差距，农业年缺水量达300亿米³；每立方米灌溉水生产粮食1千克左右，也低于发达国家的1.2～1.4千克。近十年的《中国水利发展公报》统计数据显示，每年仅因水源不足减少的农田灌溉面积在3万公顷以上，最高达15.185万公顷。

供水服务质量不高，主要表现在现有输配水设施的性能尚不能与新型节水灌溉设施相配套，而且调蓄分水设施少、测水量水设施缺乏，导致灌溉供水精准化、灌溉管理精细化、灌溉服务标准化难以普遍实现。浇地效果（土壤墒情）和灌溉服务质量难以精准计量，农户也就难以判断购买的灌溉服务是否合

---

① 灌溉水有效利用系数是灌入田间的有效水量与渠首引进的水量之比。它既反映了灌区各级渠道的渗漏损失，又反映了在管理过程中无益的水量损失，如日灌夜排；因过量引水或不合理的配水所引起的渠尾泄水、渠道跑水、田面跑水和深层渗漏等。

② 水利部 . 2019 年中国水资源公报［OL］. http：// www. mwr. gov. cn/sj/tjgb/szygb/202008/t20200803＿1430726. html.

算。在社会诚信度不高、惩罚机制缺失的现实条件下，农户与灌溉服务组织之间自然难以建立起公平交易的信任关系。这不仅导致节水灌溉措施和农业水价改革难以广泛推行，而且可以部分解释私人灌溉服务商、用水协会等灌溉服务专业化组织难以成长壮大的原因。根据本课题组的调查，有51%的农户希望将浇地灌田事务委托给私人组织、抗旱服务队或者用水户协会，但实际发生率仅为5.2%，即使有农户将灌溉服务外包，灌溉方式大多局限于粗放式的喷灌乃至漫灌。当然，这些问题主要是由现行工程质量标准和项目概算定额偏低、动力设备、输配水设施、分水量水设施等配套设施的功能匹配性和完备性不高等原因造成的。

上述问题造成生产用水挤占生态用水、多态水互济共生的水资源循环体系遭到破坏，导致水利的生产保障能力和生态服务功能下降而供给成本攀升。这表明农田水利工程类型与空间布局的结构性供求失衡已经是现阶段农田水利发展的主要矛盾，供给不足与"过剩"并存问题凸出。

二、工程管护不力问题亟待解决

农田水利工程有效运行靠的是"三分建、七分管"。由于历史欠账多，现有水利工程体系普遍存在老化失修、建设标准不高、配套不全等一些突出问题和薄弱环节。据水利部统计，全国现有大、中、小（10万米^{3}以上）型水库87.085万座，其中1979年前的30年建设86万多座，1979年后的30年仅建了827座（周学文，2010），而且工程设施的平均完好率相对较低。目前全国434个大型灌区骨干工程的完好率仅60%；4万多个中小型灌区50%的水利设施需要维修，设施完好率不足40%，灌溉保证率多数只有50%~75%。灌区末级渠道衬砌率仅为11%左右，建筑物配套率约为30%，小型农田水利工程完好率不足50%（倪文进，2019）。同时，全国小型灌区的渠道完好率和渠系建筑物完好率最低的只有20%，小型农田水利基本上还在"吃老本"[1]；其中小型灌溉渠道完好率不足48%，田间排水沟道完好率约47%，山塘（塘坝）完好率仅为50%，水窖（蓄水池）完好率略高于70%，小型引水堰完好率约49%，小型扬水站机泵电设备完好率不到51%，配套附属设备完好率约为47%（倪文进，2019）。

目前全国已建成的6800万公顷灌溉耕地上的农田水利设施，普遍存在灌溉设施标准低、配套差、老化失修、功能退化等问题。近年来，由于土地用途改变、工程损毁、设施老化、配套不足等原因，导致一些建成的农田有效灌溉

---

① 水利部发展研究中心钟玉秀的观点．转引自千疮百孔的小型农田水利体系［N］．中国经济时报，2010－02－01．

面积，年均减少量 61.4 万公顷（图 3 - 4）。

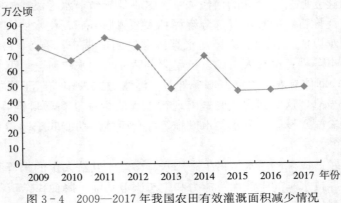

图 3 - 4　2009—2017 年我国农田有效灌溉面积减少情况
资料来源：历年中国统计年鉴和中国农业年鉴。

　　根据中国水利年鉴和中国水利统计公报显示（表 3 - 1），工程老化、毁损、建设占地、长期水源不足等可从维修管护、规划红线管制、水资源管理等多个角度说明管理不善是有效灌溉面积减少的主要原因。

表 3 - 1　2009—2017 年我国农田有效灌溉面积减少数量及原因

年份	有效灌溉面积减少数量（万公顷）	有效灌溉面积减少原因（万公顷）				
		工程老化、毁损	建设占地	长期水源不足	退耕	其他
2009	74.285	24.513	12.619	7.936	2.562	26.655
2010	65.917	25.041	9.106	8.738	4.755	18.278
2011	80.332	29.403	10.405	8.881	1.916	29.728
2012	74.378	33.511	10.792	7.855	1.748	20.472
2013	47.327	8.599	8.722	7.324	5.954	16.728
2014	68.562	7.386	9.969	15.185	4.077	31.945
2015	46.394	5.663	6.747	9.564	2.507	21.915
2016	46.57	9.649	7.948	4.261	6.868	17.844
2017	48.647	10.603	7.748	3.009	12.103	15.185

三、发展投入不足问题仍未破解

　　农田水利在总量投入不足和投入来源不足方面均有体现。

　　其一，投入总量方面。国家一直把扩大灌溉面积作为发展粮食生产、提高农业综合生产能力的重要保障措施，政府和社会对农田水利建设的投入力度不断加大。新中国成立以来国家组织和动员群众不断加大农田水利建设投入，"一五"至"九五"时期，农田水利基本建设投资由 24.3 亿元增至 157.2 亿元，年均增幅高达 21.9%（图 3-5）。

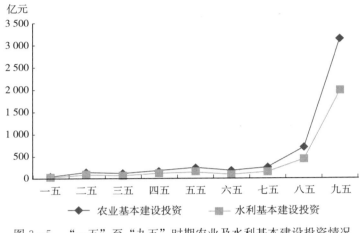

图 3-5　"一五"至"九五"时期农业及水利基本建设投资情况

资料来源：历年中国统计年鉴和中国农业年鉴。

特别是，新世纪以来，国家财政用于农林水事务的支出大幅增加，在 2009 年投资规模突破 5 000 亿元之后，财政投资以年均 19.5% 的比例增长（图 3-6）。从而使全国农田有效灌溉面积由 2005 年的 5.5 万公顷增加到 2017 年达到 10.08 亿亩，占比由 2005 年的 42.31% 上升到 2017 年 54.7%[①]，集中

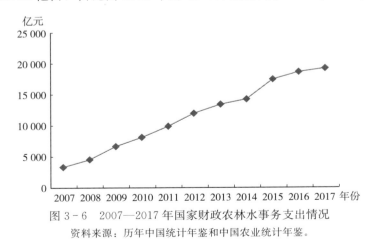

图 3-6　2007—2017 年国家财政农林水事务支出情况

资料来源：历年中国统计年鉴和中国农业统计年鉴。

---

① 农业农村部党组. 在全面深化改革中推动乡村振兴 [J]. 求是，2018（20）.

连片、旱涝保收、稳产高产、生态友好的高产稳产高标准农田超过5亿亩。

但是由于政府部门多头参与农田水利建设，投入渠道分散，投入对象、建设标准难以统一协调，运行环节繁多。相对于新世纪以来水旱涝灾害频发、突发、重发的现实，农田水利投入规模仍显不足，农田灌排工程在规模总量、空间布局、调节能力等方面还存在着明显不足，"水利工程短板"问题依然突出。

其二，从投入来源看，农田水利多元投入格局尚未形成。尽管2011年以来国家不断强化地方政府投资建设主体责任，财政预算单列农田水利投资专项，鼓励设立地方性水利发展基金和投融资平台，支持农户、用水协会、涉农企业等社会相关力量投入农田水利建设；2016年国务院出台的《农田水利条例》明确提出从补贴、信贷、用电、培训等方面对社会力量参与农田水利建设和经营给予扶持的相关办法；"谁投资、谁所有"农田水利工程设施投资形成资产的激励性政策①不断完善。但是，一方面，由于农田水利工程自然与人为毁损风险较高、运营管护难度较大、投资收益不确定性较强，而近些年农业比较效益持续偏低，制约了农户和社会资本投资农田水利的积极性；另一方面，由于农田水利工程设施运营效能有赖于水源工程、输配水工程、动力设施等关联设施的系统配套性，在乡村合作灌溉集体行动制度不完善的条件下，农户和社会资本投资缺乏防风险、稳收益的有效合作组织载体和投资经营机制。结果造成，不断加大的政府水利投资难以形成"四两拨千斤"的社会资金撬动效应。由图3-7，可以看出中央、地方和社会投资比例2005年为34.1%、

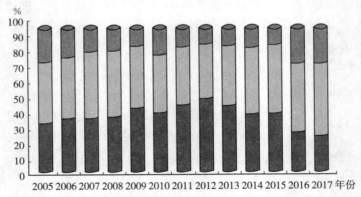

图3-7　2005—2017年水利投资来源情况

资料来源：历年中国水利统计年鉴和中国水利统计公报。

---

① 冯海发．对十八届三中全会《决定》有关农村改革几个重大问题的理解［J］．农业经济问题，2013（11）．

42.2%、23.7%，2017 年为 24.6%、50.2%、25.2%，企业、私人组织、新型农业经营主体等社会主体的投入占比依然不高。

同时，由于历史欠账多，现有水利工程体系普遍存在着老化失修、建设标准不高、配套不全等一些突出问题和薄弱环节，投资缺口仍然较大。由图 3-2 可以看出，近二十年来我国农业受灾和成灾面积徘徊在 1 000 万～5 000 万公顷，水旱灾害发生区域由于南旱北涝扩大至南北同旱。可以说相对于新世纪以来水旱涝灾害频发、突发、重发的灾害现状，农田灌排工程在规模总量、空间布局、调节能力等方面还存在着明显不足，"水利工程补短板"问题依然突出，农田水利投入规模仍显不足。

四、水旱灾害威胁依然较大

经过 70 年的大规模水利建设，我国已经基本建成了由水源涵养区、水库、堤防和蓄泄洪区等工程组成的防汛抗旱工程体系，一些洪涝灾害严重的中小河流得到不同程度的治理，全国水旱灾害防御能力达到了较安全的水平（陈茂山，2019）。但是，相对于新世纪以来水旱涝灾害频发、突发、重发的灾害现状，农田灌排工程在规模总量、空间布局、调节能力等方面还存在着明显不足。农田水利发展面临着工程性缺水、水质性缺水、资源型缺水相互交织和叠加的多重难题和多重挑战。

一方面，随着全球气候变暖和极端气候增多，水旱灾害发生区域由"北旱南涝"转变为"南旱北涝"乃至"南北同旱"的灾害格局，近二十年我国农业受灾和成灾面积徘徊在 1 000 万～5 000 万公顷。一些地区存在"以井保丰"的工程依赖倾向，不仅造成灌排电力配套难和地下水超采，而且抬高了农民用水成本和受灾风险。2020 年春夏之际，长江、淮河等流域暴发了百年一遇的区域性洪涝灾害，农作物受灾面积 1 899.7 万公顷，其中绝收 255.5 万公顷[①]。这场灾害的发生再次提醒国人，中国农田水利抗灾减灾能力依然脆弱。

另一方面，中国工业化和城镇化的快速推进造成人口与资源的矛盾空前尖锐，受人增地减水缺矛盾的影响，农业可用水资源量呈下降趋势，在全社会用水总量的占比已从 2000 年的 63% 降到 2019 年的 61%[②]，工程性、资源性、水质性、管理性缺水并存。全国有 18 个省区人均水资源量低于国际上公认的中度缺水标准（2 000 立方米/人），海河、淮河和黄河流域的人均水资源占有量

---

① 应急管理部发布 2020 年前三季度全国自然灾害情况．中国政府网，http：//www. gov. cn/xinwen/2020－10－08/content_5549725. htm.

② 陈晨．告别粗放，做好节水这道"必答题" ［OL］．http：//www. ahyouth. com/news/20210322/1524598. shtml.

仅有 350～750 米³，属严重缺水地区，水资源短缺已经成为制约粮食主产区产业结构升级和农村经济社会持续发展的主要瓶颈。

此外，河流系统在众多的水利工程的切割下，不断渠道化、破碎化，造成洪水调蓄能力、污染物净化能力、水生生物的生产能力等不断下降。目前，中国约有 1/3 的耕地受到水土流失的危害，其中尤以黄河中游、长江上游、东北黑土地和珠江流域石漠化地区最为严重。全国共有水土流失面积 356 万平方千米，占国土总面积的 37%，需治理的面积有 200 多万平方千米。华北地区因地下水超采而形成了约 3 万～5 万平方千米的漏斗区。大部分河流的水资源利用率均已超过警戒线，如淮河为 60%、辽河为 65%、黄河为 62%、海河高达90%，均超过国际公认的 30%～40% 流域水资源利用率警戒线。西北、华北和中部广大地区因水资源短缺造成水生态失衡，引发江河断流、湖泊萎缩、湿地干涸、地面沉降、海水入侵、土壤沙化、森林草原退化、土地荒漠化等一系列生态问题。

同时，水污染治理速度赶不上污染增加的速度，全国有近 50% 的河段水域受到不同程度的污染，污染负荷早已超过水环境容量和自我修复能力，引起农村大规模的生态破坏和环境污染，造成了大规模宽领域的"水资源危机"和"生态赤字"；部分地区水资源的过度开发利用、无序开发，使得众多水生生物数量锐减，江河湖泊的基本生态流量难以保障，对土壤微生物活力、土壤有机质含量和土地潜在生产力构成严重威胁。可以预见，未来 30 年，中国持续增长的人口压力和庞大的经济体量，将使水资源不安全、水环境不安全和水生态不安全越来越凸出。如何以农村水资源的永续利用支撑农村乃至国家的可持续发展，已经成为新时代中国亟待破解的发展难题之一。

第四节　农田水利发展困境成因

新中国成立 70 余年来，农田水利建设虽然取得了巨大成就，但相比于新时代中国乡村全面振兴的生产、生活和生态用水安全需要，农田水利发展投入紧缺、供给动力不足、供给体系脆弱、供给效率不高等问题依然突出，并已成为农业农村现代化发展乃至全面建设社会主义现代化国家的最大短板。这些问题的成因可以概括为以下四个方面：

一、组织动员主体缺失

新中国成立后的前三十年，国家靠"政社一体"的行政权力，通过"政府补助、集体组织、农民出工"的方式大规模调配水利建设资源，实现了农田水利高速发展。改革开放后，以 1981 年国家农委发布的《关于全国加强农田水利责任制的报告》为标志，国家将农村家庭承包责任制的成功经验移植到农田水利建设领域，通过乡村农田水利管理工作责任制和灌区水管单位企业化，明确农田水利建管主体责任，这些措施虽然调动了农田水利运营机构加强供水管理和多种经营的积极性，但面对"公税私田"矛盾和数量庞大而分散的小农户用水需求，农田水利运营机构疲于应对，农田水利建设管理举步维艰。特别是，21世纪初，全国实行农村税费改革以后，国家先后提出要增强和发挥乡村基层组织、村集体、农民用水协会、种田大户等新型经营主体等在农田水利建设管理中的主体地位，但是失去了"三提五统"[①] 政策的支撑，农村基层权力的弱化、甚至"悬浮化"（于建嵘，2010），乡村组织的治理权威、资源调配权力和能力极大弱化，其与农民的关系亦日渐疏离（周飞舟，2006；万江红等，2011）；而政府极力推行的村民"一事一议"经常面临"事难议、议难决、决难行"的困境（罗兴佐，2006、2013；朱玉春等，2016），用水协会等社会组织发育不足（柴盈，2015），出现"科层化"（史晋川等，2009；仝志辉，2015）乃至"空壳化"问题（王金霞，2012；王亚华，2013）；项目的部门"分利化"，"政府干、农民看"，农民袖手旁观的多、主动参与的少（宋晓东等，2018）[②] 等诸多不正常现象在一些"小农水"项目区仍然存在。这在不同层面表明，农民参与农田水利供给的组织体系和动员机制尚不健全，亟待改进。

二、建管投入依然短缺

改革开放后，国家实施财政体制改革，推行行政事业单位财政包干制度，乡村水利建设重点转向维护恢复、巩固配套，灌溉管理机构的行政事业经费也逐步实现了预算包干、结余留用的预算制度，乡村水利事业经费也被包干到地方。一方面，灌溉管理机构多种经营创收行为和非农供水在不同程度上分散了农田水利建设管理的财力和人力投入，灌溉工程建设和管护经费难免下滑；另一方面，国家启动农业供水商品化改革，将乡村水利工程的管理、运行费用转化成农民的生产费用，希望激发农民参与水利设施管护的积极性，以缓解日益加重的灌溉工程运行维护的财政负担。然而，在农业比较效益低下、非农就业机会增加的工业化和城镇化背景下，农民兼业甚至非农化，农民参与水利建设管理的投工投劳总量大幅减少，导致大量灌溉工程因"有人用、无人管"而出

---

① 三提五统："三提"是指农户上交给村级行政单位的三种提留费用，包括公积金、公益金和行政管理费；"五统"是指农民上交给乡镇一级政府的五项统筹费，包括教育附加费、计划生育费、民兵训练费、乡村道路建设费和抚优费。

② 宋晓东，等. 乡村"样板工程"易沦为"面子工程""烂尾工程"[J]. 半月谈，2018（2）.

现失修、老化、毁损。

新世纪以来，国家先后出台《关于建立乡村水利建设新机制的意见》（2005 年国务院办公厅转发）、《关于实施中央财政乡村水利重点县建设的意见》（2009 年财政部、水利部联合颁布）、《关于加快水利改革发展的决定》（2011 年党中央国务院颁布）、《关于鼓励和引导社会资本参与重大水利工程建设运营的实施意见》（2015 国家发改委、财政部、水利部颁布）、《关于做好中央财政补助水利工程维修养护经费安排使用的指导意见》（2016 水利部颁布）等文件，对从土地出让收益中提取 10％用于乡村水利建设的筹资渠道、完善水利建设基金政策，水资源有偿使用制度，调整水资源费征收标准和范围，明确县级以上人民政府应当建立工程管护由水费收入、经营收入和财政补助组成的合理负担机制等方面，制定了农田水利财政投入和管护经费保障政策措施，中央和地方财政的农田水利投入稳步增长，年均财政投入在 3000 亿元左右，工程后期管护经费投入不断加大。然而，"真金白银"的大规模财政投入并未产生"四两拨千斤"的撬动效应，农户、乡村集体、社会资本等社会主体的劳动力和资金投入的积极性仍然不高，社会主体投资占比依然偏低。2017 年中央、地方和社会投资比例为 24.6％、50.2％、25.2％，相比于 2005 年的 34.1％、42.2％、23.7％，十余年间社会资本投入占比增幅极其有限。而且，主体工程与配套设施（输配水设施、动力设施等）规划审批、建设投资、交工验收不同步乃至脱节等问题，导致"上亿元水利项目建成即废"（2014）[1]、"机井建成 6 年不通电"（2019）[2]、"数百眼机井成摆设"（卿荣波，2020）[3] 等问题等时有发生。这不仅说明财政水利投入存在整体性和系统性不高、财政投入绩效考核不严等问题，导致"四两拨千斤"的财政投入撬动效应尚未形成；而且表明农户等社会主体参与农田水利投资的积极性还不高、多元化投融资机制尚难发力。

三、管护责任落实难

运营管护责任落实难的问题，既存在于大中型灌排工程，也存在于小型水利设施，既体现工程设施管护主体和管护责任落实难，也体现管护经费落实难。

一方面，基层水利单位管理职能履行不力。2011 年，为破解乡村农田水利管理主体缺失问题，国家提出加强水利站、抗旱服务队等基层水利服务体系

---

① 舒圣祥．查查那些建成即废的水利项目［N］．中国青年报，2014－10－15．
② "惠农"机井建成 6 年不通电．央视网，2019 年 12 月 31．https：//tv. cctv. com/2019/12/31/VIDEDvgS1uolPRNS0laRIqAk191231. shtml.
③ 卿荣波．机井建好却未通电·周至马召镇村民着急天热浇灌成问题［N］．华商报，2020－05－12．

建设，并将基层水利站机构人员经费纳入县级财政预算，基层水利服务机构和人员得以恢复。2016 年水利站已达 2.9 万多个、在岗人员 13 万多人，初步扭转了基层水利服务体系建设薄弱的状况（陈雷，2016）。但是，由于基层水利站水利员人数偏少，专业技术人员断档，在人员配备、技术装备、管理能力、制度规范、服务水平等方面还有一定差距，灌排工程运营管护责任和维护制度不规范问题突出，农田水利工程运营单位和个人的日常巡查、维修和养护等职责难以落实。

另一方面，尽管 2011 年以来国家陆续出台了落实农田水利运行维护经费的保障机制措施，规定县级以上人民政府应当建立农田水利工程运行维护经费合理负担机制，农田水利工程所有权人应当落实农田水利工程运行维护经费，但受地方财力和水利经营收益所限，农田水利运行维护经费落实率严重不足。例如，根据 2019 年 12 月发布的《2018 年全国水利发展统计公报》，2018 年全国公益性工程维修养护经费落实率仅为 35%；又因农田水利点多面广、历史欠账多，近些年才陆续提取的农田水利运行维护经费相对于大规模的老化失修、配套不全等灌排工程运行维护资金需求，可谓是"杯水车薪"，导致管护主体、管理责任和管护制度难以落实，"有人用、无人管"，管护主体缺位问题依然普遍存在。

由于"政府管不到、集体管不好、群众管不了"的局面尚未切实扭转，大量输配水设施、动力配套设施得不到专业化的维修和管护，造成水资源的"跑冒滴漏"严重，致使农田水利运营管理陷入设施老化失修、供水能力下降、效益衰减等恶性循环。一些农田水利工程，尤其是跨村庄的骨干工程及其配套设施大多处于无管理机构、无管理人员、无管理经费的"三无"状态，导致"堤比渠宽、泥比水厚""滴冒跑漏"严重，甚至荒废沦为摆设（肖波等，2014）[①]。

四、工程质量监管缺失问题突出

为提高农田水利工程建设和运行管护质量，国家先后出台《关于水利工程开工审批取消后加强后续监管工作的通知》（水利部，2013）、《关于开展农田水利设施产权制度改革和创新运行管护机制试点工作的通知》（水利部、财政部、国家发改委，2014）、《关于做好中央财政补助水利工程维修养护经费安排使用的指导意见》（水利部，2016）、《深化农田水利改革发展的指导意见》（水利部，2018）、《关于深化农村公共基础设施管护体制改革的指导意见》（国家发改委、财政部，2019），明确大中型灌排骨干工程原则上由政府设立水管单

---

① 肖波，王文志. 山东一数千万水利项目建成就报废 宣称能用 50 年 [N]. 经济参考报，2014-10-14.

位，实行管养分离，完善大中型灌区、灌排泵站等骨干工程管理制度与监督考核机制，落实管护责任；针对小型农田水利工程推行所有权证、使用权证、管护责任书"两证一书"制度，由农民、集体经济组织、农民用水组织、新型经营主体等自主管护，或采取"以大带小、小小联合"等方式实行物业式管理，或政府购买服务、委托经营等方式，引进专业化社会化服务队伍负责管理和维护。特别是，推行"先建机制、后建工程、建管一体"政策，农田水利建设质量、管护责任的激励约束措施不断完善，逐步建立供给成本分担机制。但是，一些地区出现的"中看不中用的'小农水'"（《焦点访谈》，2014 - 2 - 25）、"生锈的'机井'"（央视网·经济半小时，2015 - 4 - 8）、"被遗忘的抗旱井"（央视网·经济半小时，2015 - 4 - 13）、"'合格'工程成摆设"（《焦点访谈》，2015 - 5 - 24）、"惠农机井 6 年不通电"（新京报，2019 - 12 - 23）等因规划设计与施工监管脱节、主体工程与配套设施（输配水设施、动力设施等）建设不同步等问题时有发生；也有一些工程因缺乏管护而损毁或功能衰减，导致近十年内年均有效灌溉面积减少量在 50 万公顷左右。这些都在一定程度上说明"政府管不到、集体管不好、群众管不了"的局面尚未切实扭转。

五、双重"最后一公里"问题叠加

所谓双重"最后一公里"是指即工程性"最后一公里"与治理性"最后一公里"并存问题。新世纪以来，国家在加大农田水利建设投入的同时，先后实行了农民用水协会等新型水利经营主体能力提升扶持政策、"一事一议"财政奖补、"项目法人责任制""先建机制、后建工程""建管一体化"等农田水利供给制度改革措施，全国建立起了比较完善的农田水利灌排体系和管理体制机制（2019，杨晶）[1]。但是，在政府主导资金筹措、水利管理机构作为项目法人招标、完工后移交给受益户或村组织的农田水利供给模式下，往往因为"项目制"本身的政绩驱动机制、资金配套筛选机制与"打包"策略等制度执行性缺陷[2]，以及资金到位慢、建设任务重、配套需求大、管护经费少、产权不明晰、激励约束机制缺乏等原因，造成农田水利建设规模大幅增加，原来的工程性"最后一公里"问题，逐步演化为工程性与治理性双重"最后一公里"[3] 问

---

① 杨晶. 我国农村水利建设成就举世瞩目 [N]. 中国水利报，2019 - 10 - 11.

② 郭珍. 项目资源分配与村庄小型农田水利设施供给差异 [J]. 郑州大学学报（哲学社会科学版），2019 (11).

③ 农田水利工程性"最后一公里"，泛指农田田间最末一级灌溉、排水系统及相应的工程设施，包括：灌溉渠、排水沟及与之相配套的闸、桥、涵、塘坝、泵站、机井、节水灌溉设施等。农田水利治理性"最后一公里"，是指农田水利治理的顶层制度与基层操作规则和农民自主治理的制度需求在村庄层面无法实现有效对接，导致农田水利供给绩效不高的问题。

题，而且二者相互交织，进一步强化了农田水利供给不足的困境。

（1）工程性"最后一公里"问题是指因为连通骨干农田水利工程与田间灌排设施的最后一段输配水工程设施缺失、不畅通或毁损，造成靠近水源却引不来水的"望水兴叹"问题。这种"最后一公里"水利设施，主要是灌排工程支渠到田间的末级渠系设施、村庄内或村庄之间的小型输配水设施、调蓄设施、田间到大沟的排水工程等。比如，因大中小水利工程结构失调，造成"渠成"而不能"水到"（罗兴佐，2006）[①]、靠近水库引不来水的"渠江边的人为干旱"（《经济半小时》，2015－4－10）等失常现象。而一些地区存在"以井保丰"的工程依赖倾向，不仅造成灌排电力配套难和地下水超采，影响供水效率，而且抬高了农民用水成本、威胁水利可持续发展。一些地区农民无奈放弃大水利，选择"自建、自用"的小微水利，缺乏大水利的支撑，其抗灾能力极其脆弱（央视财经《经济半小时》，2015），陷入"机井越打越深，抽水和维修成本越来越高，资源型缺水风险和受灾概率不降反升"；一些地方出现区域性"大水利"走向村社"中小水利"乃至"小微水利"问题；发生"公共渠道废弛，小水利遍地开花"的"反公地悲剧"。进而，使得工程性"最后一公里"问题逐步演化为治理性"最后一公里"。

（2）所谓治理性"最后一公里"则是指负责将县级以上的农田水利供给决策、供给制度在乡村层面执行和落实的基层治理环节出现的治理行为"悬浮"而难以切实落地实施，造成上级惠民政策措施难以生效问题。比如，一些地区建设的"小塘堰""水坝"等"小水利"与"大水利"脱节，甚至切断"大水利"问题（马培衢，2006；王德福，2011）；一些地区存在区域性农田水利发展规划执行不力、乡村水网体系建设滞后，造成"中看不中用的小农水"（《焦点访谈》2014－02－25）、"'合格'工程成摆设"（《焦点访谈》2015－05－24）、"投资数千万水利建成就报废"（直播山西，2015－11－22）等的体制性缺憾、偏离农民需求（郭珍，2019）等问题，加剧了乡村水利空间与结构失衡。更令人担忧的是"井越打越深，水越来越少"（半月谈，2020－01－15）[②]、"水污染加剧、农田生态恶化"问题日益突出。

2009年国家推行政府主导、财政支持的小农水重点县项目建设以来，持续加大的农田水利建管投入并未促成建管质量、供水效率和效益的明显改善，在大中小灌排工程衔接连通、田间输配水设施建设的"最后一公里"问题仍较突出的同时，又出现了"供给不足与管理不善"并存、"水利资源不足与利用

①　罗兴佐．"渠成"为何不能"水到"——大碑湾泵站"卖水难"解析［J］．中国改革，2006（4）．

②　殷耀．井越打越深水越出越少　保粮保水陷两难？［OL］．中国新闻网，2020－01－17．ht-tps：//www.chinanews.com/sh/2020/01－17/9062410.shtml．

率低下"并存的治理性"最后一公里"问题。一些地方的水利市场化改革出现"反公地悲剧"[①] 的市场困局（焦长权，2010），农田水利中的市场失灵、政府失灵以及实践中诸多水事纠纷出现（刘敏，2015）。

受全球气候变化和农业生产布局的影响，中国农业灾害格局正由"南涝北旱"向"南旱北涝""旱涝并存并增"转变[②]，农业水旱灾害呈高发、重发态势。然而，近些年一些地区过度依赖地下水，北方地区地下水灌溉面积比例已接近 70%（Wang et al.，2020）[③]，地下水面临枯竭风险，导致中国超过 60% 的灌溉农田面临较大或极大的水资源压力（联合国粮食及农业组织，2020）[④]。基层组织和农民参与"形式化"，项目供给偏离农民需求等问题，加剧了农田水利空间与结构失衡（刘祖云，2016；郭珍，2019）。

这些问题表明，国家鼓励农民合作发展乡村水利的"投入支持和产权激励"好政策，并未激发出市场和社会组织协力发展乡村水利的蓬勃活力，政府强大的资金投入和支持政策并未产生"四两拨千斤"的杠杆效应和社会参与激励效应，政府社会协同发展治水兴水合力远未形成，农田水利治理体系的"命运共同体"尚待加快构建。

第五节　农田水利发展困境根源探究

一、农田水利发展困境的本质性认识

经过 70 余年的改革发展，在国家和地方政府的积极推进下，中国农田水利供给模式从经营管理责任制、管理权转移、产权市场化、分级分类管理、农民自主合作、民办公助、政府项目制选择性激励等角度做了大量而富有建设意义的改革探索，农田水利建设和供给制改革都取得了一定的成效，为保障国家粮食安全、促进农民增收、促进农业农村经济发展发挥了重要支撑作用。然而，令人困惑的是，新世纪以来，随着国家推进农田水利改革发展的法律法规和"真金白银"的投入支持政策日趋完善，却为何出现了供给不足与管理不善

---

① 乡村水利私有化和水利经营市场化，遍地开发的修堰塘、水坝等"小微水利"不断分割、蚕食水库、河流、堤坝等"大水利"的蓄水配水工程，使得一些地区的区域性"大水利"被分割瓦解，走向村社"中小水利"、乃至"小微水利"的灌排服务空间衰减问题。

② 冯志军. 甘肃现"旱涝并存并增"新况　需减缓和适应应对气候变化 [OL]. 光明网，2019 - 09 - 30，http://share.gmw.cn/life/2019 - 09/30/content_33200369.htm.

③ Wang，J.，Y. Zhu，T. Sun，J. Huang，L. Zhang，B. Guan，and Q. Huang，Forty Years of Irrigation Development and Reform in China [J]. Australian Journal of Agricultural and Resource Economics，2020，64（1）：126 - 149.

④ 魏博.《2020 年粮食及农业状况》发布，关注农业用水挑战 [OL]. 中国网，2020 - 11 - 27. http://guoqing.china.com.cn/2020 - 11/27/content_76955721.htm.

并存、投入不足与利用率不高并存、"政府干"与"农民看"并存、工程性与治理性"最后一公里"并存的多重困境问题，这种复合型困境的根源何在？

要探究农田水利发展困境的根源，必须回到研究对象本身性质的认知及其存续的宏微观环境乃至外部政治、社会和生态大环境的判断，系统审视农田水利作为一种人工与自然协调耦合的社会—生态系统本身属性及其演化规律，综合运用探究农田水利治理系统、资源系统、使用者系统互动关系及其交易关系治理的相关理论（比如，交易成本经济学的组织理论、社会互构理论、新经济社会学的制度嵌入理论和"社会—生态系统"耦合分析框架等），方能系统考察农田水利系统的社会子系统与生态子系统两个层面及其交互建构关系，探究农田水利供给活动中影响政府与社会、农户群体互动的动机、行动及其结果的深层次逻辑，进而揭示中国农田水利改革发展困境的根源及其破解路径。

本书认为，中国农田水利供给出现这种复合型困境的根源在于农田水利供给制度脱嵌于其运行的社会—生态系统，出现了制度"内卷化"倾向①。从复杂系统理论及其衍生的社会—生态系统理论来看，农田灌溉系统是一个人与自然互动耦合的自适应复杂系统——社会—生态系统。目前中国农田水利发展中出现的"双重最后一公里""资源消解自治"② 等改革困境，可视为农田水利系统中的自然生态子系统和人类社会子系统之间关系失调、结构失衡的结果。

根据复杂系统适应性治理理论，农田水利供给的双重"最后一公里"（工程性"最后一公里"与治理性"最后一公里"并存）问题，可视为农田水利的一些工程设施建设未能实现大中小水利系统有机衔接、互济共生，而是出现彼此隔离、竞争割据问题，从而极大地削弱了农田水利资源的有序联动、循环再生能力，导致农田水利的系统有效性遭到严重破坏。21世纪以来，国家出台支持农民用水协会、村集体、新型经营主体的财政奖补政策和"一事一议"自主供给制度，在政府扶持力度不断加强的环境下，为何出现了"资源消解自治"（刘祖云，2015）问题，一些政府主导建设的项目出现用水协会"科层化"（史晋川等，2009）乃至"空壳化"（王亚华，2013）；一些政府主导的民生水利项目并未得到农户和社会组织的积极响应，甚至出现"政府干、农民看"的现象。

上述问题共同表达了农田水利发展出现了"内卷化"造成的负反馈困境。

---

① "内卷化"（involution），又称为"过密化"。根据黄宗智在《华北小农经济与社会变迁》书中的描述，内卷化就是"小农经济"的经济总量不断发展的事实下，小农经济个体中单个人的劳动效率一直得不到提高的现象，即在外部空间难以拓展的情况下，单位土地上劳动力投入过多而出现边际报酬递减的现象。

② 资源消解自治，是指政府财政性和制度性资源的输入，非但没有提升农民自主治理能力，反而消解了农民自主治理的动力和能力。

必须清醒地认识到，一些地方政府组织动员农民合作治水的政策措施，正在演化为农民合作参与意识和参与能力生发的羁绊，而且农民合作治水的"一事一议"制度形式化进一步抑制了农民合作行为的发生。更令人担忧的是"井越打越深，水越来越少""水污染加剧、农田生态恶化"问题日益突出。广泛存在的农田水利供给不足与供需失衡并存、供给主体缺位与失衡并存、组织动员难与组织行为异化并存的复合型困境，势必成为农田水利改革发展的重要隐患。

二、农田水利供给制度"内卷化"界定

从系统论的角度看，我国农田水利发展面临的水旱灾害频发、水资源紧张、水污染严重、水生态破坏等"水安全危机"问题，并非简单的由于水资源时空分布不均等自然因素造成的"水—人"之间的天灾问题，而是由"自然—人—水—人"结构链所形成的社会问题。在过去一个时期内，由于水资源过度开发、无序利用、低效利用、污染物肆意排放、江河湖泊过度围垦等不良用水行为，造成的水旱灾害频繁、水资源短缺、水污染加剧、水生态破坏等新老"水问题"叠加，主要原因在于城乡用水无节制、地表径流利用不足、水利建设监管缺失、最严格水资源管理制度未落实等人为因素相互叠加造成的。

本书结合农田水利改革实践，将"制度内卷化"定义为"过去"的行政性治理传统在新的历史条件下"复活"而制约制度执行主体的制度能力、新制度执行质量或效力的过程和现象。在乡村水利治理实践中，"制度内卷化"表现为基层社会系统在外部扩张条件受到严格限定的条件下，基层治理系统内部不断精细化和复杂化的过程。

制度内卷化的结果是制度效力下降甚至制度行为异化问题，即农田水利供给不足与管理不善并存、投入不足与利用率不高并存、工程性与治理性"最后一公里"并存。在中国制度实践中，"制度内卷化"表现为"过去"的行政性供给制度在新的历史条件下"复活"而影响新制度供给的质量和效力。根据"制度内卷化"的基本含义，农田水利供给制度"内卷化"，主要是指农田水利供给制度越来越多地采取"技术化治理"逻辑，使得农田水利供给决策、筹资制度、项目竞标、资源分配、工程监管、绩效评价等政府集体选择规则和基层操作规则精细化和复杂化的过程。其结果是政府财政性和制度性资源的输入非但没有促进农民自主治理能力的提升，反而演化为农民合作自治能力"生发"的羁绊。

这里结合中国农田水利"项目制"执行过程中出现的"分利秩序"来说明制度内卷化问题及其结果。制度"内卷化"造成政府集体选择规则和基层操作规则失去了制度应有的地方适应性和社会性建构的活性，出现规则过度的标准化、精致的格式化，而在执行中出现背离制度设计初衷的制度执行走样变形甚

至制度行为异化问题。比如，基层水利部门、村干部凭借项目资源分配权或施工协调权而出现的延续行政性权力或地方性权威来谋取私利的区域和部门"分利秩序"问题，以及在基层治权的"悬浮""项目制"下的政绩驱动和项目资源"打包"分配策略的行政环境约束下，基层政府、村社干部乃至用水户协会在农田水利项目申报和实施中过度干预农民"一事一议"和农民用水合作组织自主决策的行政化机制回归问题。制度内卷化的结果，必然是农田水利建设出现了工程总量增加而工程质量和灌溉服务质量没有提高的有增长无发展现象。

为此，要破解中国农田水利发展面临的资源投入和制度内卷化困境，谋求农田水利的持续高效发展，需要将农田水利的资源系统、资源单元、治理系统、使用者之间的交互作用关系及其面临的经济社会、政治和生态环境等众多相关变量整合到一个包容性的"社会—生态"系统框架中，建构起农田水利治理系统、使用者、资源系统、资源单元之间的信息交互、反馈互动的制度绩效分析框架，从而挖掘农田水利供给绩效变化的制度性因素及其交互关系，阐明农田水利供给中政府与社会互构、经济与社会制度嵌套的内在机理，为构建政府社会协同治水的制度体系创新提供新的理论范式。

第四章　农田水利提质增效的制度需求

法律和制度必须跟上人类思想进步。

——托马斯·杰斐逊

第一节　农田水利提质增效的现实需求

中国正处于向高质量发展转型的新时代，农田水利是国家粮食安全、农业现代化和乡村振兴的基础和重要支撑。农田水利提质增效，既是农田水利可持续发展的首要任务，也是其获得持续发展投入的前提条件。而目前中国农田水利防洪水、排涝水、治污水、保供水等方面的能力还很脆弱。新时代乡村振兴需要农田水利从生产生活生态乃至文化全方位提供支撑保障作用，从而对农田水利供给制度提出了新的更高需求。

一、工程系统性有待改善

农田水利供给具有较强的系统有效性，农田水利兴利除害功能的实现有赖于它的系统性，而系统性表现在单个水利工程构成的系统性和灌区水利工程之间构成的系统性两方面。完整的农田水利工程体系包括蓄水工程（如湖泊、水库、堰塘）、引水工程（如有坝引水、无坝引水）、提水工程（如泵站、机井）、输配水系统（如渠道系统、水闸、量水设施）及排水沟渠设施。这些工程设施是相互连通、互为补充的。

整个水利系统功能的发挥有赖于各个水利工程的有效运行。从水源地到田间，蓄、引、提、排工程有机结合，干、支、斗、农、毛五级渠道衔接配套，是农田水利持续运行的关键。随着各级财政农田水利投入的加大，大中型水库、灌溉机电井、明渠暗管、"五小水利"修建数等均有较大幅度幅的增长，但"蓄、引、提、排"衔接配套的灌排水网体系尚未形成，还缺乏系统整体性。近十年的《中国水利发展公报》统计数据显示，每年仅因水源不足减少的农田灌溉面积就在 3 万公顷以上，最高达 15.185 万公顷。

根据第三次全国农业普查主要数据公报，截至 2016 年底，全国所有调查村中能正常使用的机电井共 659 万眼，排灌站 42 万个，能够使用的灌溉水塘和水库 349 万个。课题组对中部六省及西南部分省市的调查发现，灌排工程供给存在"碎片化"倾向，一些新建水利工程的水源、动力、配水、调蓄等设施尚未实现大小衔接、互济联通。而且，单一水源工程多、多水源联用工程少，生产用水型工程多、生态涵养型工程少，硬化管道式工程多、生态友好型工程少等问题突出（参考图4-1）。

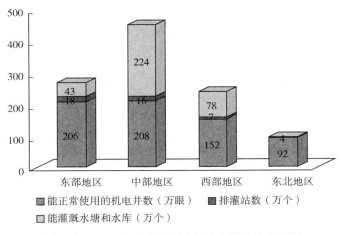

图4-1　2016年底各地区农田水利设施分布情况

资料来源：第三次全国农业普查主要数据公报。

截至2016年底，灌溉用水主要水源中，使用地下水的户和农业生产单位占30.5%，使用地表水的户和农业生产单位占69.5%。一些灌排工程往往由于水源不足、调蓄力弱、动力负荷低、功能单一等原因，功能难以有效发挥，抗旱排涝功能极其脆弱（图4-2）。

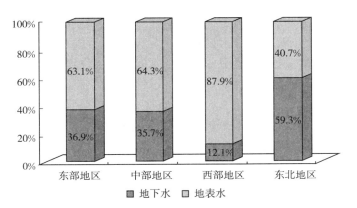

图4-2　2016年底各地区农田灌溉水源来源情况

资料来源：第三次全国农业普查主要数据公报。

上述问题造成生产用水挤占生态用水，多态水互济共生的水资源循环体系遭破坏，导致水利的生产保障能力和生态服务功能下降而供给成本攀升。甚至一些验收"合格"乃至"优秀"的工程建成之后就成摆设。这或许能说明近些年"中看不中用"的小农水、"被遗忘"机井、"渠江边的人为干旱""渠成而水不至"（罗兴佐，2006）等问题频繁见诸报端的原因。这表明工程类型与空间布局的"结构性供求失衡"已经是现阶段农田水利发展的主要矛盾，供给不足与"过剩"并存问题突出。

二、灌排功能有待提升

现阶段农田水利工程设施的灌排能力还不高，政府花巨资兴修农田水利工程质量和运行状况不尽如人意。农田水利灌排功能不高，不仅表现为工程建设质量不高，而且表现为供水服务质量不高。以 2009 年全国启动 400 个第一批"小型农田水利重点县"建设为例，整合资金、竞争立项、统筹规划、连片推进的项目制建设模式和"法人制、监理制"建设机制，为提高工程建设质量、灌溉供水效率奠定了制度基础。但是受政府主导的"自上而下"决策机制和"运动式"供给方式的影响，农田水利供给质量与精准灌溉、高效节水灌溉的需要仍有不小的差距。由于很多工程结构日趋复杂和技术含量较高，灌排工程的施工质量和结构设计合理性不易判断，在项目公示制度、施工质量保障体系、工程监理制度、受益户监督制度、质量检测方法等制度落实不力的条件下，即便有质量监测，因缺乏先进的监测设备仪器和高水平的监测人才，也只能停留在对工程施工质量的目测上，准确性和科学性难以保证。但是，工程使用过程中的表现则是工程质量优劣的最好检验标准。不断被媒体曝光的工程质量问题就可让人们窥见"冰山一角"。

供水服务质量不高，主要表现在现有输配水设施的性能尚不能与新型节水灌溉设施相配套，而且调蓄分水设施少、测水量水设施缺乏，导致灌溉供水精准化、灌溉管理精细化、灌溉服务标准化难以实现。浇地效果（土壤墒情）和灌溉服务质量也就难以精准计量，农户难以判断购买的灌溉服务是否合算。在社会诚信度不高、惩罚机制缺失的现实条件下，农户与灌溉服务组织之间难以建立起公平交易的信任关系。根据本课题组的调查，有 51% 的农户希望将浇地灌田事务委托给私人组织、抗旱服务队或者用水户协会，但实际发生率仅为 5.2%，即使有农户将灌溉服务外包，灌溉方式大多局限于粗放式的喷灌乃至漫灌。当然，这些问题主要是由现行工程质量标准和项目概算定额偏低，动力设备、输配水设施、分水量水设施等配套设施的功能匹配性和完备性不足造成的。这不仅导致节水灌溉措施和农业水价改革难以广泛推行，而且可以部分解释私人灌溉服务商、用水协会等灌溉服务专业化组织难以成长壮大的原因。

三、生态恢复力亟须提高

农田水利作为人工水利措施和自然水系中各子系统耦合互动的自适应复杂系统，具有鲜明的社会—生态系统特征。农田水利社会—生态系统可分为"社会面"和"生态面"两大方面。"社会面"包括治理系统和使用者系统，"生态面"包括资源系统和资源单元。农田水利灌溉系统不仅包括蓄引提工程设施，还包括田间径流拦蓄、植被蓄水、土地整理、农艺节水保墒等"生态面"的非工程措施；而且农艺生物措施不仅有利于节约用水、提高灌溉水利用率和水分生产率，也是华夏农耕文明的精要所在。

但是，随着项目制灌溉工程建设制度的推行，在招投标预算约束下，很多农田水利建设片面追求商品化供水的经济效益，其生态效益和社会效益被漠视，大量农田水利工程使用管道、混凝土硬化渠道、田间设施乃至沟渠护坡，这些措施有利于控制水流、减少渗漏、提高供水效率，但也把水从自然生态系统中分割出来，不仅减少了水流的生物多样性，破坏了水体自净和循环再生功能。同时，由于蓄引排水设施大面积硬化，极少采用农艺和生物措施，甚至会因过多防渗导致耕地储水保墒丧失、水系生态日益紊乱、水源枯竭，"有河皆干，有水皆污"。水利设施过度工程化，不仅强化了水利工程的资本依赖度，无形中抬高了灌溉用水成本，而且容易造成水生态健康受损，生态恢复力严重弱化。

在农业种植收益整体较低的现实条件下，灌溉用水成本高、效率低、收益低等问题，迫使农民减少甚至放弃使用大水利，更多选择"自建、自用"的小微水利，而由于其未能与河湖、水库、干渠、堰塘联通互济，其抗灾减灾能力相当脆弱，还会因"抽水竞赛"而陷入"机井越打越深，抽水和维修成本越来越高，资源型缺水风险和受灾概率不降反升"的恶性循环之中难以解脱。对比调查发现：失去大水利的支持，小水利的兴利除害能力极其脆弱。一些地区甚至"逢旱必灾、逢雨必涝"成为常态，21世纪以来，中国水旱灾害发生区域呈扩大趋势，不仅北方干旱地区旱涝频发，而且曾经水源丰富的南方丰水区也频遭旱灾，甚至出现了"南旱北涝""南北同旱"趋势，被一些学者被视为工程水利失灵的佐证，甚至被视为灌溉农业的制度性灾害。

第二节　农田水利供给制度支撑力现状

一、多元化筹资制度尚未形成

筹资制度是农田水利供给制度的核心要素之一，主要是指农田水利供给的资金来源渠道和资金筹措标准等方面的法律法规。筹资制度的资金来源渠道合理合法性，资金链条的稳定性和资金充裕度，都会影响筹资制度的合法性、可操作性及其执行效力。新中国成立之前，中央集权的国家制度，保证了政府凭借自身具备强大的政治权力和官僚组织资源筹集农田水利建设资金和劳动力（魏特夫，1989；韦伯，2008），依靠地方士绅与土地所有者的合作（魏丕信，2006；珀杜，1982），通过政治动员、行政命令调动资源，强制用水户提供"免费劳动力"（黄宗智，1992），采取官督民修形式开展农田水利建设。新中国成立后的前三十年，国家依靠农村合作化运动建立起来的"政社一体"的行政权威和动员权力，通过"政府补助、集体组织、农民出工"的筹资方式，大规模调配水利建设的人力、财力和物力资源，实现了农田水利高速发展。改革开放后的二十多年，随着农村家庭承包责任制和国家水利事业经费包干制度的推行，农田水利建设管理责任逐步转移给基层和农民，农田水利资金来源更多靠乡村"三提五统"制度、农村"两工制"来筹集，形成财政预算作为补充的"制度外供给"的筹资机制（叶兴庆，2009）。但由此引发的乡村组织搭车收费、胡乱摊派、任意提高收费标准等引发的农民不堪重负而"抗费、抗税"社会矛盾问题（徐勇，2007）。农田水利建设管理资金筹集并不顺利，农田水利建设一度陷入停滞状态。

直到 20 世纪初，为弥补农村税费改革后乡村组织失去税费征收权力造成的农田水利筹资渠道"真空化"问题，国家推行村集体公益事业筹资筹劳上限制度、村民"一事一议"财政奖补制度、农田水利财政专项、农田水利发展基金等多元化筹资制度，并出台了支持社会力量参与农田水利建设管理的一系列政策。特别是 2011 年以来，各级政府不断强化地方政府投资建设主体责任，财政预算单列农田水利投资专项，鼓励设立地方性水利发展基金和投融资平台，各级财政投入大幅增加，并从产权保护、投资补助、财政补贴、税收优惠、价格机制、融资担保、能力建设等方面，不断加大对农民、用水户协会、新型农业经营主体、涉农企业等社会力量参与农田水利建设的财税金融支持力度。遗憾的是政府财政引导和选择性激励的筹资政策并未引起农民等社会力量的积极响应，农民和社会资本水利投资参与度并未明显提升，至今未能成长为自主供给、财政自立的投资主体。可以说，政府社会协同参与的多元筹资机制尚未形成。

二、村社合作治水秩序紊乱

农田水利供给是通过资源投入、组织和制度建设，促使农村水资源开发利用、水利工程建设管理及其他一系列水事活动有序开展的兴利除害活动，涉及不同利益主体和多个政府部门，并非单一组织可以独自解决的，多元主体之间建立互惠信任、互动共生的合作秩序至关重要。改革开放之前，无论是传统乡村的"守望互助"社会秩序还是集体化时期的"政社一体"政治秩序，在一定程度上提供了基层合作治理的参与秩序和行动规则，维持了农田水利集体行动的存续。

改革开放后，随着国家现代化和市场化战略的深入推进，农村朝着开放性、流动性、异质性、变化性等方向转变，产业非农化、私利最大化、行为个体化等促使农民日渐脱离了乡土社会赋予的传统意义。而与此同时，农村市场经济的发展正由"嵌入"到"脱嵌"转变，农民利益诉求更加复杂、流变，价值观碎片化，村庄社会趋于"半熟人化"、信任度降低、共同体意识弱化；"半熟人社会"和荒漠化的乡村价值体系（贺雪峰，2017），使农田水利日益被卷入市场而"过度资本化"，农田水利共同体几近瓦解，致使传统"农村—农业—农民"命运共同体被市场化等力量逐步淡化和解构。

村社合作治水秩序的崩溃，致使合作治水空间由人民公社缩小至村庄，进而缩小为联户甚至单家独户。一方面，村民对水利公共价值的认同弱化，导致村庄社会声誉、信任、权威机制失灵，导致传统社会亲密无间、相互信任、守望相助、休戚与共的生活共同体的整合功能逐渐消退，抑制了乡村公共理性的发展，妨碍了民主激励的适度注入和农民社会参与的动力生成，使得乡村社会治水规则约束力锐减；而市场化、非合作用水，加剧了村民水利需求的不稳定和不确定性，加剧了农田水利的供需失衡。另一方面，"一事一议"成功的大多是工程规模小，投劳数额小的一些严重影响村民正常生产的田间工程；像干渠、支斗渠、大机井及配套设施的岁修工程涉及面广、规模较大、投劳数量大的都很难商议成功；跨乡镇、跨区域的大量水利工程仍未实施，这些关联性、配套性的水利设施不畅通必然导致村域内水利工程功能的弱化。特别是由于输水渠道疏通、管护成本高、供水效率不高、供水及时性差、成本分摊难等原因，即使有规模经营农户或种植合作社等愿意合作用水的先行者，合作机制也难以扩散，最后往往不得不选择单独兴修小型灌排设施，减少乃至放弃使用大水利，导致农田水利自主治理结构体系难以运行，灌溉事务治理逐步由"集体化"转向"个体化"。

三、基层治理主体参与不足

村集体经济组织、用水协会是政府积极扶持的农民用水合作组织形式。早在 1996 年，国家就鼓励农民、乡村合作组织组建用水协会合作管护灌溉设施。农村税费改革后，国家进一步推行"一事一议"村社水利事务筹资筹劳制度。2005 年国家进一步对村民大会或村民代表大会的议事范围、程序、数额进行规范，要求按规定程序民主议事决事，形成（投资计划、建设及管护）筹资筹劳方案等细则，各级政府对民办水利的单位和个人给予"财政奖补"的力度也不断加大。这为农民协商参与农田水利建设提供了规范化的合作平台。

但是，由于灌溉用水成本攀升而灌溉供水效益不高等问题，灌溉供水成本回收困难，村集体组织、用水合作组织等社会性组织的运行经费依赖于村集体收入和向有关部门申请项目建设资金和各类专项补贴。同时，随着大量农田水利工程通过农田水利重点县、灌区节水改造等招投标项目化实施，村集体经济组织、农民用水协会等新型经营主体能够争取到的项目资金不断下滑，导致大约70%的用水协会处于空转状态。由于村集体组织、用水协会大多是在政府推动下自上而下创立的，很多用水合作组织只是村委会为向政府部门申请项目、争取水利维修资金而挂牌成立的（仝志辉，2010；王亚华，2016）；甚至一些用水协会只是灌区供水机构的翻版，几乎没有农民等经营主体的参与，难以肩负起动员和组织社会力量自主治水的重任。

四、合作治水红利空间萎缩

随着工业化和城镇化的大发展，非农收入渠道和非农投资收益大幅增加，在利益驱使下，农民"去农化"、农业"边缘化"、农村产业非农化趋势加重，与此同时，在农产品价格"天花板"和农业生产成本"地板"双重挤压下，农业比较效益相对下滑，在一些地区务农收入不再是家庭收入的主要来源，导致农田灌溉增收功能弱化，农户合作用水的积极性下降。由于"一事一议"制度的议事单元是"行政村"，与农民有效互动的基本单元——自然村相脱节，导致统一组织和利益协调的难度大、成本高，农民参与意愿不高，普遍存在"事难议、议难决、决难行"的现象。一事一议财政奖补项目尚未发挥"四两拨千斤"的引领作用。据笔者在粮食主产区的调查，"一事一议"能够议成的事只占需要干的事的一少部分，大约在20%左右。在小型农田水利设施供给过程中具体表现为：因上下游信息不对称而产生的参与成本、因用水协商而产生的整合成本以及因惩罚搭便车行为而产生的执行成本无法得到有效化解，从而造成灌溉之利不再是农民共同利益所在，村社合作治水的灌溉"红利"空间日益萎缩。

大中型农田水利骨干工程管理机构，面对村社组织管护的末级渠系日益损毁、输水能力和供水效益日益下降的局面，无力为农民提供高效便捷的灌溉服务，将精力从为农田灌溉服务转向非农化供水、养殖等高盈利产业经营上。由于"政府管不到、集体管不好、群众管不了"的局面尚未切实扭转，大量输配水设施、动力配套设施得不到专业化的维修和管护，造成水资源的"跑冒滴漏"严重，致使农田水利运营管理陷入设施老化失修、供水能力下降、效益衰减等恶性循环。这可以用农田有效灌溉面积的年度减少量予以说明。2009—2017年我国已有灌溉面积波动下降，年均减少量61.4万公顷（表3-1）。

很多农民选择"单干"方式"自建、自用"小微水利，来解决灌溉需求，结果渠道两侧的堤岸和堤面被刨土蚕食"变瘦"，一些面积大的堰塘被瓜分后也仅能作为灌溉运水的中转站，其兴利除害功能几近丧失。这些农田水利治理主体去农化，进一步加剧了灌溉供求矛盾（宋涛等，2012），"公共渠道废弛，小水利遍地开花"的现象越来越普遍。一些地区的农田水利正由20世纪70年代的区域性"大水利"走向90年代的村社"中小水利"，乃至当下的"小微水利"，协商治水空间日趋萎缩。[①] 纵然一些项目区灌排工程配套完善，却因跨村渠系联通工程年久失修或淤塞，难以与河湖、水库、干渠、堰塘联通互济，导致其灌溉保障率偏低、抗灾减灾能力脆弱。这或许可以部分解释农田受灾地区由局部向全局蔓延、受灾面积和受灾频次有所扩大的原因。

五、水价激励机制尚不健全

农业水价综合改革是推动农业节水工作的"牛鼻子"，是有效解决水资源短缺与水资源低效利用的市场化激励措施。实行水价制度改革，是为了解决水权的问题，关键是用价格来做杠杆。从1985年国家颁布实施《水利工程水费核订、计收和管理办法》以来，水费收入成为灌溉管理单位的主要收入来源，基本解决了经营管理者报酬和工程维护经费问题，缓解了农田水利运行管护经费不足的矛盾。但是，灌溉水费也成为农民生产成本的一部分，农民灌溉用水有一定的配额标准，超出额度则收取一定的费用，当然节约用水也会有适当性的奖励，收入也随之增加。但是在农业比较收益还较低、农民非农化的现实条件下，农业水价改革的激励约束作用尚难充分发挥。

特别是，农业水价不仅是一个水利经济问题，而且是个非常敏感的政治问题。就农田水利骨干工程管理单位和经营者而言，谋取收益、保证生存仍然是其面临的第一要务。由于农业水价相对较低，难以正常维持水管单位的生存，而公益性支出和政策性亏损均得不到应有补偿，水管单位虽出台了各种改革方案，但实地改革进展较为缓慢，且未付诸行动。由于末级渠系完整率低，配套设施缺乏，影响农业水价的改革，又无合理的农业水价分担机制，未能建立农民用得起、工程能维护、管理能正常运行的新的水价运行机制。

为深入推进农业水价综合改革，2015年中央1号文件、2017国务院《关于推进农业水价综合改革的意见》、2018年水利部《深化农田水利改革的指导意见》等文件，都提出要大力推进农业水价综合改革，落实地方政府主体责任，健全工作机制，完善配套政策措施，加大改革工作力度，展开"农业水价综合改革"试点县建设，以县或灌区为单元推进改革等政策措施。同时，全国

---

① 吴秋菊，林辉煌. 重复博弈、社区能力与农田水利合作 [J]. 中国农村观察，2017 (6)：88-101.

各地也先后总结、提炼形成一批涵盖不同改革目标、不同改革路径、不同水源条件、不同作物类型和不同灌溉方式的农业水价综合改革示范案例，形成了"水权流转""引入社会资本""协商定价""超用加价、一提一补""井电双控、以电控水""财政精准补贴"等诸多农业水价综合改革典型和模式。然而，由于农田水利基础设施薄弱，农业用水管理不到位，农业水价形成机制不健全，价格总体水平偏低等问题，造成农业用水输配水计量设施缺乏、运行维护经费不足，农业灌溉用水量控制、定额管理和节水奖补制度难以落实。

第三节　农田水利支撑力不强的制度成因——制度脱嵌

一、产权实现形式偏误弱化了激励效能

农田水利产权制度改革旨在通过明晰产权、将不同权能的产权赋予不同的行为主体，通过引入市场机制和竞争机制，激励相关主体加大农田水利建设投入、管理投入，最大化实现农田水利的经济社会价值，促进农田水利建设管理效率的提升，从而解决农田水利投入不足、管理低效、灌溉效益低下等问题。然而，有些研究将产权细分界定等同于产权私有化，而私有化的产权需要市场价格机制实现其权利，从而得出产权细分等同于市场化的隐含假设，在产权权能缺乏约束、交易秩序不够规范的情况下，产权市场化配置方式往往会陷入"市场失灵"的陷阱，因而得出产权私有化改革失灵的论断。

一方面，从产权结构的角度看，中国的农田水利产权是一种多层次的科层制产权结构，中央或流域管理机构是国家层面的水权持有者，地方各级政府及其水行政主管部门是区域水权的持有者，各级灌溉管理组织、供水组织或企业是社团层面的水权持有者，灌溉用水户是最终用户层面的水权持有者。这些水权决策实体的水权类型是不同的，用水户只是拥有进入权和索取权的授权使用者，用水户的水权属于使用权性质；社团拥有的水权是取水权和供水范围内的配置权，即进入权、索取权、局部排他权和有限管理权。对于中国农业用水户而言，农业水资源产权是一种"共有产权"，每个成员都有权分享共同体具有的权利，但每个成员都不享有完全的所有权，因此公共池塘资源的所有制是一种不完全意义的产权制度。虽然理论上，产权是解决资源环境问题的最佳选择，但实际运行中，产权并非万能药，通过产权细分途径管理农田水利资源同样会出现资源的过度利用或供给不足的"公地悲剧"问题。另一方面，农田水利系统具有不可分割性，其作为一个整体才能发挥改善农田水分状况，防治旱、涝、盐、碱灾害的复合功能，促进农田生态系统的良性循环。

从本质上讲，农田水利产权反映的是人与人之间的关系，完整的产权是对

特定资产的一组权利束，或曰权力体系。奥斯特罗姆基于对实际操作中公共池塘资源系统的大量实地经验研究，提出产权系统是由多种权利组成的权利束而不是单独的某项权利，大致可以分为五种类型：进入权、索取权、管理权、排他权、转让权。进而，根据不同的人所拥有的权利及其类型，奥斯特罗姆将不同的人所处的位置界定为相应的五种状态（奥斯特罗姆，2009）：只有进入权者，称为授权访客；拥有进入权和索取权者，称为授权使用者；拥有进入权、索取权和管理权者，称为债权人；拥有前四项权力者，称为经营者；拥有全部五项权利者，则是资产的终极所有者。

农田水利的这种多重产权特性，若采取不同细分的产权安排，往往会因为搭便车问题打击所有者对资源系统的投资、管理和保护的积极性，有可能带来资源整体规模效应的降低甚至丧失。因为如果产权的主体过多，不同产权主体所追求的利益目标不同，就可能产生多样化的水利资源利用方式，影响农田水利系统的水资源调蓄、分配和灌排功能的规模效益的发挥。

同样，不同属性的产权存在被剥夺的威胁，长期投资也是不可能达成的。从控制权和收益权的角度看，对于每个个体而言，控制权和收益权无法对称分布，即公共池塘资源的收益和成本不存在明确的分界，他努力取得的收益将为全体成员所分享，不能有效地控制其创造的收益，并将成本推给他人。反之，若他为私利偷懒或掠夺性地使用公共资源，独占其收益，将成本交由大家共同承担。若农田水利系统功能遭到破坏，将会引起土地板结硬化、沙漠化、盐碱化、沼泽化和水土流失，不仅导致农田水利系统整体功能的下降，而且会破坏农田生态环境。

因而，虽然公共池塘资源产权的私人配置在一些地方是有用的，但并非总能解决问题。被分割的权利越多，它们之间的边界越多，产生新外部性和产权交易成本的可能性就越大。比如，两块相邻土地分别归甲乙两个农户所有，土地的私人产权使得甲农户不能对乙农户的土地行使控制权，若甲农户在自己土地上筑坝拦渠蓄水，就可能使乙农户灌溉用水的水量减少，引导负外部性纠纷。产权缺乏合理的定义和权利束配置是引起"公地悲剧"的主要原因。

因此，通过长期对农田水利系统进行分割不仅会带来交易成本问题，还可能对农田水利乃至农田生态系统的整体性和持续性造成破坏，出现"反公地悲剧"问题。一些理论学者忽略了即使是私有化的产权，其权利实现方式也未必依靠市场，可以借助股份合作或集体行动的组织形式加以实现；而且，在这些非市场组织中，产权的实现形式可以采用价格机制，也可以通过投票等"非价格机制"来完成。中国要解决公地悲剧或反公地悲剧，无现成的西方经验可资借鉴，必须探索适合中国国情的产权实现形式和实现机制，扭转产权制度实现形式的市场化偏误。

二、科层化制约合作组织自生能力

由于农民自发组建用水协会组织缺乏社会认可的公共权威、村民"一事一议"面临较高的"谈判成本和执行成本"，为加快农田水利项目建设，政府倾向于基于行政机制，自上而下地推动乡村组织开展"一事一议"或组建用水户协会，以行政村或村民组为单元组建协会，协会负责人通常由村、组干部兼任，而非受益区农民民主选举产生，由此使得农民自愿参与、民主决策的初衷变成集中决策和层级管理，协商执行被强制执行所替代。这种变化进一步成为合作组织内部运行规则，从而造成用水户协会科层化，协会与农民缺乏互利共识和信任理解。同时，政府对用水协会在法律上的赋权和财政上的支持，使得政府对后者构成一定的资源和权力控制关系，强化了用水协会的依附地位，结果导致用水协会对农民需求和参与能力缺乏应有的关注和引导。例如，用水协会的一项重要职责是负责制定灌溉用水和水利设施维护等方面的管理秩序，组织和培训农民骨干参与相关情况调查，引导农民参与各项决策。但是由于组织成本和协调能力问题，这项工作往往由政府水管部门和项目规划机构代为完成，农民很难有参与机会，合作意识和参与能力也就无从提升。即使是"一事一议"建设项目，政府在"一事一议"项目的类型选择、合规性审批、资金支持、奖补力度等方面都具有较大的自由裁量权和决策权，导致农民组织兴办的灌溉项目获得财政奖补的机会和力度的不确定性，出现"多干未必多补""干了未必奖补"等现象，不同程度挫伤了农民自主发展农田水利的积极性和主动性。

三、分利秩序挤压合作治水空间

改革开放后，在历经承包经营责任制、产权制度改革、参与式管理等行政管控型供给制度的改革探索之后，21世纪初随着农村税费改革和农业税的全面取消，乡村失去了公共生产建设资源的筹集权力，使得乡村社会日益淡出农田水利等公共物品的供给。对此，国家通过以"一事一议"财政奖补、"民办公助""小型农田水利重点县建设""项目制"[①] 等为载体的中央财政专项转移支付制度，以求激发农户等新型农业经营主体乃至社会资本合作参与，来改善农田水利供给状况。并于2011年首次将水利列为国家基础设施建设的优先领域，提出"政府社会协同兴水治水"发展战略，被社会各界认为是中国农田水

---

① 项目制是在国家常规财政资金分配体系之外，按照上级政府尤其是中央政府的意图，以自上而下的专项资金进行资源分配的制度安排。转引自：周雪光. 项目制：一个"控制权"理论视角 [J].开放时代，2015（2）.

利改革思路的重大飞跃，从而掀起了农田水利合作供给制度改革探索热潮。促使农田水利供给方式从传统的动员型合作转变为分配型合作[①]，预示着中国农田水利迎来了大发展的春天。

在政府主导的"分配型合作"制度环境下，"竞争立项、连片建设、整体推进"的项目制资金分配机制，使基层政府与乡村社会之间围绕项目形成了新的委托代理关系，并深刻影响农田水利供给机制。具体而言，项目进村过程中所形成的以中央"发包"，地方"打包"和村庄"抓包"为特征的运作逻辑，农田水利设施财政投入主要以"专项"和"项目"的方式向下分配，并通过"条条"体制流向村庄。国家和地方政府以专项财政转移支付和项目竞争立项的方式向下分配和转移。但在执行中为了保障资金的投向和使用效率，各种以项目管理为中心的政策、制度、法规、运作方式和技术监督手段迅速发展起来，从而在农田水利供给管理中陷入事本主义的机械式思维的两大误区：一是试图通过改善农田水利建设、管理、使用主体的行为而改善供给绩效，二是试图通过改善农田水利建设、管理的局部绩效而改善农田水利供给体系的整体绩效；结果导致农田水利供给体制日益呈现出上级全面控制，供给制度的精细化、规范化、技术化的治理思路。在政治晋升体制作用下，极易诱发地方政府与基层政府之间、条块之间的利益共谋行为，围绕项目落地形成一种"分利秩序"[②]，不仅有碍于作为技术治理和专业化治理手段的项目制有效发挥其治理功能，也会带来"资源消解自治"的治理困境，形成农田水利供给制度的"内卷化"。

第四节　农田水利供给制度改革方略及其争论

一、产权制度改革方面

此项改革的必要性及其积极作用得到多数研究者的认同。特别是 20 世纪90 年代中期，河南、山东等粮食大省率先开展的小型农田水利产权制度改革调动了农民和社会力量参与灌溉工程管理和设施维护的积极性，很多毁损乃至濒临荒废的水利设施得以修复，大量水利资产得以盘活，田间灌溉系统得以正常运转（陈小江等，1997）。产权持有者在经营获利的同时承担起工程设施运行管护的责任，改善了农田水利设施的运营状况，扭转了灌溉面积萎缩和灌溉效率下滑的局面（胡继连等，2000；韩洪云，2004；周晓平，2007；张兵，2009）。

---

① 陈柏峰，林辉煌. 农田水利的"反公地悲剧"研究—以湖北高阳为例［J］. 人文杂志，2011（6）：144 - 153.

② 谭诗赞. "项目下乡"中的共谋行为与分利秩序［J］. 探索，2017（3）.

但是，产权转移式改革面临的困境也很明显，产权改革对于提高农田水利运营效率、灌溉面积和水资源利用效率并不明显（韩俊等，2011，刘辉，2017）；甚至有学者认为，产权改革后，清晰化的"私有产权"导致大水利脱节、兴利除害能力下降，致使水利发展陷入"反公地悲剧"困境（刘燕舞，2011）；也有学者指出由于制度和法治建设不完善，私有化不仅不能发挥市场的资源配置功效，很可能损害低收入阶层和农村居民的利益，加大了人们获得公共服务机会的不平等，造成更大的贫富差距，甚至引起社会纠纷；"世界银行共识"并没有为农田水利设施建设带来光明前景，反而出现很大的困境，诸如社会力量无力承担高额的建设和管理费用，政府不能把私有化作为"甩包袱"的手段（郑风田等，2009、2011）。

对此，有学者提出具有一定盈利能力是产权制度改革的必要条件的论点，盈利能力越强的工程，产权制度改革越彻底，越能引导社会资源参与农田水利建设与管理；反之，盈利能力越弱，产权改革越难进行，即使强制推动也会因产权承接人的成本与收益不匹配而存在反弹的压力，难以持续。对于一些市场没有承担的部分，政府仍应该承担主要的建设与维修责任（宋洪远等，2009）。问题是产权改革仅仅取决于其盈利能力吗？那些适宜产权改革的盈利能力强的灌溉工程是否实现了兼顾经济效益与生态效益的可持续供给？市场未承担的工程设施靠政府主导能实现有效供给吗？还有学者提出应停止水利产权改革，回归村组集体"统"的思路上去（罗兴佐，2010；桂华，2011）。

那么，究竟是继续市场化分权改革还是回归集体统一管理的道路上？在产权细分和集体统管之间是否有第三条道路？特别是在国家提出政府要在农田水利建设中发挥主要作用的新时代，如何避免陷入集权化供给的"回头路"上呢？怎样的制度框架才能促进政府主导作用与市场基础性作用"两只手"相得益彰，激发出政府、市场与社会协同治水的合力，进而促进农田水利高质量发展？这些问题虽然已引起社会各界的关注，但尚处于探索之中，亟待解答。

二、农户参与制度改革方面

20世纪80年代以来，许多发展中国家和部分发达国家进行了灌溉管理分权改革，把灌溉管理权责由政府转移到用水户或私人组织。其中，强调"用水户参与"核心理念的灌溉管理改革被称为参与式灌溉管理。20世纪90年代中后期，中国开始在世界银行灌溉节水项目区试点推行，2000年之后，为解决乡村基层组织退出灌溉管理造成的灌溉组织缺失问题，国家先后出台文件支持用水协会参与农田水利工程管理，"干支渠以下的灌区末级渠系工程管护主要由农民用水合作组织负责，真正把农民用水合作组织培育成末级渠系的产权主体、改造主体和管理运营主体"（陈雷，2005）。之后，国家陆续出台政策，从而促使了农民用水者协会数量大量增加，从 2001 年的 1 000 多家，发展到 2005 年的 2 万多家，2008 年的 4 万家，到 2010 年已达 5.2 万多家。

此项改革对于政府节省财政支出（Araral，2005）、改善农田水利运行状况、改变水费收取方式、改善用水秩序、减少水事纠纷（张陆彪等，2003；穆贤青等，2005），以及提高输水质量、用水效率和提高作物产量具有一定的促进作用（李周等，2005；刘静，2008）。然而，改革灌区的农户并没有比传统管理方式灌区的农户表现出更高的技术效率（郭善民，2004），黄河流域的用水者协会管理未能激励农民节水（王金霞等，2005），淮河流域参与式灌溉管理未能提高耗水型作物产量和农户收入，从而使低收入农户获得更多。用水户协会在各地推行过程中存在区域差异（罗兴佐，2008；孙小燕，2011）。对山东省小型农田水利改革的研究也得出了类似的结论，大约只有 1/3 的协会运作较有成效（冯广志，2005），且主要集中在大项目试点地区（高雷等，2008）。可以说，尽管各级政府为推动农民用水协会发展做出了不少努力，而改革目标尚未实现。

针对农民通过农民用水协会参与灌溉管理的效果并不理想的现实，有学者指出，由于农民文化素质和农田水利基础设施质量的限制等原因，用水户协会尚不能发挥应有的作用（韩洪云等，2002），政府任务式的"自上而下"的用水户协会组建方式和科层化的运行管理机制（刘芳等，2010），使得农民用水者协会的产权缺失、用水户的主体地位被忽视。工程不配套和老化毁损未经整修就移交给用水户协会，增加了其运行管护的难度。参与供给的需求表达机制缺位，使得农户参与供给的路径发生一定偏差，造成农民参与效果欠佳（蔡起华，2017）；实施过程中，决策参与权缺失（张兵等，2009），法人地位（公共权威）认可度低，管理方法和法律框架并不成熟（穆贤青，2005），参与渠道不畅、机制不顺、立法滞后导致农户参与度较低（赵翠萍，2012）；"两委会合一"限制了协会自主能力的发展（仝志辉，2005），难以形成循序渐进的自生能力建设。要增强农民参与效果，需要靠政府资金、制度支持、乡村组织、社会资本的组织协调（谭向勇等，2007；张兵等，2009；王昕、陆迁，2012）。

这些问题如何克服？有学者提出要改变农民参与层次，需要保障农民的参与权利（孟德峰，2017），并从完善农户参与灌溉管理的财产权利基础和提升灌溉管理集体行动空间的角度出发，通过改善制度转换过程中的内外部环境变量来为农民用水户协会的发展提供一个良好的制度空间。通过充分的灌溉管理职权转移重构灌区农业用水集体管理的组织载体，规范政府的角色，并适当引入市场机制，从而在灌区形成集体行动、政府管制与市场机制相互融合的一体化复合型水资源治理结构体系，以推动灌区灌溉系统的持续高效运行。然而，多元机制如何协调、社会资本如何培育、一体化治理结构如何构建，既有文献并未深入探究。

三、项目制改革方面

2002 年农村税费改革后，发展农田水利需要政府主导，成为理论与实践界共同的呼声（陈锡文，2004；罗兴佐，2006；韩俊，2011）。缺乏财政的引导和支持，不可能解决农田水利基础设施供给问题（郑风田，2009）。小型农田水利设施具有正外部性，盈利能力非常有限，政府必须在农田水利投资中发挥主体作用（韩俊等，2011）。没有强力的激励制度和政策干预，改革将流于形式（王金霞、黄季焜，2004；成诚、王金霞，2010）。农村公共事务"两工"筹资筹劳制度取消，乡村组织灌溉事务的权能和农民参与农田水利建设的制度约束进一步弱化，导致"去冬今春只有 47 亿个，比 90 年代中期少了 53%。如果任其自由发展，3～5 年后中国的农田水利系统可能崩溃"（陈锡文，2004），再像过去那样主要靠农民自身投工投劳搞农田水利已不现实，需要明确农田水利的公益性质，强化政府在小型农田水利建设中的主导作用（韩俊等，2011）。

在此背景下，国家在不断完善中央财政小型农田水利建设补助资金基础上，加大涉农水利资金整合力度，于 2009 年推行"小农水重点县"建设项目，通过"集中连片、整体推进"的方式加大农田水利建设与投资力度。特别是，2011 年中央 1 号文明确了农田水利基础设施的公益性物品属性，强调政府要在农田水利建设管理中发挥主导作用，并通过多种渠道，建立农田水利财政投入稳定增长机制，充分发挥财政资金导向作用，运用市场机制，鼓励农民对直接受益的农田水利设施投工投劳，增强建设与维护强度，以提升水利服务供给绩效。然而，国家虽加大了农田水利投入，但仍出现了农田水利供给依然严重缺乏的悖论（罗兴佐，2013），部分地区供给状况甚至差于农村税费改革之前（耿羽，2011）等"最后一公里"难题（林辉煌，2012），甚至出现"进村"项目在最后的落地和实施环节中，受到一些利益主体的"扯皮"、阻挠等现象（李祖佩，2015、2017；郭珍，2019）[①]。

对此，有学者指出，在实践中，项目制运作往往由水利主管部门统筹规划、主导实施，间接地强化了其部门权力，形成"条条"化的决策、投入机制，强化了自上而下决策体制，导致基层组织和农民参与受阻（郭珍，2019）[②]，无法有效获得农民公共品需求，利益协调功能受阻、质量监督受阻

① 李祖佩. 项目制基层实践困境及其解释——国家自主性的视角 [J]. 政治学研究，2015（5）.
② 郭珍. 项目资源分配与村庄小型农田水利设施供给差异 [J]. 郑州大学学报（哲学社会科学版），2019（6）.

等，在多方面限制了项目制治理可能取得的绩效（李斌，2015）。刘建平等讨论了社会资本参与农村公共产品项目式供给的作用机理及其负效应（刘建平等，2007）。桂华认为社会势力、"代理人"激励不足会产生项目"进村"困境（渠劲东，2012）。结果，在项目治国与乡镇政权"悬浮型"的双重逻辑作用下，项目制执行效率和后果并不令人满意，一些农田水利项目无法落实，另一些项目则无法得到较好的后期维护和管理。

尽管政府与社会协同兴水治水的改革发展思路已成为学术界的共识，国家也不断出台政策支持农民自办水利、受益户合作办水利、村集体自主办水利、社会资本参与水利投资等产权明晰和保护规则。但是，如何落实这些政策和制度措施，政府社会协同动力何来，政府社会协同策略、协同机制需要怎样的体制和制度保障等，对这些问题的内在机理和微观实证研究并不多见。

四、制度"内卷化"方面

中国农田水利供给制度转型改革虽然取得了一定成效，但是也出现了工程性与治理性"最后一公里"叠加问题。即持续加大的农田水利建管投入并未促成建管质量、供水效率和效益的明显改善，在乡村水系整治、灌排工程建设管理的"最后一公里"问题仍较突出的同时，又出现了治理性"最后一公里"问题。与此同时，还出现了"市场失灵""自治失灵""政府失灵"并存的复合型制度失灵问题。

当前政府与社会难以良性互动造成农田水利供给制度"内卷化"困境的根源何在，如何突破当前政府事本主义治理手段和基层灌溉服务组织功利化运行共同造成的技术性治理危机？在政府发挥主导作用的宏观政治体制下，政府社会各自的权利空间如何界定，如何避免因政府自上而下的行政化动员而重陷低效率困境？政府社会协同提升农田水利供给绩效的有效实现形式和实现机制该如何构建？政府、农民和社会组织共商共治共享的利益契合点何在？政府社会协同兴水治水合力形成的组织基础和制度条件是什么？这一系列问题尚难找到现成的答案。显然，要破解农田水利发展面临的"内卷化"困境、推动农田水利高质量发展，这些问题都亟待深入研究。

第五节　农田水利提质增效的制度创新需求

一、产权制度实现形式亟待突破

为发挥市场机制在农田水利供给中的资源配置决定性作用，国家从20世纪90年代就开始推行大中型灌排工程承包经营责任制、小型灌排工程承包、租赁、拍卖等产权市场化改革。1996年后，国家推进"谁投资、谁建设、谁所有、谁管理、谁受益"的农田水利供给政策①，不断完善产权激励机制。21世纪初，农村税费改革和"两工"制度取消后，乡镇"七站八所"进行撤并，整体转制，乡村水利机构被精简甚至取消，农户土地细碎化对民营水利修建的制约日益凸显，国家进一步提出按照"谁投资、谁所有、谁受益、谁负担"的原则，落实工程所有权和使用权。以农户自建、自有、自用为主的小微型水利工程产权归个人所有；受益农户较多的小型水利工程归用水合作组织所有（2004，水利部）②；大中型灌区斗渠及以下田间工程可由水管单位代行所有权，也可由农民、村集体经济组织、农民用水合作社、新型经营主体等持有和管护；社会资本参与或受益主体自主建设的，依法享有继承、转让、抵押等权益（水利部，2018）③。

理论上讲，如果农田水利资源有界定清晰的产权且可以自由配置（或交易），则人们就会为获取长期利益回报，有动力在农田水利系统上进行长期性投资。随着土地、小型灌排工程等农村集体资产资源确权改革的深入，分散的农户成为产权的基本单位，应该拥有在市场经济中占有、买卖、使用水利资产（含灌排工程和水权）的权力。然而，水利工程设施具有自然的土地依附性，"水利嵌入土地之中"才能使农田水利正常运作。随着土地二轮延包政策（土地承包经营权30年不变）的推行，农民越来越把土地视为"私有物品"进行保护，水利工程经营者、乡村组织不能够重新调整土地，也不能随便占用。由于"水利产权与其依附的土地产权相对独立"的产权矛盾，导致农田水利建设与农民承包土地经营之间的冲突日益加剧，并逐步导致水利建设陷入了新的困境：农田水利工程和农业水权的使用权、转让权、剩余索取权和剩余控制权等权利束的产权主体界定和产权实施困难；同时，作为具有整体有效性和复合功能的水利资源，其产权分割方式、产权行为主体、产权交易平台、交易机制等都还缺乏有效的产权实现方式和实现机制，工程设施经营风险补偿机制也不完善。这些问题都导致农田水利产权制度改革还不够深入、不够系统，产权市场化执行过程中存在产权权能不完整、产权实现机制不健全、产权流动效率不高、效果不好等困境。

① 1996年国务院印发《关于进一步加强农田水利基本建设的通知》，提出要坚持自力更生为主、国家补助为辅的方针，各级政府要精心组织，按"谁受益、谁负担"的原则，完善、落实劳动积累工制度，鼓励和支持广大农民群众更多集资投劳开展农田水利基本建设。不准"一平二调"。跨区域的中小型水利项目用工，确需动用非受益地区劳力时，应采取以工换工或以资顶工的办法，按受益范围分级承担。

② 小型农村水利工程管理体制改革实施意见［OL］. 中国节水灌溉网，2004-02-27，http：//www.jsgg.com.cn/Index/Display.asp? NewsID=5525.

③ 水利部. 深化农田水利改革的指导意见（2018年2月印发）［OL］. 中国节水灌溉网，2018-02-27，http：//www.jsgg.com.cn/Index/Display.asp? NewsID=22399.

事实上，农田水利水利工程的产权不仅是所有权、经营权、使用权、收益权和处置权等形式上的经济权属，它还具有广泛系统性和嵌入性，即实质论产权观所指的社会权属、文化权属、政治权属和象征权属，可以说农田水利的产权制度是法律、组织形式和行为规则的函数。这就要求对农田水利产权制度改革必须重视财产权利的真实存在形态，进而找到产权制度运行状况背后本来的社会逻辑。当然，这些问题并非单纯产权制度改革可以解决的，需要与国家治水战略、治水体制、政府与社会的治水权利及其实现机制等多方面制度的协同配合，才会有望解决。

二、农民自主供给制度亟待加强

理论上，参与式灌溉管理改革可以实现政府与农户的"双赢"，即政府可以摆脱灌溉系统运行管护的财政压力，农户获得水资源管理和开发权利，能够以较低的成本改进灌溉绩效（Sushenjit et al.，2007；刘静等，2008）。

然而，实然状况与制度的最初价值预设存在一定的差距。更为现实的问题是，在中国农村现实社会制度环境下，农民用水户协会并非唯一的农民用水合作组织模式。种田大户、家庭农场、农业企业等新型经营主体蓬勃发展，农业用水主体日趋多元化，这些利益诉求异质性更大的群体不仅面临以往同质性高的用水户协会成长的困境，还将面临如何达成互惠信任的承诺，如何组建平等参与的用水合作供给制度等一系列难题。

近几年有学者从社会—生态耦合系统视角探究灌溉自主治理与灌溉合作行为形成机制问题（王亚华，2018）。然而，农户参与用水者协会管理的意愿不仅受农户农业经济活动特征、工程产权和农地制度安排的影响，还受农户社会资本、农户对管护方式的认知、周围人参与管护的比例、政府支持力度的影响（胡晓光等，2013）。其中，水资源稀缺性、用水户协会的规模、领导力、用户的社会经济异质性、社会资本、与市场的距离及政府政策是重要变量（Meinzen - Dick，2007）。

在用水户协会的地方权威、执行能力和自生能力相对脆弱的现实条件下，是放弃发展用水协会，转而依靠村委组织（贺雪峰，2010），还是继续探寻促进外部支持与内源动力协同的用水协会良性发展机制（蔡晶晶，2017）？问题是，如果要继续发展用水户协会，政府、村委会与用水户协会应建立什么样的组织协作关系，才能保障用水户协会的自主运营权和持续发展呢？这些问题无论在理论上还是在实践上都未很好解答，都需要构建本土化的解决方案。

三、多中心协同机制亟待构建

农田水利供给活动不单单是治水，更是重要的经济、社会活动，必须深刻把握水资源的自然和社会经济双重属性，必须重视农田水利与水资源系统、农田生态系统、使用者偏好、社会习俗、村庄特征、地方权威等关联性，以及由此决定的经济属性、社会属性、生态属性的多样性和层次性。必须注意，农田水利社会面和生态面存在着关系具体的、动态的互构演进关系。作为一种非常容易受到人工支配和自然生态影响的开放型系统（李彦霞，2013），容易受到不同治理体制、集体行动模式的影响而发生资源利用机制复杂化问题。

现阶段的农田水利供给制度建设，强化政府的主体责任和投入引导作用的政策措施不断完善，但受工具主义的"技术性治理"和"分利秩序"的制约，以农民为核心的村社水利组织的产权主体地位、经营主体地位、公共权威认可度依然脆弱，从而导致村社水利组织的产权行为能力、自主决策权力、自主发展和内生性制度能力依然低下，难以担负起基层水利建设管理主体的重任。在农民"半工半耕"、农业比较利益低下和灌溉红利微弱的现实条件下，政府强大的资金投入和支持政策并未产生"四两拨千斤"的杠杆效应和社会参与激励效应，国家鼓励农民合作发展农田水利的"投入支持和产权激励"政策，并未激发出市场和社会组织协力发展农田水利的蓬勃活力。

因此，农田水利供给制度建设需要从均衡范式转向动态、演化的研究范式。制度的建构既是国家自上而下规划性变迁的结果，也是农村社会关系网络及传统治水规范自下而上实践的产物。在这种上下互动的过程中，各种正式规则及非正式规则相互嵌入，双向互构并走向协同耦合。

四、水利价值实现制度亟须健全

中国已经全面建成小康社会，人们对农田水利的功能价值需求日益多样化，农田水利已经成为提升农村品位、提升农业竞争力、提高生活品质的重要内容。这就对建构农田水利生态价值提出了新的价值导向和现实制度需求。现有政策制度主要关注传统的农业灌溉、小水电开发和人畜饮用价值实现的水商品价格机制建设，而对河流水系、水资源、水环境、水生态系统所蕴藏的生态价值实现的法规制度比较缺乏。

农田水利的价值包括经济价值、社会（文化）价值、生态价值等多方面。由于乡村的生产、生活和生态有赖于以农田水利为核心的水生态的完整、稳定、有序，特别是农田水利孕育和滋养生命、承载乡村社会活动，直接或间接地向人类提供生态福利、生态服务和生活空间（包括新鲜的空气、洁净的水源、适宜的光照、宜人的气候等）的生态服务功能，使得其生态价值更具基础性。

在农业水价难以提高的现实条件下，迫切需要在整合优质水利资源产权和水域经营权的基础上，以县（区）为单位，组建"水生态银行"，通过公开竞拍、收购、租赁、自行建设等方式，统一开展水资源资产产权流转、市场化运营和开发，发挥市场在资源配置中的决定性作用，促进农田水利资源要素的优化高效配置。因此，农田水利供给制度建设不仅要注重农业水价形成机制、有偿使用和节水奖励，还需要跳出"三农"看水利，统筹水资源供给、水污染治理和水生态建设的多重价值，统筹区域社会经济条件、水资源用途、地理区位等因素，建立地表水替换地下水和"节水"财政奖补、"绿水"维护补偿、小流域水环境考核等制度，探索制定区域性基准水价体系，规范资产定价，优化资源配置，显化资产价值，建立水生态产品价值实现的长效机制，推动水生态保护和水源涵养，为乡村全面振兴提供强有力的水资源保障和水利支撑。

第五章 农田水利供给制度建设
经验与启示

极少有制度不是私有的就是公共的——或者不是"市场的"就是"国家的"。

——埃莉诺·奥斯特罗姆

新中国成立 70 余年来，随着国家发展战略和经济社会的水利需要演变，水利在国民经济中的战略地位由"水利是农业的命脉"逐步向"水利是国民经济的基础产业""水利发展事关经济安全、生态安全、国家安全""农田水利是保障国家粮食安全、促进农业现代化的重要基础"转变。随着国家水利战略定位的转变，农田水利发展政策、供给主体、供给机制、供给体系和管理体制不断调整，并引致农田水利组织能力、投入动力、供给绩效的变化，以及农业农村发展用水支撑能力的波动起伏。本章通过对农田水利建设投入和兴利除害能力的动态分析，透视中国农田水利发展中面临着诸多问题、挑战。

第一节 农田水利供给制度改革历程

治水在中国历来是极为重要的公共事务。农田水利作为农业农村发展的"先行资本"，其供给制度集中体现着国家的农业农村发展战略和改革取向，其治理成效是国家治理能力的重要体现。农田水利供给制度的变化，既反映了宏观环境对农田水利建设的影响，也折射出不同历史阶段国家治水理念的变化。不同时期国家介入方式的差异及国家与乡村社会关系的变化，决定了中国农田水利供给制度呈现出不同的样态。根据农田水利建管责权改革着力点和政策导向的差异，使得农田水利供给制度表现为集权型、管控型、参与型和项目制型四种制度样态，总体上呈出社会化分权趋势，即政府在农田水利治理中减少命令与控制型行政机制，更多地引入市场和社会机制。

一、新中国成立后的 31 年（1949—1980 年）

新中国成立后，党和政府将发展农田水利作为改变农村落后面貌、促进农业生产的国家战略，确立了水利的公共物品属性和农田灌溉的优先地位。1949年11月，新中国第一次全国水利工作会议确定了"防止水患，兴修水利，以达到大力发展生产的目的"的水利建设的基本方针，并要求根据不同的情况和人力财力及技术等条件，分别轻重缓急，有计划有步骤地恢复发展防洪、灌溉、排水、放淤、水力、疏浚河流、兴修运河等水利事业，提出"公款举办、群众自办和政府贷款扶助"三种水利建设资金来源渠道。"一五"时期农田水利平稳、快速发展。1952年政务院第129次会议提出"塘堰、沟洫、小型渠道、井、泉和水土保持等比较简单而有效的水利工程，应发动和组织群众力量，大量举办。"1955年10月中央作出《关于农业合作化的决议》，农业合作化运动快速发展。农业合作化的组织形式，不仅激发了群众生产的积极性，也显示了将农民组织起来进行大规模农田水利建设的优越性，极大地推动了农田水利建设。《1956年到1967年全国农业发展纲要》进一步明确了农田水利建设目标和重点：1956年起，在十二年内，基本消灭水灾和旱灾。

"大跃进"时期，浮夸风、"共产风"泛滥，全国很多大型灌区在此时期开工兴建，1958年国家提出"蓄水为主、小型为主、社办为主"的治水方针。农田水利工程更是遍地开花，数不胜数，农田水利建设付出了沉重代价，一小部分工程因质量、水源等原因被废弃，但大部分工程后经修整、加固和续建配套，陆续发挥了作用。

1962年，全国农业会议上提出"小型为主，配套为主，群众为主"的冬修水利方针。国家对集体兴建的农田水利工程给予物质或资金补助，从而确立了集体所有、集体经营、集体管理的集体供给制度。

1964年全国"农业学大寨"运动，激发出广大农民的积极性，农村全面开展了以治水、改土为中心的农田基本建设，1965年8月，进一步提出"大寨精神，小型为主，全面配套，狠抓管理，更好地为农业增产服务"的水利方针。这一时期完成了"大跃进"期间开工的大中型灌区的田间配套工程建设。

"文化大革命"开始的前几年，农田水利陷入停滞；直到1970年，农田水利建设逐步恢复。1972年华北大旱，国务院决定拨出专款和设备支持北方17省打井工作，之后，每年以三十多万眼机井的速度持续建设，大型水利和农田水利工程每年的投资高达100多亿元，到1976年全国机井数量达到240万眼，比1965年增加了10倍。

1976年"文化大革命"结束，国家明确在经费和物资上支持农田水利建设，要求抓好现有工程配套和当年受益的农田水利工程建设。到1979年底新增平整土地2.5亿亩，整修了大量的农田水利工程，三年新增灌溉面积3 000万亩、除涝面积1 600万亩，粮食总产量达到3 321亿千克，大规模根治淮河、海河水患的工程基本完成，基本改变了靠天吃饭的状况，20世纪70年代末扭转长期"南粮北调"的局面（江讯，2010）。

二、改革开放后的前 20 年（1981—2001 年）

党的十一届三中全会以后，国家经济体制由计划经济体制向市场经济体制转变，国家财政体制推行行政事业单位财政包干制度，农田水利建设重点转向维护恢复、巩固配套，灌溉管理机构的行政事业经费也逐步实现了预算包干、结余留用的预算制度，农田水利事业经费被包干到地方，随着农村广泛推行家庭承包经营责任制，国家启动了农田水利管理权责社会化转移的分权改革。

1981 年水电部提交国家农委的《关于全国加强农田水利责任制的报告》发布，针对农田水利工程老化失修、灌溉效益下滑、管理维护负担加重等问题，提出以提高经济效益为中心，以农田水利责任制为突破口，开展农田水利管理体制改革。农田水利工作责任制改革在山东、河南、四川等农业大省相继启动。在试点改革基础上，1985 年 5 月国务院办公厅批准水利电力部提交的《关于改革水利工程管理体制和开展综合经营问题的报告》，确定了"全面服务、转轨变型"的水利改革方向，提出了以实行多种形式的经济责任制为"一把钥匙"，以调整水费、开展多种经营"两个支柱"为中心环节的改革任务，标志着农田水利管理体制市场化改革全面启动。根据文件要求，为增强全面服务社会经济的能力，全国大、中、小水利工程管理单位全部实行经营承包责任，各种经费使用实行包干，超支不补，节约留用的管理办法。之后，以承包制、合作制为主的农田水利工程管理体制改革和水费改革相继展开。

20 世纪 80 年代，家庭联产承包责任制政策实行后，农民生产积极性大大提高，粮食连年增产。在这情势下，有些人对要不要办水利、如何办水利出现了不同看法。有的地方认为"有了好政策就什么问题都解决了"，有的地方因过度灌溉出现"盐渍"问题，认为农田水利建设投入过大、效益不好、治标不治本。社会上以至政府内部都对水利有怀疑的声音，认为水利投入很大，浪费很大，效益不好，以至于在 20 世纪 80 年代国民经济的调整过程中，水利资金被大大削减。在此背景下，国家对集权型的农田水利供给模式进行了三项制度改革：首先，灌溉工程管理单位进行承包经营责任制改革。由于对水利地位、作用和成效的争论，1980 年"划分收支、分级包干"的财政体制改革中，农田水利经费包干到地方，资金投入大幅压缩，农田水利建设重点转向维护恢复、巩固配套，把提高经济效益作为根本出发点。1981 年原国家农委批转了水利部《关于全国加强农田水利工作责任制的报告》，要求在农田水利管理上实行承包责任制。而兴修于 20 世纪五六十年代的灌溉工程由于建设标准不高、配套不全，相继进入维修改造期，造成灌溉专管机构工程管护费用和维持工程运行的财政负担日益加重，管理人员积极性下降、服务效率降低。家庭联产承包责任制政策实行后，人民公社被取消，弱化了农田水利建设的组织基础，"公水私地"的矛盾凸显——工程集体管理、集中供水与农民单户种地、分散用水之间存在供求矛盾，农民对农田水利建管的投工投劳数量锐减，使得水利工程管理与使用脱节，"有人用、无人管"问题凸出。

在总结农田水利责任制试点改革经验基础上，1984年国家把"加强经营管理，讲究经济效益"作为新时期水利工作的指导方针，把实行多种形式的经济责任制、开展多种经营，作为提高经营管理水平和经济效益的中心环节。为强化管理责任，改善灌溉系统运营效益，1985年灌溉工程管理单位推行了财政预算包干和工程管理承包责任制，在一定程度上调动了管理人员的积极性。为增强水利工程全面服务社会经济的能力，《关于改革水利工程管理体制和开展综合经营问题的报告》要求全国各类水利工程管理单位全部实行以承包制、合作制为主的灌溉工程承包经营责任制。

为提高灌溉工程经营效益，缓解日益加重的维持灌溉工程运行的财政负担，国家启动灌溉供水商品化的水费制度改革，提高农业灌溉水费价格，将农田水利工程的管理、运行费用转化成农民的生产费用。希望激发农民参与水利设施管护、提高供水效率和用水效益的积极性。此项改革，使原来具有公益性的农业灌溉转变成水利工程单位对农户供水的有偿农业服务，农业水费成为农民生产成本的一部分。

水管单位企业化改制和农田水利收费制度改革，不可避免地影响到农田水利建设。由于水管部门向众多分散的农户征收水费的成本太高，水利部门开始在乡镇建立县水利部门的派出机构即乡镇水管站，水管站接受双重领导，农业水费的收缴依靠村委会和乡镇政府。由于对村乡两级收取水费过程中搭车收费和截留水费问题的监管不力，村乡两级日益结成利益共同体，灌区供水单位水费收取越来越少，正常灌溉服务变得越来越困难。

如何管护好农田水利工程，调动农民建水、管水的积极性，发挥水利工程的作用，促进农业生产再上新台阶，成为广大干部群众关注的紧迫问题。1986—1987年中央连续召开两次农村水利座谈会，指出农田水利存在的危机——"农田水利设施维修、养护和管理很差，更新改造工作跟不上，很多工程设施超龄服役，带病运行等问题。"1986年6月国办颁发了《关于听取农村水利工作座谈会汇报会议纪要的通知（试行）》（国办发〔1986〕50号），1987年10月国办转发水电部《关于发展农村水利增强农业后劲报告的通知》提出加强领导、全面规划、基层水利事业单位实体化经营、水费改革、多渠道增加财政投入、支持农民联合集资办水利等政策，要求各地尽快建立劳动积累制度和以乡水利站为纽带、工程专管机构和群众水管组织相结合的基层水利管理服务体系。同时，要求地方掌握的农田水利费要切实用于农田水利设施的建设和管理。1989

年 10 月出台的《关于大力开展农田水利基本建设的决定》，促进了农村"两工"（劳动积累工和义务工）制度的建立。这为农田水利建设提供了投资投劳来源和组织领导保障，部分缓解了农田利建设管理投入不足问题，水利投资恢复到 1980 年财政包干时的水平，扭转了农田水利工程管理失控和灌溉面积徘徊甚至减少的局面，但到 1990 年仍未恢复到 1980 年的水平（韩俊等，2011）。

1990 年 3 月国务院办公厅下发关于贯彻执行《水利工程水费核订、计收和管理办法》的通知，要求"水费由水利工程管理单位催交收取，也可委托财、粮部门代收。"从此，农用水费被纳入农村"三提五统"收费体系，由乡村代收代缴，收缴过程中乡村在正常水费之上添加手续费向农民固定征收。之后，农业水费进一步演变为乡村组织乱收费、乱摊派的油头。此项改革基本解决了经营管理者报酬和工程维护经费来源，缓解了农田水利运行管护经费不足的矛盾，工程完好率有所提高，但无力解决水利建设问题。大量农田水利工程被侵占、遭破坏，造成农业灌溉条件不断滑坡，并在以后不断出现的水旱灾害中频繁暴露。由于农民不仅承担起灌溉工程运行费用和管护费用，而且承担起小型水利建设管理任务，使得 90 年代农田水利建设速度明显加快，"七五"期间灌溉面积逐年有所增加。

进入 90 年代，水旱灾害和水污染频繁发生，为解决农田水利老化失修引起的粮食产量下滑和水资源紧缺问题，开始试点推广产权制度、经营机制、管理体制改革。1996 年，国务院颁布《关于进一步加强农田水利基本建设的通知》，要求各级政府要增加农村水利投入，积极引导、鼓励农民群众集资投劳兴建小型水利工程，鼓励单位和个人按照"谁投资、谁建设、谁所有、谁受益"的原则，采取股份合作、拍卖、承包，建立水利建设基金等多种形式，推进农田水利改革。上述变化表明，农田水利建设的主体逐渐多元化、微观化，农田水利建设的筹资方式逐渐基层化、劳务化。从此，农田水利建设转化为农民负担的一部分。由于农民大量外出务工，"两工"组织困难，乡村组织便将"两工"货币化并向农民征收，"两工"变成显性的农民负担。随着农民负担日益沉重，"两工"货币化征收越来越困难，乡村组织越来越难以组织农田水利建设，加上过去水利建设遗留下的工程设计标准低、质量比较差，又缺乏经营管理，不仅大量农田水利工程无人负责，丢失损坏失修情况日益严重，影响效益发挥，而且大中型水利工程老化失修，效益衰减、抗灾能力下降，导致农田水利系统渐趋衰败（张岳，2008）。灌区企业化分级承包与村域内小水利私人租赁承包制改革，虽然在一定程度上增强了经营者的水商品意识、供水商品化和供水管理积极性，提高了水资源供给和利用效益，但由此引发的非农供水和多种经营创收行为，在不同程度上分散了灌溉工程建设和管理的财力和人力投入，灌溉服务经营能力和服务质量难免有所下滑。直至 2003 年，中国大型灌区骨干工程建筑物完好率不足 40%，工程失效和报废的逼近 3 成，导致个别地区可灌面积减少近半。中国 19.5 亿亩耕地中，还有 11.1 亿亩尚要靠天吃饭。过于粗放和陈旧的渠道系统让中国农村渠道灌溉利用率只有 30%～40%。

1999 年实施大中型灌区的续建配套和更新改造，坚持大、中、小、微相结合，搞好抗旱水源工程建设，加快山区水利和牧区水利建设。鼓励农村集体、农户以多种方式建设和经营小型水利设施。农村水利工作重点开始向已有灌排工程挖潜改造、提高效率和效益转变，带动了全国节水灌溉工程面积的发展和灌溉水利用率的提高，为在灌溉用水总量不增加的条件下，保障国家粮食安全发挥了重要作用，标志着农村水利改革发生了历史性转折。

三、农村税费改革的前 6 年（2002—2008 年）

进入新世纪后，在农村税费改革和水利产业化背景下，针对建设、管理主体缺位导致农田水利工程功能衰竭、灌排效益锐减问题，在 20 世纪 90 年代末大型灌区参与式灌溉改革和农田水利产权制度改革的基础上，国家开始加大以"一事一议"为原则、用水户协会为主体的自主化参与农田水利建设管理机制改革。

2000 年中央发布《关于进行农村税费改革试点工作的通知》提出，为了减轻农民的劳务负担，防止强行以资代劳，农村税费改革逐步取消农村劳动积累工和义务工。2002 年，国家在河南省、安徽省开展农村税费改革试点，取消了强制摊派的农村"两工"（农村义务工、劳动积累工）制度，实行"一事一议"协商决策机制。村内进行农田水利基本建设等集体生产公益事业所需劳务，不在摊派"两工"，所需资金，不再固定收取村提留，均实行一事一议，由村民大会民主讨论决定。村内一事一议的用工和筹劳，也均实行上限控制。为保证乡村组织正常运行，农业税附加收入由乡财政划转村委，全部用于村级开支。

2002 年 9 月国务院办公厅转发国务院体改办《关于水利工程管理体制改革实施意见的通知》，建议积极培育农民用水合作组织，赋予其水费收缴权利；鼓励其参与农田水利工程的建设和经营管理活动。为解决灌区水管单位"吃大锅饭"、农民"吃大锅水"问题，文件明确将灌区水管单位定性为准公益性单位，灌溉服务部门定性为准公益性企业单位，灌区工程单位定位于水利经营实体；骨干工程按照管养分离和维修养护市场化原则，实行企业化经营、以水养水；强化水费计量和征收管理，农业水费由原来的按亩收费逐步转变为按立方计量，并从 2003 年起将水利工程农业水费转为经营性收费项目，不再作为行政事业性收费管理。

2003 年，在农村税费改革背景下，乡镇机构改革启动，按照"养事不养人""行政职能整体转移、经营职能走向市场、公益服务职能面向社会"的总体思路，对乡镇事业单位职能进行分解、转换和重新定位，并对乡镇"七站八所"进行撤并，整体转制，农田水利机构被精简甚至取消，乡村组织的农田水利建设管理职能被取消，乡镇水利站纷纷退出乡村舞台。

针对农村税费改革后，农田水利建设投劳和筹资数量大幅减少，农田水利投入出现较大缺口，农田水利普遍出现建设和管理两个"最后一公里"问题。2003 年 12 月，国家以明晰不同类型工程所有权为核心，希望采用承包、租赁、拍卖、股份合作等灵活多样的经营方式和运行机制，明晰小型水利工程的所有权，转换运行机制，建立起农村用水合作组织、投资者自主管理与专业化服务组织并存的管理体制。

为提高农户投工投劳参与农田水利设施建设的积极性，2004 年 12 月 31 日，《关于进一步加强农村工作提高农业综合生产能力若干政策的意见》(2005 年中央 1 号文件) 提出，中央财政设立农田水利工程建设补助专项资金 (简称农田水利专项资金)，对农户投工投劳开展农田水利设施建设予以支持；要求各级政府建立稳定增长的资金渠道。对于大中型灌区，明确要求新增固定资产投资中，将续建配套作为重点，开展末级渠系建设，对农民购买节水设备实行补助试点。

为规范村集体"一事一议"筹资筹劳行为，2005 年 10 月，国务院办公厅转发《关于建立农田水利建设新机制的意见》，提出要完善村级"一事一议"筹资筹劳政策，健全乡镇协调、村组"一事一议"民主协商机制。根据工程性质、农民在限额内筹资筹劳情况，筹补结合，多筹多补。要求按照"谁投资、谁受益、谁所有"的原则，明晰工程的所有权，落实管护责任主体。支持农田水利设施以承包、租赁、拍卖等形式进行产权流转，落实管护责任。

为鼓励农民和社会资本通过"民办公助"方式参与农田水利建设，2005 年 7 月财政部、水利部印发《中央财政小型农田水利工程设施建设"民办公助"专项资金管理试点办法》，开始实施"民办公助"以奖代补政策。农田水利工程项目实行项目法人或业主负责制，申请项目的农户、农民用水户协会或其他农民专业合作经济组织和村组集体为项目法人或业主，负责项目的申请、建设和建成后项目的管护。县级水利部门会同财政部门，对项目实施进行审查，对验收合格的民办水利工程予以物资耗费成本的资金奖励。

四、项目制以来的 10 余年 (2009 年至今)

农田水利"民办公助"财政奖补建设制度实施过程中，受农田水利设施点多面广、建设标准低、工程配套难、老化破损严重，以及管理体制与运行机制改革滞后等因素的制约，项目布局分散、资金使用效益不高、投资效果不明显、灌溉供水效益和农业生产力下滑，农田水利建设滞后仍然是影响农业稳定发展和国家粮食安全的最大硬伤。

在此背景下，2009 年财政部、水利部联合颁布《关于实施中央财政农田水利重点县建设的意见》（财农〔2009〕92 号），提出采取竞争立项方式选择一批县市区，按照"统一规划、分步实施"和"建一片、成一片、发挥效益一片"的原则，以保障国家粮食安全和农产品有效供给为目标，以工程配套改造和管护机制改革为手段，以各级财政农田水利工程建设补助专项资金为引导，实行重点扶持政策。通过整合资金项目、集中投入政策，迅速提升农田水利建设水平和管护水平，全方位推动农田水利基础设施建设实现跨越式发展。在建设原则方面，要求"统一规划、因地制宜，集中连片、突出重点，尊重民意、民办公助，整合资源、完善机制"。一方面，充分尊重农民的意愿，按照村民"一事一议"筹资筹劳规定，组织农民参与工程规划、筹资、投劳、建设、运行、管护的全过程，使农民真正成为农田水利工程建设、管理和受益的主体；另一方面，各县要根据农业农村发展需要、水土资源承载能力和发展可能，组织编制县级农田水利建设规划，科学确定工程措施和类型，分期分批组织实施，优先安排农业增产增效潜力大、示范作用大、前期基础好、群众积极性高的区域；并整合中央与地方、各部门之间的相关资金、技术等资源，加强部门合作，从而，形成"资金整合、集中投入、整体推进"，全面推进农田水利建设的政府社会协商合作格局。

2011 年，国家站在经济安全、生态安全、国家安全的全局战略高度，提出要加强基层政府在农田水利建设投入中的主体作用和引导作用。在资金筹集与投入方面，在完善水利建设基金政策水资源有偿使用制度，调整水资源费征收标准，扩大征收范围，创设了将土地出让收益中提取 10% 用于农田水利建设的筹资渠道，采取扩大贴息范围和贴息率等措施引导金融机构增加水利信贷资金；同时，按照多筹多补、多干多补原则，加大一事一议财政奖补力度，调动农民兴修农田水利的积极性，大大拓宽了农田水利投入来源渠道。

2011 年，水利部颁布《关于加强中小型公益性水利工程建设项目法人管理的指导意见》（水建管〔2011〕627 号），对小型水利工程建设除鼓励实施项目法人制之外，还推荐尝试代建制、总承包制和受益群众组建合作组织履行项目法人职责。

2012 年国家又陆续出台了中央财政补助中西部地区、贫困地区公益性水利工程维修养护资金政策、农田水利维修养护资金筹集政策、扩大节水、灌排机械购置补贴政策，以县级水利部门（或其所属水管单位）管理的公益性水利工程为重点，加大对承担防洪、排涝、抗旱、灌溉等公益性任务的水库工程、水闸工程、堤防工程、控导工程、泵站工程、淤地坝工程的管护经费支持力度。

2013 年水利部、财政部联合发布《关于深化小型水利工程管理体制改革的指导意见》文件，按照"先行试点、典型引路、分类实施、全面推进"的总体要求，启动小型水利工程管理体制改革试点工作。希望通过选取一些工程类型齐全、群众关注度高、当地政府支持的条件成熟的县市作为工程管理体制改革试点，积累经验、总结工作，剖析问题，厘清农田水利改革思路，明确改革方向，完善改革措施，实行"以点带面"和"以点促面"的改革目标。

2014 年，财政部出台的《关于完善政府预算体系有关问题的通知》（财预〔2014〕368 号）文件要求，中央水利建设基金、中央统筹从土地出让收益中计提的农田水利建设资金，转列一般公共预算统筹安排。水利部进一步将农田水利重点县项目、"五小水利"工程项目与农村河塘整治、水系连通工程、高效节水灌溉、高标准农田水利、1 万～5 万亩灌区配套改造等水利工程项目建设有机结合起来，建立建设与管理并重的奖补激励机制，统筹落实农业灌排工程运行管理，提出了"小农水重点县"建设模式升级版——农田水利重点县建设模式。

为贯彻落实中央稳增长、促改革、调结构、惠民生决策部署，2015 年水利部办公厅、财政部办公厅联合发布《关于做好 2015 年农田水利建设管理有关工作的通知》，按照"节水优先"方针和"先建机制、后建工程""建管并重"的原则，进一步调整了"小农水重点县"建设模式的运作方式。按照适当兼顾其他农田水利工程①建设的工作思路，支持各省（区、市）按照指定条件自行遴选农田水利建设重点县，以充分发挥中央和地方两个积极性，协调推进各项改革措施，探索农田水利建设管理新机制，进一步提高资金使用效益。

作为新中国成立后关于农田水利建设与管理的第一部行政法规，《农田水利条例》于 2016 年颁布实施，为农田水利改革发展提供了法律依据。该条例在全面总结多年来农田水利建设成功经验的基础上，明确了发展农田水利要坚持政府主导、科学规划、因地制宜、节水高效、建管并重的农田水利工作基本原则，对农田水利规划、工程建设、工程运行维护、灌溉排水管理、保障与扶持等方面的制度予以明确规定，对于强化政府投入主体责任、创新政府投入和社会力量投入结合方式、规范农田水利建设与管理行为、完善保障扶持措施和法律责任、健全农田水利发展长效机制、提高农田水利供给水平和供给质量等工作，提供了法律依据。

为解决农田水利基础设施谁来管、如何管、经费从哪里来等问题，2018年水利部发布《加快推进新时代水利现代化的指导意见》，提出深入落实"节水优先、空间均衡、系统治理、两手发力"的新时代水利工作方针和统筹治理水资源、水生态、水环境、水灾害的治水新思路，以着力解决水利改革发展不平衡不充分问题为导向，以全面提升水安全保障能力为目标，加快完善水利基础设施网络，构建与社会主义现代化进程相适应的水安全保障体系。之后发布

---

① 主要是指"东北节水增粮、西北节水增效、华北节水压采、西南五小水利以及南方地区节水减排"等区域规模化高效节水灌溉等水利工程建设。

《深化农田水利改革的指导意见》提出，要以转变农业用水方式、推进农业水价综合改革、创新多元投入保障机制、加快产权制度改革、完善运行管护机制、健全基层服务体系等为重点，抓住重点领域和关键环节，进行农田水利体制机制改革创新，加快形成一批可复制、可推广的经验及成果，在适宜地区复制推广，激发农村发展活力，推进农田水利高质量发展。

针对农田水利等农村公共基础设施建设规模加大、建后管护任务逐渐加重、管护不到位（管护主体不明、管护机制不活、管护标准不清、管护经费不足等）日益显现等问题，国家提出紧扣促进农业节水和农业可持续发展的根本目标，坚持"先建机制、后建工程"的基本原则，在新建、改扩建农田水利工程和中国水利统计年鉴公布的全部有效灌溉面积上全面实施农业水价综合改革，确保农田水利工程状况良好，工程良性管护机制总体完备，农业用水总量控制和定额管理普遍实行。为推进"节水高效、设施完善、管理科学、生态良好"的现代化灌区建设，水利部印发《大中型灌区、灌排泵站标准化规范化管理指导意见》，按照"水利工程补短板、水利行业强监管"的水利改革发展总基调，推行事企分开、管养分离，落实工程管理与维修养护责任主体，实施工程维修养护机制和安全生产责任制，全额落实公益性人员基本支出和工程维修养护财政补助经费，确保工程设施与设备状态完好，工程效益持续发挥。2019国家发改委、财政部联合颁布《关于深化农村公共基础设施管护体制改革的指导意见》，提出要在加快补齐农田水利基础设施短板的同时，改革创新管护机制，加大中央财政一般性转移支付力度，地方各级政府依据城乡一体化的管护责任、规模和标准建立财政预算，按规定统筹用于农村公共基础设施管护补助，全面提升管护水平和质量。这些鼓励新型农业经营主体、社会资本投资农田水利的支持政策和水利工程维修养护经费补助等政策措施，为构建适应经济社会发展新阶段、符合农业农村特点的农田水利基础设施管护长效机制，提供了有力的政策保障。

第二节　各时期制度建设成效与问题

一、集权供给时期制度建设成效与问题

新中国成立之后直到1981年《关于全国加强农田水利责任制的报告》出台之前的这一时期，在政策法规和改革实践的推动下，政府动员、村社组织的集权型农田水利供给制度逐步形成并不断完善，在投入体制和管理体制两个方面体现得尤为明显。

（一）政府引导的"民办公助"投入体制

这一时期农田水利工程建设采取政府统一领导"民办公助"的建设投入方

式。建设投入由国家、集体和农民投劳组成，其中以集体投入和农民投劳为主，政府给予补助伙食费和部分工具费物资补贴。人民公社时期，农民出工算工分参与集体收入分配，从而形成了"政府补助、社队兴办、农民投劳"的农田水利投入制度。其中，大中型灌溉工程及其渠首蓄水、引水及骨干输水系统（总干渠和分干渠）的投资投劳、修建、管护，通常根据工程规模大小、行政区界线等分别由省、地市、县各级政府负责。支渠和分支渠输配水系统的投资投劳、兴修、管护由县乡基层政府负责，对受益村社组织农户投工投劳给予物资和劳力补贴。斗渠、农渠及田间配水设施主要有受益户自筹资金、出工修建。

（二）"三级联动"的统一管理体制

由于该时期农村实行"三级所有，队为基础"的集体所有制，人民公社（乡镇）辖区内或干渠以下的农田水利工程的产权属于生产大队或生产小队，并采取"政社合一"的人民公社集权管理模式，决定了各级渠系兴修中农户投工投劳都是在村社集体组织下进行的，从而形成了农田水利建设管理主体与农业灌溉组织有机结合、专管与群管有机结合，大中小型水利设施衔接配套的"三级联动"的农田水利管理体制；实行由地方政府或水管单位与"政社一体"的乡村组织相互结合的"三级联动"一体化管理方式。20 世纪 50 年代国民经济恢复期，灌溉工程主要由人民公社、生产大队负责管理，政府水利部门的工作主要是动员发动群众，恢复兴建和整理农田水利工程，帮助改善原有管理机构。1958 年水利工业部与电力工业部合并为水利电力部后，农田水利行政管理体制不断理顺，特别是农村合作化运动逐步形成了"政社一体"的人民公社制度之后，由水利行政管理部门和公社（乡）、大队（村）共同管理的集权型农田水利管理体制逐步定型（图 5-1）。

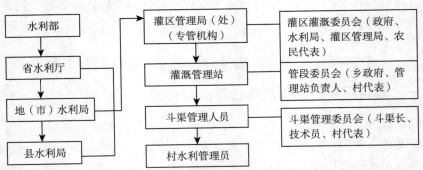

图 5-1　改革开放前的集权型灌溉管理体制

如图 5-1 所示，大型灌溉工程实现专管与群管相结合的管理体制。水利部作为中央一级水行政主管部门，负责农业灌溉的行业指导及宏观管理。受益范围横跨两个以上地市的大型灌溉工程则由省水利厅管理。省水利厅根据灌区规模分设灌区管理局、处、所等专业机构管理（简称专管机构），大型灌溉工程实行专管与群管相结合的方式管理。市（地区）级水利局或县水利局负责管理辖区内的灌溉工程；对于跨乡、跨县的灌区则需要由相应的县级、市级水利行政主管部门建立灌区专管机构。灌区管理局或管理委员会作为专管单位主要负责支渠以上的灌溉工程和用水管理。群众性管理组织（简称群管组织）主要是指以公社、大队为单位由受益户推选出来的支渠、斗渠委员会，群管组织负责支渠以下的工程和用水管理。支斗渠委员会或支斗渠长受灌区专管机构的领导和业务指导。村级水库、塘坝、泵站、电机井等小型灌溉工程主要由公社、大队范围内的支渠、斗渠委员会或专人进行管理。

到 1979 年底新增平整土地 2.5 亿亩，整修了大量的农田水利工程，三年新增灌溉面积 3 000 万亩、除涝面积 1 600 万亩，粮食总产量达到 3 321 亿千克，大规模根治淮河、海河水患的工程基本完成，基本改变了靠天吃饭的状况，20 世纪 70 年代末扭转长期南粮北调的局面（江讯，2010）。

这一时期全国有效灌溉面积大幅增加，由 1949 年的 1.59 亿公顷增至 1980 年的 4.53 亿公顷，年均递增 6.5％；农闲时，农村劳动力被动员起来修建沟渠塘堰，建造了 8 万多座有配套渠系工程的大中小型水库。农村抗旱排涝并举、蓄引提排结合的农田水利工程体系的建成，极大地改善农业生产条件和抗灾减灾能力，为改革开放后农业农村大发展做出了巨大的贡献。

（三）"三级所有"工程产权制度

该时期，所有制结构相对单一，除大中型灌溉工程设施产权由行政性灌区管理局（处）代为国家持有之外，小型灌溉工程产权实现"三级所有、队为基础"的集体所有制，产权属于生产大队或生产小队。而且采取"政社合一"的人民公社集权管理模式，决定了各级渠系兴修中农户投工投劳都是在村社集体组织下进行的，建设主体和管理主体明确，为 20 世纪 80 年代的农业增产增收奠定了重要物质基础。

（四）存在的问题

"大跃进"时期，浮夸风、"共产风"泛滥，全国很多大型灌区在此时期开工兴建，农田水利工程更是遍地开花，数不胜数，农田水利建设付出了沉重代价。"农业学大寨"初期农田水利建设搞得较好，后期搞得较差。原因在于把大寨经验形式化、绝对化，没有做到因地制宜，出现不顾条件的"左"倾"大干"思想。该阶段兴修的大量农田水利工程设施存在设计标准低、配套不齐全等问题，一小部分工程因质量、水源等原因被废弃，一批工程因配套不足、管理不善、老化毁损等原因，灌排功能衰退、灌溉供水效率下降。有的地方灌排系统不配套，特别是只注重灌溉而忽视排水设施的建设，导致大水漫灌、过度灌溉而出现"盐渍"问题大大削减。

二、行政管控时期制度建设成效与问题

20世纪80年代至20世纪末的乡村组织通过"三提五统"和"两工"制度到农田水利供给要素的政策措施,在推行过程中逐步形成该阶段的农田水利供给制度结构,主要体现在以下几个方面:

(一)村社主导农民负担的投入体制

这一时期国家对农田水利的建设投入大量减少,原来由国家承担的建设投入责任逐级下放至地方基层水管单位和乡村组织,基层水管单位主要依靠征收水费维持供水工程的运行管理、维修改造,乡村组织则主要依靠"乡统筹、村提留"和"两工"制度筹集农田水利运行管护资金和劳动力。1988年,中央出台《关于依靠群众合作兴修农村水利的意见》,确立了"今后兴修农村水利,仍应贯彻自力更生为主,国家支援为辅的方针,实行劳动积累,多层次多渠道集资,兴修农村水利,并逐步做到常年化、制度化"的农村水利工作思路。1986年国家提出"每个农村劳动力应年投入十个到二十个工日,用于兴办农村水利事业"政策与1989年《关于大力开展农田水利基本建设的决定》提出的"每个农村劳动力每年应承担5至10个义务工"政策不断完善,逐步形成了"谁受益、谁负担"原则下的"两工"制度。1996年国务院印发《关于进一步加强农田水利基本建设的通知》,完善落实"两个"制度,要求地方政府每年要增加对以农田水利为主的农业基础设施建设的投入,要安排一定的资金用于水库和灌溉工程的更新改造、完善配套。鼓励、支持单位和个人按照"谁投资、谁建设、谁所有、谁管理、谁受益"的原则,采取独资、合资、股份合作等多种形式,兴修农田水利工程。同时,积极引导和增加外资对农田水利基础设施建设的投入。由于筹资能力所限,该时期农田水利建设工作的重点主要是农田水利工程的大修、更新改造、除险保安和配套工程建设,该时期主要实现了以农村"两工"制度为主的多层次、多渠道的农田水利建设投入制度。

(二)"专群结合"的管理体制

家庭联产承包责任制政策实行后,农民生产积极性大大提高,粮食连年增产,国家放松了农田水利的组织管理工作,直到1989年粮食产量出现下滑,引起国家的重视,于1989年出台《关于大力开展农田水利基本建设的决定》,要求各级政府要精心组织,加强农田水利组织领导,实行行政首长负责制,要落实和完善有关政策,开展农田水利基本建设竞赛活动。同时,按照"谁投资、谁建设、谁所有、谁管理、谁受益"的原则,采取承包、租赁、拍卖等形式的农田水利工程产权制度和经营权改革,将农田水利工程管理维护责任转移给产权持有者。1986年国家提出农田水利的管理主要在于县、区、乡的专管

机构和村的群众水管组织之后，基层水利管理制度和组织管理服务体系得到不断加强和完善。区乡水利站作为县级水利部门的派出机构，实行"条块结合、以条为主"的管理体制，从而建立起以区乡水利站为纽带、工程专管机构和群众管水组织相结合的基层水利管理服务体系。然而，文件既明确了水利站的行政事业机构性质，又要求其办成经济实体，水利站的功能定位的含糊，在水利工程经营权市场化趋势下，导致水利站演变为农田水利工程的管理者与经营者和承包费、使用费的收取者"双重身份"。1988 年，山东"莱芜经验"在全国推广，水利站人财物管理权下放到乡镇，实行块块为主的领导体制。在"积极发展群众性的集体水管组织，依靠群众搞好水利管理"的农田水利管理制度改革环境下，乡水利管理站（或水利员）将各类小型水利设施以承包、租赁、拍卖、股份合作等方式移交给农户、联合体、小组或村集体，收取承包或租赁费，水利站的公共服务职能逐步弱化。

（三）经营权下放的工程产权制度

根据"谁建、谁管、谁有"的原则，采取股份合作、拍卖、承包以及建立水利建设基金等多种形式，结合产权制度、经营机制、管理体制等三个方面进行试点和推广（张岳，2008 年）。按照"谁投资、谁建设、谁所有、谁管理、谁受益"的原则，鼓励单位和个人兴修农田水利，吸引了农民和社会力量增加农田水利投入，参与灌溉工程管理和设施修整。

这一时期，虽然在灌溉管理机构"政事分开"、"事企分开"、灌区企业化改制、基层水利管理服务体系建设、农田水利建设权和经营权市场化改革等措施推动下，管理体制改革不断深化，但是，乡村公共事务实现"乡统筹、村提留"的集体筹资供给制度，大部分农田水利工程所有权仍然集中在国家或乡村集体，只有少量民办水利工程设施归投资者所有，且因其依附的土地产权村集体所有制决定了其产权强度较弱，具有明显的集体所有的附属性。管理方面，农田水利管理组织制度依旧沿袭计划经济时期的行政管控做法，加上水利站的双重功能定位——既是行政事业机构性质，又被赋予农田水利工程的经营管理实体性质，造成水利站依靠"双重身份"既行使灌溉工程管理权，又行使灌溉水费收取权，导致灌溉管理过程中具有显著的行政化倾向。因此，该时期的农田水利建设管理制度可以称为行政管控型供给体制。

（四）管护经费农民分摊制度

自 1985 年国务院颁布《水利工程水费核定、计收和管理办法》明确规定凡水利工程都应实行有偿供水，水费收入成为水利工程管理单位的主要经费来源。水管单位采取水管单位事业费的形式开始征收农业水费；供水工程运行管理、维修改造费均由农业水费和多种经营收入解决。同年颁布的《关于加强农田水利设施管理工作的报告》进一步指出，对农田水利工程的大修、更新改造、除险保安和新建工程所需资金，主要由受益单位或个人按受益面积合理负担，国家根据工程规模和群众负担的能力，给以适当补助。1990 年，《水利工程税费核订、计收和管理办法》进一步明确，农业水费转变为经营性收费项目，农业用水量化征收（商品化）政策从此走向制度化。

三、自主参与型供给时期制度建设成效与问题

农村税费体制改革，"两工"取消和乡村行政组织的退出，从组织管理和经济投入两个方面影响农田水利，"农民用水者协会"的诞生和"一事一议"财政奖补制度的实施，彻底地改变了以往农田水利的供给模式，逐步发展为政府利益激励＋基层组织监管＋农民自主供给的自主参与型供给制度，即政府制定小型农田水利财政奖补或以奖代补政策条例，县乡村基层组织统筹审批农户或村社的小型农田水利建设方案，对通过县乡村基层组织负责检查验收合格的农户和村社自主供给的小型农田水利给予财政奖补或以奖代补，以此引导村社和农户参与农田水利基础设施的运营管护。主要体现在以下几个方面：

（一）"一事一议"财政奖补投入体制

政府投入为主导、财政奖补为手段、农民自愿投入为基础、其他社会投入为补充的多元化投入相结合的"民办公助"式的农田水利建设投入体制逐步建立。在农村税费改革和水利产业化改革推动下，2002 年和 2003 年关于农村税费改革试点政策，促使村民"一事一议"筹资筹劳投入制度和"一事一议"财政奖补制度建立并不断完善，"一事一议"的议事程序、议事范围和上限标准逐步规范。2005 年中央 1 号文件和《关于建立农田水利建设新机制的意见》提出，政府设立农田水利设施建设补助专项资金大力支持民投、民建、民营工程。按照"谁受益、谁负担"和"谁投入、谁所有"的原则，采取民办水利项目实行多筹多补，以奖代补等方式；并明确项目实施主体可以是农户、农村集体经济组织，也可以是农民联合体或其他农民专业合作组织，采取项目管理或"以奖代补"的方式予以补助。建立起国家、集体、个人、社会力量等多元化投入相结合的"民办公助"式的农田水利建设投入机制。建设投入制度逐步由乡村集体以共同生产费方式和"两个"筹资筹劳的投入制度转变为"一事一议"筹资筹劳投入制度和财政奖补制度相结合的"民办公助"建设投入制度，投入主体由村集体转变为私人、农民用水合作组织，为农田水利建设走向自治化奠定了制度基础。

（二）"管养分离"的管理体制

2003 年，启动了以经营权社会化推进管护责任社会化的管理体制建设工作，探索形成了依据工程类型和产权归属，以产权持有人、农民合作组织为主的多元化管理体制。在 2003 年国务院办公厅转发的《国家水利工程管理体制

改革实施意见》和 2005 年水利部《关于建立农田水利建设新机制的意见》基础上，小型农田水利工程通过私有化、股份化和企业化改革，村级工程设施下放给村民组织负责管理。对于联户或自然村跨村或跨乡的小型农村水利工程，按照受益范围组建用水合作组织，协商解决出工、出资及水费计收等事务。

（三）自主合作的组织制度

为弥补农村税费改革造成的农田水利建设、管理主体缺位问题，该时期主要从"一事一议"自主合作供给制度和农民用水合作组织建设两个方面，建立和完善基层水利组织管理制度。该制度不仅成为乡村组织统筹"两个"兴修水利制度的替代，还成为农村基层民主政治制度建设的内容，促成了中国农田水利基层管理组织改革的一次飞跃。

2005 年 7 月，国家发改委等五部委联合出台《关于建立农田水利建设新机制的意见》，从建管主体和投资领域两个方面调整政策方向：一方面完善村级"一事一议"筹资筹劳政策，以政府安排补助资金为引导，以农民自愿出资出劳为主体，建立"民办公助"的农田水利筹资筹劳制度，并将财政支持补助对象在原来的农户、专业合作组织基础上，增加了半行政性质的村组集体，希望以此增加组织农民参与农田水利建设管理的社会组织能力。另一方面，国家将政府支持重点转向"水源、骨干工程和田间配套工程建设"，强调水利措施要与农业措施相结合。

为了提高民主参与意愿和农民组织化水平，2005 年国家将组建农户用水协会置于农田水利改革的重要位置，大力支持农民用水合作组织发展。2005 年 10 月，民政部、水利部、国家发改委联合下发了《关于加强农民用水户协会建设的意见》，将农民用水户协会的职责设定为"谋求农民用水户协会管理的灌排设施发挥最大效益，组织用水户建设、改造和维护其管理的灌排工程"，明确其目标和任务，将组织农民用水户协会置于农田水利改革的重要位置。同时，明确对于联户或自然村兴建的小型农村水利工程，成立用水合作小组，协商解决出工、出资及水费计收等事务。2010 年，国家进一步明确提出要"推广农民用水户参与灌溉模式，加大财政对农民用水合作组织的扶持力度"，以提高其组织农民、服务农民的自主合作治理能力。

主要做法是建立"供水公司＋用水户协会＋农民"的参与式灌溉管理体制，灌区水管单位定性为准公益性单位，灌溉服务部门定性为准公益性企业单位。灌溉供水机构企业化改制组建灌溉供水公司，负责支渠以上的水库、泵站等水源工程和骨干水利工程的运营管护；农民以所在渠系为单位组建用水户协会，负责支渠以下输配水工程的运行管护，负责辖区内用水秩序制度建设、执行和水费收缴。这在一定程度上调动了农民参与灌溉管理的积极性。"十五"期间，国家投入 136 亿元大型灌区节水改造专项资金，对全国 402 个大型灌区中的 255 个进行配套和改造。2005 年大型灌区节水改造项目评估结果显示，已改造的大型灌区，其严重病险和"卡脖子"问题基本解决，新增、恢复和改善灌溉面积 5 800 万亩，新增粮食生产能力 58 亿千克；灌溉水利用系数从 0.42 提高到 0.48，新增节水能力 70 亿立方米。2007 年粮食产量由 2003 年的 4.3 亿吨增长至 1999 年 5.1 吨。

（四）存在的问题

尽管用水户协会被普遍认为是一种有效的灌溉管理方式，但是其引入并不必然伴随着有效性，而是有赖于一系列条件和环境的。在农民及其合作组织行动能力极为有限，市场秩序尚不健全的条件下，完全由农民负担或者完全由市场负担的制度设计都会因权能与责任"平衡机制"失衡而失效。面对巨大的建设管理投资需求，农民合作组织和村集体主导的"一事一议"制度在实践中遭遇"事难议、议难决、决难行"问题，都因为组织动员能力和资源调配能力脆弱，难以担负起农田水利建设管理的沉重责任。国家投资不足，组织领导不到位，农田水利公益性的特点曾一度被忽视，忽略农田水利的基础作用，从而使农田水利缺乏有效的管理、监督和养护。在种种因素相互影响下，最终导致了农田水利改革发展陷入困境。

四、项目制时期制度建设成效与问题

国家从 2009 年开始加大对农田水利资金投入、项目整合、统筹推进工作的组织领导，形成了中央财政集中补助农田水利重点县建设、整体推进的农田水利供给制度。随着竞争立项、资金管理、项目管理和评估验收规则的不断完善，各种以项目管理为中心的政策、制度、法规、运作方式和技术监督手段迅速发展起来，从而逐步形成了"集中资金投入、连片配套改造、以县为单位整体推进"的"项目制"农田水利供给制度。制度建设在三个方面有所创新：

（一）中央主导的统筹投入体制基本形成

随着中央和地方政府投入主体责任的不断强化，各地农田水利投入已经基本形成了以中央财政为主体、各级财政分级负担、各部门共同参与的格局，推动了不同渠道农田水利建设资金的整合，形成了规模效益。通过建立中央和地方联动、多级财政分头筹集、水利部门统筹安排的农田水利县级项目整合平台和投入协调机制，促进了农田水利专项资金和工程项目的整合力度；同时建立经营者自筹与维修基金提留、财政奖补相结合的工程维修养护经费的筹集机制和工程管护经费使用机制。农田水利财政投入空前加大，对于保障资金的投向和使用效率产生了重要的推动作用，农田水利建设规模和供给结构得到不断改善。自 2005 年至 2012 年，中央财政小农水专项补助资金占总投资比例从 14.4％增加到 44.7％，地方财政投入比例也有所提高，农户自筹（含投劳折资）比例从 59.1% 降到 10.3%，极大地减轻了农民建设农田水利的负担。"集中投入、整合资金、竞争立项、连片推进"的建设投入模式基本形成，工程建设、制度建设和能力建设协同推进的投入体制逐步建立。

（二）民办公助激励措施不断扩容

建设和管护方面，坚持"先建机制、后建工程"的改革原则，各地把水价综合改革作为推进水利改革发展的突破口，推行小型水利工程"建、管、养、用"一体化改革，统筹整合农田水利设施建设补助专项资金（简称"小农水资金"）、水土保持补助资金、中央财政统筹从土地出让收益中计提的农田水利建设资金（简称"中央统筹资金"）等专项资金，完善"以奖代补、先建后补"政策支持力度。扩大村集体、种植大户、农民合作社等经营主体承建工程的内容和规模；落实工程设施管护主体、责任和经费；建立农田水利设施管护绩效考评机制，对管护效果好的经营主体或村社组织给予奖励。例如，河南省从省级层面落实工作责任和工作协调机制，落实改革主体责任，初步建立了工程建设、工程管护、用水管理、水价制定有机衔接的改革推进机制，创新实施了补贴定额内用水的提价部分补贴水管单位和农民用水户协会运行维护费用、用现金返还或水权回购的方式奖励农民定额内用水的节约部分等节水奖补方式，提高了农民参与改革的积极性。河南省先在 80 多个粮食主产区县（市）350 万亩耕地试点，后在全省全面铺开农业水价综合改革。

（三）"专群结合"基层水利服务网络基本建成

自从 2011 年国家加强基层水利服务体系建设以来，初步形成了水利机构垂直管理与农民自主"条块结合"的管理体制机制，通过构建起以乡镇水利站为纽带，农民用水合作组织、抗旱排涝专业服务队和村级水管员共同构成的基层水利管理服务网络，改变了"国家管不到，集体管不好，农民管不了"的被动局面。一方面，通过乡级基层水利服务机构统一管理、乡镇水利站和村级管护员集中管理等方式，明确相关主体的管护责任，形成了农业经营主体自主管护、政府购买公共服务管理、农民用水合作组织管理、土地流转集中管理、"五位一体"综合管理等多种有效的管护模式。另一方面，通过水利工程有形资产的产权、工程占地的土地产权及水资源使用的水权"三权剥离，分类明晰"等多种方式，明晰工程产权，界定管理权、明确使用权、搞活经营权，落实管护主体和管护责任，有效解决了所有者、使用者、管护者主体缺位、权责交叉混淆问题，既保障投资主体的权益，也落实了工程的管护主体，保障了工程的安全运行和效益正常发挥。

（四）存在的问题

项目制联合供给制度运行中也出现了一些问题：

（1）项目法人制的主要问题。一是农村矛盾协调难。由水利部门直接实施的一些项目，村民不配合，施工进场都很困难，临时占地和工程用地等事很难协调。二是项目管理费用高，准备过程长。公开招标会发生招标管理费、代理费、审核费、公证费等费用。招标的过程一般较长，有时由于项目分散、协调难度大、投资标准低等原因，甚至发生流标，所需招标时间就更长。

（2）工程实施缺乏监管问题。由于采取项目制，规定农田水利建设实行"四制"模式（项目法人责任制、招标投标制、建设监理制和合同管理制 4 项工程管理制度），大部分农民成为旁观者，几乎没有机会参与施工单位选取、施工质量监督、工程进度、资金使用等，农民认为农田水利建设国家会大包大揽，无形之中影响了群众参与的积极性和主动性，在某种程度上助长了群众等、靠、要的思想，不仅事不关己、高高挂起，而且往往因施工中工程占地、青苗补偿、材料运输等问题引发矛盾纠纷。

（3）"民办公助"存在的主要问题。由于村级组织缺乏专业技术，可能把关不严，使不具有资质的施工队伍进入建设项目；由于采用议标方式，如果村民监督不严，会有一定的资金风险。

（4）各地改革进展不平衡，"先建机制、后建工程"的要求尚未全面落实等。这就导致部分地区农田灌排效率、灌溉面积和用水效益确实取得了不错的成效，但其稳定性和持续性参差不齐，一些地区成功的经验做法尚难以规范化推广，难以上升为可资借鉴的经验性理论。尽管全国各地农田水利投入和工作力度不断加大，但相当多地区的农田水利供给绩效改善不大。

第三节　制度建设经验与困境

一、人水和谐共生的治水理念逐步确立

经过 70 余年的改革探索，国家在治水方针上实现了历史性的转型：农田水利发展思路由工程水利向资源水利、从传统水利向生态水利转变，逐步确立了人水和谐共生的治水理念。以 1996 年国务院印发《关于进一步加强农田水利基本建设的通知》为标志，基于对传统水利治理思路的反思和实践探索，农田水利的治理理念逐步形成：工作重点在继续做好防洪抗旱、防灾减灾的同时，开始向农业节水、提高农业用水效率和效益转变，把解决农业节水、灌溉工程节水改造、防治水污染放到重要地位，实行山、水、田、林、路统一规划和综合治理，增加对以农田水利为主的农业基础设施建设的投入，出台一系列灌区节水、水库更新改造和完善配套的支持政策。

特别是，随着"谁是生命之源、生态之基、生产之要"理念的深入人心，国家和社会逐步形成共识：水是基础性的自然资源，水是万物之母、生存之

本、文明之源，是生态环境系统的控制性要素，更是国民经济发展的战略性资源。在治水过程中要从人与自然和谐共生的角度来看问题，改变传统的以更好的工程体系来兴水之利、除水之害的治水思路，坚持人与自然是生命共同体，坚持按自然规律和社会规律办事，从改变自然征服自然转向调整人的行为和纠正人的错误行为，在尊重自然、顺应自然、保护自然中实现人水和谐共处。习近平总书记2014年3月14日在中央财经领导小组第五次会议上提出的"保障水安全，关键要转变治水思路"，按照"节水优先、空间均衡、系统治理、两手发力"方针治水，标志着新时代治水方针的确立。

在农田水利改革实践中，从观念、意识、措施等各方面都把节水放在了优先位置，按照"确有需要、生态安全、可以持续"的原则开展水利工程建设，强化水资源取、用、耗、排的全过程监管和水利行业监管，落实最严格的水资源保护制度；从增加供给管理转向更加重视需求管理，严格控制用水总量和提高用水效率；坚持空间均衡，以水定需，确定合理的经济社会发展结构和规模，确保人水和谐；坚持系统治理，把山水林田湖草当成一个生命共同体来对待，系统解决水资源短缺、水污染和水生态保护问题；坚持两手发力，发挥市场配置资源的决定性作用和更好地发挥政府作用，实现兴水利、除水害和水安全。

二、多元合作治水已成为社会共识

经过近40年的农田水利供给模式案例与实践效果的比较研究，国内外相关研究基本达成共识——农田水利有效供给需要政府社会协同合作。特别是，基于复杂适应性治理的相关研究表明，农田水利系统是一种非常容易受到人工支配和自然生态影响的开放型系统，容易受到不同治理体制、集体行动模式的影响而发生资源利用机制复杂化问题。农田水利供给作为一种资源的聚合及配置，不仅是治理问题，亦是权力的建构问题（韩鹏云，2012）；在一定的经济与技术条件下，其供给绩效并非单纯的技术性治理问题，而是一个人与自然关系、国家与社会关系的协调问题。农田水利有效供给和可持续发展问题的解决，必须立足其供给过程中所涉及的"社会面"和"生态面"问题，构建符合中国农田水利的现实社会制度环境与生态系统情境的制度改革方略。

从改革实践看，随着市场化改革的不断推进，从20世纪90年代开始，国家在强调水是一种有限的且应该是有价的宝贵资源和商品的同时，提出水是生命之源、生产之要、生态之基，体现了对水的社会属性、经济属性和自然属性的系统性认识，要综合运用行政、法律和市场化手段，发挥中央政府、地方政府、村社组织、农户和灌区（作为独立经营实体）五大利益主体节水、兴水、治水的主动性和积极性。行政管理方面，通过编制规划、制定标准、强化监督检查等手段，强化各级政府及主管部门的监管职责，实现最严的水资源管理制度和取水许可制度，实行总量控制的农业灌溉用水定额制度，针对水利工程体系中的薄弱环节，特别是防洪、供水、生态修复、信息化等方面的短板，健全工程完备和监管有力"两手抓，两手都要硬"的管理制度；建立五级"河湖水长制"，全面强化江河湖泊、水资源、水利工程、水土保持、水利资金、行政事务工作等方面的监管，强化政府宏观调控作用。市场化手段方面，注重发挥市场在资源配置中的决定性作用，积极探索水资源产权制度和水权交易市场制度，推行农业水价综合改革。社会参与机制方面，深化农田水利工程产权制度和水利基础设施管护制度改革，推行农田水利投融资体制、财税金融支持政策和农田水利基础设施保险制度改革，打造水利行业政府与市场、政府与社会以及上级政府与下级政府之间分工协作供给制度。

从中国农田水利改革路径演进方向来看，由行政集权型供给到行政管控型供给、到管理权责下放导向的参与式灌溉管理、再到政府授权的项目制联合供给，治理体系改革通过明晰所有权、放开建设权、搞活经营权，推进权责下放和社会化分权之后，进而明确政府的主体责任，建立各级政府支持农田水利发展的财政投入稳定增长机制，持续以产权制度改革和农业水价综合改革为抓手，激励、组织和引导农户和社会资金参与农田水利建设管理，并明确了构建政府、市场和社会有机结合、互促互补的农田水利多中心协同供给制度的基本改革方向。可以说，从改革的目标取向看，中国的农田水利供给制度正在朝着政府与社会协同治理的方向迈进，并取得了一定的进展。这不仅符合国际社会普遍倡导的多中心治理潮流，而且符合中国市场化改革和现代社会建设的需要。

三、"行政消解自治"倾向不容忽视

本书认为，在中国现行治理体制下，采取"分配型"的项目制农田水利供给模式，始终面临着权威体制与有效治理的巨大矛盾。首先，这与"项目制"治理理念和运作机制有关，项目制的过度行政化导致政府与社会分工协作的农田水利供给制度难以形成。在大规模农田水利建设中实行"项目法人责任制、招标投标制、建设监理制和合同管理制"工程管理制度，基层政府水利部门被赋予项目法人资格，通过农田水利建设规划的统一部署和财权事权的统一调配组织，构建起高度行政化的项目建设运行结构。这种具有较强的"自上而下"推进的制度创新方式以其力度大和全局性优势往往能快速见效，这种行政逻辑普遍化的供给模式具有一定效率。

但是，从长远看，它不仅以高昂的行政成本为代价，更抑制了乡村社会组织成长的节律和空间，抑制了乡村社会发育的活力。项目进村过程中利益分配不均所引起的农民阶层分化，造成了乡村共同体内部关系紧张，形成非均衡利益博弈困境①（江亚洲，2015），从某种程度上解构了乡村共同体②，出现"行政消解自治"③问题；而基于权力—利益网络关系形成的分利秩序不仅消解了进村项目的公共资源属性，而且强化了普通村民与乡村精英群体关系的内在张力，存在分裂乡村共同体的危险④（王海娟、贺雪峰，2015），破坏了乡村合作治水的社会基础。

项目制合同管理技术化、指标化和文本化，进一步弱化了项目直接受益者参与决策、执行和监督的行动空间。由于农民缺乏对公共事务的直接体验和合作参与机会，导致村民公共责任感、社会参与度、自我认同、自我管理、集体行动的动力机制难以生长，导致"政府干、农民看"，甚至政府投资建设而农民并"不买账"的问题大量出现，这不仅导致本就短缺的财力和人力资源的低效率利用，降低了水利投资的收益预期，而且损害了公众对政府主导项目的信任和支持，甚至"干涸了民心"，打击了农民兴水治水的积极性。

从农田水利供给的系统性要求来看，由于农田水利基础设施点多面广，实际情况繁杂，勘察设计往往很难面面俱到，在对项目区水源条件、地质地貌、管道高低走向、配套设施保障等信息理解不够深入的情况下，工程设计难免不够精准。基层政府官员基于政绩需要，往往以行政干预的方式异化进村项目的目标⑤，在"行政消解自治"方式的影响下，中标单位承建的部分项目不切合实际，容易形成半拉子工程或形象工程，由此造成施工单位重进度轻质量，招标建设工程施工监管、验收和移交走形式，作为直接管理者和使用者（乡村集体、农户、合作社等主体）对工程质量、技术标准、使用准则等资料信息一无所知。"中看不中用"的小农水工程，"投资数千万水利建成就报废"等问题可见一斑。

四、农民自主权保护制度缺失问题

无论是行政管控供给时期（20 世纪 80 年代至 21 世纪初）推行的农田水利经营权市场化的产权制度改革，还是自主化参与供给时期（2003—2009年），抑或是项目制供给时期（2010 年至今），都存在不同程度的资源配置不公平、农民自主发展权受侵害、被剥夺等农民自主权力保护不力问题。

① 王春光. 扶贫开发与村庄团结关系之研究［J］. 浙江社会科学，2014（3）.
② 江亚洲. "项目进村"过程中的非均衡利益博弈及其逻辑［J］. 山东行政学院学报，2015（3）.
③ 赵晓峰. "行政消解自治"：理解税改前后乡村治理性危机的一个视角［J］. 长白学刊，2011（1）.
④ 王海娟，贺雪峰. 资源下乡与分利秩序的形成［J］. 学习与探索，2015（2）.
⑤ 李祖佩. 项目制的基层解构及其研究拓展——基于某县涉农项目运作的实证分析［J］. 开放时代，2015（2）.

无论是"世界银行共识"倡导的私有化改制和引入市场化机制的社区共管[①]，还是国际灌溉排水协会提倡的参与式管理，产权改革实施方式基本按照世界银行推广的"市场化"模式进行，即把原来归属集体所有的水利设施交付企业经营和维护，并向用水农民征收水费。水利工程开发和管理引入资本化竞争机制。在农田水利基本建设方面，按照"谁投资、谁所有、谁建设、谁管理"的原则，由水利工程承包或租赁的业主通过开发来带动农田水利基本建设，产权市场化改革之后，甚至以市场运作的方式整合现有各类水利资产并结合融资改建配套设施。但是，各种水库、渠系等农田水利设施，原本是在集体化时期发动广大农民投工投劳修建起来的，把原本属于国家和农户的农田水利财产"部门化"（即工程所有权归属县乡政府、剩余控制权交给水利部门控制），进而通过承包、租赁、拍卖等方式实行私有化，引发了很多矛盾：一是水利部门以水利资源管理者身份，向农户收取各种费用，或者把相应设施以承包、拍卖等方式交付私人使用，行使经营权的工程业主更加关注短期利益，对水资源进行掠夺性使用，造成水资源的可持续性受到破坏；二是承包者短期行为严重，大多将水利设施改作渔业、生态观光、苗木花卉基地等用途，与农户用水之间产生巨大矛盾；承包者只承担有盈利空间的堰塘水面、水库等，并不运营管护水库相配套的沟渠等设施，导致输水渠系设施既无人承包，又无政府管理，破坏毁损严重，增加了农民用水的困难；水费急速增长超出农户的经济承受能力，出现了农户"用水贵、用水难"，处于水渠尾段的农户往往无水可用，凸显了水资源使用的不平等问题，造成了更大的贫富差距。[②]

财政资源分配型的农田水利"项目制"供给制度，则因"分利秩序"和资金配套筛选机制等问题，引发"垒大户"式的资源分配不公问题。在地方财政能力约束下，县级政府在分配小型农田水利设施项目资源时，对项目输入村庄和项目承接主体有着一套比较严格的筛选机制。相对而言，县级政府更青睐于将项目资源投向那些前期工作基础较为扎实、具有一定经济实力的村庄和农业经营大户或新型农业经营主体。在"项目制"的资金配套筛选机制约束下，传统小农户（散户）不仅对小型农田水利设施的投资意愿较低，也没有足够能力来负担县政府转嫁的"项目资金配套任务"等大额投资，使得散户成为项目资源分配过程中"被遗忘的大多数"[③]。

---

① 该模式强调用水者可以组成协会或实行某种股份制合作方式，通过社区共同参与监督，来改进水资源的管理。

② 郑风田，董筱丹，温铁军. 农村基础设施投资体制改革的"双重两难"［J］. 贵州社会科学，2010（7）.

③ 龚为纲，张谦. 国家干预与农业转型［J］. 开放时代，2016（5）

五、制度脱嵌诱致"制度内卷化"问题

正如本章第二节中所分析的——各项改革实践都在不同程度上存在着制度绩效不稳定性和非持久性问题。所以，尽管各地制度创新实践层出不穷，可谓是花样翻新，却始终难以形成可复制、可推广的制度模式，难以持续见效。特别是，目前政府加强主体责任和资源输入力度，强力推行的"项目制"并未能取得持续稳定的预期效果。

其原因在于，既有制度改革在不同程度上忽视了制度运行的经济社会条件和制度环境。具体而言，创设的制度安排在不同程度上脱嵌于地方水利治理传统、资源禀赋特性、经济社会基础和制度环境。农田水利供给制度建设的困境，在一定程度上是中国农村整体性公共政策困境的缩影，其逻辑困境在于现行的供给制度的治理结构缺乏社会参与、协同互动、信任互惠和督查问责。在社会发展规律和自然生态规律的现实制约下，造成制度的扭曲、低效甚至失灵。

以农田水利项目制供给模式为例，中央部委在项目"发包"时不仅要求地方政府进行配套投资，还要求地方主管部门对项目完成肩负连带责任（折晓叶等，2011）。县级政府将水利局、自然资源和规划局、农业综合开发办、发改委、扶贫办、财政局、林业局等诸多部门从相应条线拨付下来的项目资源进行"打包"集中投放到辖区内的少数村庄，既能完成配套任务，又能灵活规避项目的连带责任。由于项目"打包"只是做到了资金投放方向的集中，而并非实现了建立在资金统一预算、组织充分沟通协调、工程实施主体单一基础上的各部门之间的实质性合作，从而导致输入资源的总体配置效率问题，项目资金利用效率不高。而且，由于项目"打包"所导致的"扎堆"现象日渐普遍，这将导致项目资源输入在解决既有问题的同时，衍生出新的矛盾风险（李祖佩等，2016）[①]。

第四节　制度建设启示

一、治水利益协同是制度效率的前提

农田水利供给的行动者体系包括国家、基层政府、村社组织和农民等，其制度建构行为必然体现各自的利益、资源以及主观能动性，并受到社会网络中所能得到的结构和资源的帮助和限制。这里以农村税费改革前后的供给制度是

[①]　李祖佩，钟涨宝. 项目制实践与基层治理结构——基于中国南部 B 县的调查分析［J］. 中国农村经济，2016（8）.

否适应农民发展需求导致结果的差异来说明。农田水利供给制度建设目标要在政府与乡村社会在治水目标和共同利益协同的基础上，才能产生有效的激励效应。

20世纪90年代中期，产权改革形式由单纯的承包，扩展为承包、租赁、股份合作、拍卖等形式，下放小型水利工程建设权和使用权，以此来盘活水利资产。在管护投入上，实行"劳动积累工"制度，动员农民参与农田水利工程管护和灌溉管理；在组织管理上，建立健全基层水利管理机构（水利水保站），负责农田水利建设规划和技术服务；在工程管理上，灌溉专管机构实行分级管理的灌溉工程承包经营责任制；在供水管理上，实现供水商品化的灌溉水费制度。产权持有者在经营获利的同时承担起工程设施运行管护和配套建设的责任，很多毁损乃至濒临荒废的水利设施得以修复，存量资产得以盘活，田间灌溉系统能够维持正常运转。

作为鲜明对比的是，农业水费改革后的五六年间，由于农村取消"三提五统"和农业税，为农民提供了诸多外出务工的机会，非农收入快速增长，而农业收入增长有限，农民缺乏投资农田水利的积极性，地方政府也缺乏发展高效节水农业的内在机理和有效机制，一些地方甚至荒废了农田水利。相对而言，农业种植收益在价格"天花板"平稳、而成本"地板"攀升条件下，农业比较效益偏低，种植收入占农民收入的比重急剧下降，甚至"种一年地不如打一月工"，这就造成了农业及其灌溉投入的机会成本随着农田水利工程资本依赖度、灌溉用电支出和灌溉用工机会成本的提高而提高，无形中进一步抬高了农业灌溉投入的机会成本，极大地弱化了农民依赖灌溉增产增收的积极性，农民对农田水利设施的需求强度自然显著降低，甚至放弃灌溉，"靠天收"。

可以说，随着农业灌溉对农民收入增长贡献率的下降，农民对农田水利的需求和投入意愿随之下降，所以对一些不靠种地吃饭的农户而言，农田水利成为农民生产基础的"鸡肋"，农民缺乏农田水利投资的积极性，一家一户细碎化的土地，也不利于农田水利的发展。这在一定程度可以解释一些地方的农民对政府支持的农田水利建设项目兴趣不大，甚至表现出"无所谓"的态度。

二、"统分结合"供给决策机制决定着基层制度执行力

有序互动的组织协调制度是基层制度执行力的关键，在现有农田水利制度创新模式中，"统分结合"的农田水利股份合作制最具创新意义：一方面它在集体所有制前提下通过集体资产量化确权，实现了集体产权的明晰化，迎合了农民实实在在占有水利资产的愿望；另一方面又通过合股联营的"统一经营"制度为农田水利的规模化供给提供了有效实现形式，并很好地嵌合于现阶段农田水利的制度环境。因而，农田水利股份合作制是一种具有较好产权运行效率

的供给制度。

农村税费改革的推行，农民承担的"三提五统"被取消，家庭联产承包制变为完全的家庭承包经营制，集体经济组织的衰落、"空壳"化，"统一经营"的主体没有相应发展起来，导致农地分散经营与农田水利等基础设施集体供给之间的矛盾不断凸显。"统分结合"中集体提供水利设施的"统"的职能一度被悬置。

相对而言，农民用水合作组织运行困境的根源在于其缺乏权威性和系统性。一方面，没有规则系统和组织系统，农民及其组织的自主权利就缺乏必要的制度保障和有效的实现机制，导致农民组织对政府资源和政策的过度依赖，而成为"科层"化的行政附庸，农民用水组织更像是政府管理灌溉末级渠系的代理人，偏离了农民合作用水组织的初衷，阻碍了农民用水合作制度的顺利运行；另一方面，在现行行政化赋权体系下，农民用水组织对工程产权和水权并未有多大参与权和决策权，造成农民用水组织财产权利缺失。

农田水利经营制度作为农村基本经营制度的主要方面，应该从农民合作供给农田水利等公共产品的现实需求出发，改变农田水利资源"统"的主体虚置、"统"的内容空泛、"统"的机制缺失等问题，应该将"统分结合"水利经营制度作为农村基本经营制度的主要实现形式，赋予新型农业经营主体组织农民合作治水的法定权力，加快构建"农民用水协会""公司＋协会""农民综合合作""村社合一"等多种形式的"统分结合"经营制度及其实现机制，增强农村各类新型"统一经营"主体组织协调基层农田水利集体供给行为。

从"统"的主体看，应创新集体经济的组织形式，将一切可以提高农民组织化程度和提供社会化服务的所有组织纳入农村集体经济组织的范畴，比如，农民专业合作社、种养大户、家庭农场、农业企业、行业协会等新型农业经营主体，都属于集体经济组织。从"统"的内容看，既要重视新型集体经济组织的社会服务功能，还要重视其公共服务职能，做到"统一经营"与"统一服务"并重，培育农田水利等公共服务的新型组织实体，充分发挥农业用水户协会、种养大户、家庭农场、农业企业等组织盘活水利资产、利用水利资源、保障水体安全、改善水生态环境的组织服务功能，增强乡村社区自主供给农田水利的组织基础和行动能力，促进多主体分工基础上的、具有经营活力的、市场化的农田水利合作治理服务体系的形成。这在 2018 年 2 月出台的《深化农田水利改革的指导意见》中也有所体现。

三、乡村治理能力决定着制度建构的空间

社会组织可以为社会提供新的资源配置机制，在解决社会问题方面具有独特优势；可以弥补政府和市场的不足，有利于满足社会多样化需求。社会组织

有利于规范集体行动，增强集体行动达成合理目标的有效性。特别是，村庄自主性是村庄内各主体在一定条件下自主决定、合力实现村庄公共利益的能力。村庄自主性的强弱对农田水利供给和村庄公共治理的整体行动空间有重要影响。

现行农田水利项目制供给体制中，政府与乡村社会组织之间的分工不够明确，政府对村民自主供给"一事一议"制度干预过多，导致社会组织对政府依赖过多，农民自治对政府依赖过多，自治能力较为低下。整个项目制定和执行过程缺乏多层次的制度化渠道吸纳公众参与，缺乏促进供求信息匹配和利益相关主体的协商互动，缺乏有效的信息沟通、互惠信任、信息反馈机制。基层组织在农田水利供给中的缺位、越位和错位问题，项目制定过程中的水利需求整合、项目执行过程中对基层行政行为的有效监督和项目评估中的民意吸纳难以实现，政府投资决策者也难以动态掌握农田水利服务需求，难以了解公众对于公共服务的满意度。

特别是，项目制执行过程中村民"一事一议"投入参与的前置性制度，在基层政府选择性执行策略下，成为"形式化"的"签字"或"被代签"的过程，甚至没有与村庄"一事一议"合作治水发生任何互动，使得其成为单向度的资源输入形式，村民的主体地位被边缘化，甚至只是"旁观者"，导致农民参与农田水利项目建管的激情锐减，对当地得到政府支持发展的灌溉项目反应很"冷漠"乃至表现出嘲讽之态。显然，项目制供给制度提出的"先建机制、后建工程"的要求尚未全面落实。可以说，如何协调政府主导和农民参与的关系，尚需理论界和实践中很好地研究和解答。

四、有效嵌合的制度体系决定着制度运行绩效

农田水利供给可以归结为国家通过建立、引导、支持一系列制度规范，使得具有不同利益的社会群体（社会阶层）能够被整合起来，而这种利益整合一般都是以某种组织化的形式实现的。在深层次上，这种组织化模式——治理体系取决于以社会基本制度为核心的制度体系。农田水利是乡村经济、社会和政治的交汇点，其治理与发展不仅受三大基础水平状态的制约，而且受其协调性的制约。同样，农田水利的治理行动与效果会影响三大领域的运行与发展。

相较于其他时期，人民公社时期的农田水利集权供给制度取得了一定意义的成功，其根源来自于这一制度嵌入在高度集权、意识形态同质化及全能主义的宏观制度环境，并在这一制度环境中发挥资源整合优势，实现了有效运作。具体体现在四方面：其一，灌溉优先地位准确定位。这一时期党和政府对水利的公共物品属性和灌溉优先地位准确定位。国家全方位介入农田水利管理，建立起政府动员、全社会参与的集权型供给管理体制。其二，举全国之力调配建

设资源。政府依靠强大的政治动员力量，通过"一平二调"的资源调配措施，汇聚了大规模建设农田水利的人力物力财力，同时人民公社政社合一的集权模式，为动员广大农民所必需的政治、经济和文化资源提供了组织保障。国家投资达 763 亿元，社队自筹及劳动积累接近 580 亿元，形成了"公款举办、群众自办和政府贷款扶助"多元化农田水利建设投入保障体系。其三，强有力组织动员机制。人民公社时期，政府通过广播、报纸、标语、黑板报等媒体和样板戏、诗歌等文艺形式进行舆论引导，有效塑造了以集体主义为主的农村社会思想文化环境和思想意识形态，由此大大降低了农民的组织和管理成本，提高了农民参与集体劳动、建设公共设施的自觉性和积极性，为大规模组织农民参与农田水利建设提供了非正式制度激励。

当然，集权式供给制度中"一大二公"的产权制度、"一平二调"的资源配置方式、平均主义"工分制"分配制度等制度缺陷，导致农民缺乏生产自主权，农业生产力和农田水利发展活力受到极大压抑。尽管以生产队为基础的集体经济将农田水利建设与农业灌溉组织有机结合，农民大规模合作行为和专管与群管相结合的农田水利建设管理体制得以形成，但"干多干少一个样"的分配制度，导致农民的"出工不出力"，农田水利陷入低水平供求均衡状况。可见，制度是在复杂社会系统中形成与演化的，伴随着人对制度的选择以及制度对人的约束，人与制度是交互影响的。

第六章　农田水利供给绩效时空分异的制度分析

"纵有良法美意，非其人而行之，反成弊政；虽非良法，得贤才行之，亦救得一半。人、法皆善，治道成矣。"

——胡居仁（明初理学家）

农田水利在农业生产过程中发挥着不可忽略的作用，是粮食安全与农村地区经济发展的重要保障，同时也是现代农业发展、乡村振兴和生态文明建设的根本性支撑要素。新中国成立70余年来，中国农村进行了行政管控的统合型供给制、利益激励的自主参与型供给制、政府主导的项目制供给制等富有建设意义的制度改革，并通过各地的改革实践不断深化。然而，梳理国内外有关研究，不难发现现有研究成果对各项制度改革措施及其绩效的评价并不一致，甚至完全相左，其原因是什么？既有的供给制度改革措施对于农田水利供给绩效究竟发挥了怎样的作用？既有文献尚未给出一致的解答。

本书收集整理了我国31个省市区长达21年（1997—2017年）的相关面板数据，运用DEA窗口模型，从省际、区际和全国三个层面，对我国31个省市区农田水利供给绩效的时空分异状况进行分析；为客观评价农田水利供给绩效的可控性影响因素，进一步使用Tobit回归模型，实证分析了农田水利供给绩效的主要影响因素，并重点对比不同时期、不同区域农田水利供给绩效变化的制度性原因，科学评价农田水利供给绩效时空分异的内在成因，厘清农田水利供给中政府、市场、农户及民间组织的作用及其关系，为构建政府社会协同的农田水利供给制度提供实证支持。

第一节　指标选择与数据说明

一、农田水利供给绩效的衡量

从社会—生态系统分析的角度看，农田水利作为人工水利措施和自然水系中各子系统耦合互动的自适应复杂系统，具有鲜明的社会—生态系统特征。如图2-1所示，农田水利社会—生态系统具体包括四个子系统：一是水利资源系统，即渠首枢纽工程、泵站、机井、各级渠沟或管道等具有引水、提水、输水、配水、排水等功能的灌排设施构成水利资源系统；二是资源单位，包括包括乡村河流、湖泊、水库、坑塘、湿地、地下水等水利资源单元；三是治理系统，包括各级政府机构、农民组织及非政府组织等农田水利治理主体、相关的政策与规则及其制定与实施的方式；四是使用者，涉及以农户为主的以生产经营、商业服务等为目的的各类使用农田水利资源的利益主体。其中，资源系统和资源单元属于农田水利社会生态系统的"生态面"的子系统，治理系统和使用者则属于"社会面"的子系统。

（一）"生态面"绩效指标

从"生态面"来看，水是生态环境系统的控制性要素，农田水利与生态环境的其他诸要素，共同构成自然生态系统。地球上的水处于不断循环状态，通过降雨、洪水、地下水、土壤水、地表水等形态，作用于农田水利资源系统和资源单元。由于地表水以流域为单元，地表水循环也可以视为流域水循环系统。流域水循环系统是自然生态环境系统的有机组织部分，流域水循环系统与自然生态环境系统相互耦合的部分，可以成为自然水生态系统。农田水利资源系统和资源单位是在多种时空尺度下相互作用的复杂系统，它是非线性的、多源流的平行结构。仅就输水资源系统来讲，输水过程可分为四个明显不同的资源部分——生产、分配、提取和使用。例如，在河流上构筑拦水坝，决定着对水资源的生产，大坝就是农田水利系统的生产资源。水单元可通过渠道从生产资源分配到灌溉地区，渠道则是分配资源；在灌溉地区，可从当地沟渠、蓄水池、堰塘、泵站或者机井提取水，这些物理设施称为提取资源，被提取的水用于灌溉田地里的作物，田地和作物一起构成使用资源。

（二）"社会面"绩效指标

从"社会面"来看，农田水利作为人类工程措施与生态环境系统相互耦合的复杂系统，其持续发展有赖于人类借助人工和技术措施来控制、调节、疏导、开发、管理和保护，而且与生产、生活活动所创造的以水为载体的水利工程、水利文化、物质文明、乡土传统、社会制度、政治体制等存在密切关系。其中，农田水利治理系统主要涉及提取和提供两大类问题。

就提供而言，要创造资源、维持和提高资源生产力或者避免资源遭到破坏，农田水利基础设施的状态和资源存量是问题的关键。因而，要结合资源设施的提供成本及受益者的范围考虑资源设施的最优规模与生产性质，其核心问题是提供者从事两类活动的行为激励：一类是需求角度的提供，即在现有农田水利资源存量中通过改变提供活动来改变资源的生产力，比如采用节水灌溉设施替代大水漫灌；另一类是供给角度的提供，即为提供或维持水利资源而奉献资源，比如通过修建蓄水设施、维护灌溉渠道设施，增加水资源保有量。

这就产生三个供给绩效评价指标。一是节水效益，由于各地采用节水灌溉设施所产生的效益缺乏统计数据，用节水灌溉面积占有效灌溉面积的比重作为一种节水效益不失为一种可行的衡量指标。二是灌溉供水效益，修建蓄水设施、维护灌溉渠道设施等提供行为的目标是提高耕地有效灌溉面积和灌溉水有效利用系数，在灌溉水有效利用系数缺乏年度数据的情况下，可以用耕地有效灌溉面积占耕地面积的比重来反映。三是抗灾减灾绩效，对于农田水利资源系统而言，能否在遇到严重干旱和洪涝灾害时保持农田的生态恢复力，保障旱涝年份农业生产活动有序进行，减少农作物因受灾减产。因此，农作物受灾面积和成灾面积可以作为农田水利供给的逆向绩效指标。

就提取而言，要实现不同时空与不同技术条件下水资源的有效率提取，各类灌溉设施所能提供的水资源流量是关键。如果农田灌溉的收益与生产该收益所需要的工程建设与维护投入之间的生产关系是固定的，要排除潜在搭便车受益者并分配具有竞争性的水资源流量，可以通过提取量、提取方式与产出分配等事项达成协议。由此可以用两个指标来反映供给绩效：一是农户务农收入占家庭收入的比重，二是农户固定资产投资占农田水利投入的比重。

当然，农田水利系统的各子系统存在较强的相互依存关系，人们所遇到的提供与提取问题常常是嵌套（交织）在一起的，即农田水利提取和提供问题往往是交互影响的，农田水利资源单元或资源系统提供问题解决得如何，直接影响着提取问题的性质；反过来其提取问题解决得如何也影响着提供问题的解决。这就是农田水利功效的发挥存在"三分建、七分管"规律的内在原理。因而，政府水利部门的重视程度和农民管理参与度，共同影响农田水利系统的提供状况。

农田水利供给绩效不仅体现在对农业生产的支撑功能，需要从灌溉供水效率、农业产出效益角度来衡量，而且体现在防洪安全、用水安全和生态服务功能，需要从水旱灾害防御能力角度来测度。因此，农田水利供给绩效取决于农田水利治理系统的社会（治水）恢复力与农田水利资源系统的水生态恢复力的有序互动、相互适应。

二、指标选取

（一）数据包络模型指标

农田水利供给绩效高低是一定经济技术条件下相关要素投入数量和投入结构合理配置的结果。要客观评价农田水利供给绩效时空差异，应采用长时段、大样本、一致性的序列统计数据，以提高研究对象之间的投入产出指标的可比性。进而，采用较为适用的方法，控制外生因素的影响，考察不同条件下农田水利供给绩效的时空分异，借此方能得出可比、可靠和可信的绩效测度结果。根据本书的理论假设和相关研究经验，此处选取农林水事务支出（亿元）、农业排灌动力机械（万千瓦）、除涝面积（千公顷）、农业从业人员（万人）等四个指标作为投入变量；选取农业总产值（亿元）为产出变量，受灾面积（千公顷）、农作物成灾绝收面积（千公顷）两个指标为非期望产出。

（二）影响因素指标

总结现有研究关于农田水利供给绩效影响因素的指标选取，发现学者普遍认可经济水平、农村人均收入状况、农业生产状况、城市化水平等因素对农田水利供给绩效的作用。在此基础上，本书主要选取了一些影响因素指标：人均GDP（元/人）（X_1）、农村居民人均收入（元/人）（X_2）、农业总产值/GDP（%）（X_3）、粮食播种面积/农作物总面积（%）（X_4）、粮食产量/农作物总产量（%）（X_5）、农业排灌机械动力/农业机械总动力（%）（X_6）、水库库容量/耕地面积（亿立方米/千公顷）（X_7）、城市化水平（%）（X_8）、中央投资/水利总投资（%）（X_9）、财政支出/财政收入（%）（X_{10}）等10个变量作为环境变量。

三、资料来源

（一）农田水利供给绩效数据

为保障样本点投入产出指标统计口径一致性、数据连续性和数据可得性，本书将研究样本数据的年份选定为1997—2017年。此外，文中所用数据均来自于《中国水利统计年鉴》《中国统计年鉴》《中国农业统计年鉴》以及中国国家统计局官网。

（二）影响因素数据

研究对象为中国的29个省份（上海、西藏的数据缺失较多，为不影响分析结果，剔除这两个省份面板数据）。在此，对个别指标和个别数据的获取作出如下解释：因变量 Y 选用前面DEA面板模型所计算得出的绩效值。由于2013年统计口径的变化，农村居民人均收入水平1997—2012年用农民人均纯收入表示，2013—2017年用人均可支配收入表示。城市化水平用各省份年末城镇人口数占年末常住人口数的比重来表示。各影响因素变量的统计性描述见表6-1。

表6-1 影响因素的描述性统计

指标类别	具体指标	平均值	标准差	最小值	最大值
效率值	Y	0.841 030 7	0.153 291 4	0.541 882	1
影响因素	X_1	26 352.14	22 731.01	2 250	128 994
	X_2	8 813.203	12 823.85	1 185.07	89 705.2
	X_3	0.125 716 6	0.067 771 7	0.004 6	0.563 8
	X_4	0.669 362 6	0.117 979	0.328 1	0.958 5
	X_5	0.395 737 6	0.166 807 7	0.008 5	0.860 8

（续）

指标类别	具体指标	平均值	标准差	最小值	最大值
	X_6	0.144 729 9	0.066 456 6	0.021 8	0.357 3
	X_7	0.085 456 8	0.105 080 2	0.006 7	0.630 1
影响因素	X_8	0.434 862 6	0.169 822 7	0.130 8	0.865 2
	X_9	0.357 401 8	0.232 797 4	0	1
	X_{10}	2.198 207	0.884 375 7	0.892 8	6.744 7

第二节 评价模型构建

一、DEA 窗口模型

绩效是从投入与产出的对比关系视角评价组织运行效果或效率的。在输入和输出变量为一对一或多对一的情况下，采用成本收益分析法、层次分析法和线性规划法来测评绩效即可奏效。然而，对于输入与输出变量为多对多的项目评价，上述方法就面临输入和输出变量匹配度、量纲一致性、指标权重客观性和模型择优等一系列问题。21 世纪初，一些研究者发现，从"相对效率"概念发展起来的数据包络分析方法（Data Envelopment Analysis，DEA），是解决此类问题的较好方法。在诸多数据包络分析模型中，近年来开发的 DEA 窗口模型由于能测算出纵向和横向皆可比的各决策单元相对效率水平，受到研究者的青睐。

DEA 窗口模型克服了一般数据包络分析模型（DEA）存在的缺点，主要是利用移动平均的方法来考察决策单元的效率随时间变动的情况。DEA 窗口模型的基本思想是从动态角度出发，首先确定窗口的长度（即窗口内包含的时间段数）和每个时间段的长度，进而，将每一时间段内的同一决策单元（Decision Making Unit，DMU）视为不同的决策单元来处理，从而增加了受评价的 DMU 数量，并将同一决策单元在不同时期视为不同的 DMU，然后收集每个时间段内决策单元的输入输出值。通过类似于统计学的滑动平均法选定不同的参考集来评价 DMU 的相对效率，从横向（一个 DMU 处于不同时段）、纵向（同一时段的不同 DMU）、整体（处于不同时段的不同 DMU）上得出相对效率的变化情况。假设有 n 个决策单元 DMU_i（$1 \leqslant i \leqslant n$），每一个 DMU_i 有 m 项输入和 s 项输出，则第 j 个决策单元 DMU_j，分别以 x_{ij}、y_{rj} 表示 DMU_j 对第 i 种输入的投入量、对第 r 种输出的输出量。

假定在 T 个时期内有 N 个 DMU，而每个 DMU 均有 m 和 n 种投入和产出。当时期为 T（$1 \leqslant t \leqslant T$），视窗宽度为 ω 时，投入和产出向量分别为 $\boldsymbol{X}_j^t = (x_{1j}^t, x_{2j}^t, \cdots, x_{mj}^t)^T$ 为多指标输入向量，$\boldsymbol{Y}_j^t = (y_{1j}^t, y_{2j}^t, \cdots, y_{nj}^t)^T$ 为多指

标输出向量，$j = 1, 2, \cdots, N$，t 至 $t + \omega - 1$ 时期构成第 t 个窗口，类似的 $t +$ 1 至 $t + \omega$ 则构成第 t 个窗口。在规模收益不变（CRS）时，对于特定的 DMU_{j0}^t，θ 为规划目标值，即为 DMU 的效率值，介于 0 和 1 之间，越接近于 1 表示 DMU 效率越高。λ_j（$j = 1, 2, \cdots, n$）是决策变量 DMU_j 的投入项与产出项的加权组合系数。其技术效率值（Technical Efficiency，用 θ_{TE} 表示）可以由下式计算：

$$\min \theta_0 = \theta_0'(U_{j0}^t, V_{j0}^t)$$

$$\text{s. t} \begin{cases} \sum_{j=1}^{N} \lambda_j^t U_j^t \leqslant \theta_0 U_{j0}^t \\ \sum_{j=1}^{N} \lambda_j^t V_j^t \geqslant V_{j0}^t \end{cases}$$

在上式中加入 $\sum_{j=1}^{N} \lambda_j^i = 1$ 时，即得到规模报酬可变时的纯技术效率值（Pure Technical Efficiency，用 θ_{PTE} 表示），此时 DMU 的 θ_{PTE} 仅为不考虑规模效率的技术效率。同时，根据规模报酬不变的技术效率值和规模报酬可变的纯技术效率可计算出相应的规模效率（Scale Efficiency，用 θ_{SE} 表示）：

$$\theta_{SE} = \frac{\theta_{TE}}{\theta_{PTE}}$$

本研究中，用于分析的决策单元为全国 31 个省域，故 $n = 31$，各省数据覆盖了 1997—2017 年。用 θ_{TE} 测度被评价的 DMU 的产出与固定规模报酬生产前沿面之间的距离，反映某地农田水利供给的综合效率水平，即要素投入规模大小是否适度及技术是否得到充分运用；θ_{PTE} 测度被评价的 DMU 的产出与可变规模报酬生产前沿面之间的差距，反映某地农田水利供给的纯技术效率水平，即该地农田水利管理技术运用程度的体现；θ_{SE} 测度 DMU 的固定规模报酬生产前沿面与可变规模报酬生产前沿面之间的距离，反映规模是否适度，是否为最适度生产规模。借此，不仅可以分析各地市农田水利供给绩效时序变化及其原因，而且可以比较农田水利供给绩效区际差异的原因。

二、Tobit 回归模型

DEA 窗口模型测算出决策单元的效率值后，需进一步分析其受哪些因素影响及其影响程度。Tobit 模型克服了普通最小二乘法（OLS）的估计结果为有偏不一致的局限（Greene，1981），可以很好地解决大于 0 小于 1 的数据截取问题，适合对 DEA 窗口模型得出的效率值进行影响因素分析。因此，本书采用 DEA - Tobit 两阶段法来开展研究。具体模型如下：

$$y_{it} = x_{it}\beta + \alpha_i + \varepsilon_{it}$$

其中，y_{it} 为因变量，即效率值，x_{it} 为自变量，表示会对综合效率造成影响的变量，β 是系数向量，α_i 和 ε_{it} 服从正态分布且不相关。

三、研究假设

根据农田水利供给绩效影响的理论分析，我们先对影响因素可能与被解释变量之间存在的关系提出研究假设：

（1）人均 GDP，用来反映当地经济发达程度差异是否会影响该地区农田水利投资和投资效率。一个地方的人均 GDP 越高通常意味着该地的经济发展水平越高，农民较富裕就有较强的投资欲望及能力，投资农田水利以满足他们发展现代农业、拓宽增收渠道的需求。因而，预期其与农田水利供给绩效呈正相关。

（2）农村居民人均收入，用来反映当地农村居民富裕程度是否会影响农田水利的投资产出效率。理论预期该指标与农田水利供给绩效呈负相关。

（3）农业总产值占 GDP 比重，用来反映粮食主产区与非主产区对农田水利投资的重视程度及其对投资绩效的影响。理论预期农业总产值占 GDP 比重与农田水利供给绩效呈正相关。

（4）粮食播种面积占农作物总面积比重，用来反映当地农民发展农业生产的积极性及对农田水利投资的重视程度。播种面积占比越高，说明农民重视粮食生产，对农田水利建设管理的重视程度也较高。理论预期该指标与农田水利供给绩效呈正相关。

（5）粮食产量占农作物总产量的比重，反映当地农业非农化水平是否会影响农田水利的投资产出效率。粮食产量占比越高，说明农民对粮食生产依赖性越大，对农田水利建设管理的重视程度也较高。理论预期该指标与农田水利供给绩效呈正相关。

（6）农业排灌机械占农业机械总动力的比重，用来反映当地农民对农田水利投资的重视程度，以及农田水利机械化水平。农业灌排机械总动力占比越高说明农民对农田水利投资很重视，更愿意搞好农田水利建设。理论预期该指标与农田水利供给绩效呈正相关。

（7）水库库容量/耕地面积，表明当地水利资源禀赋条件。单位面积的水库库容量越大，表明该地区的水资源储蓄量较为丰富，越有利于农业生产。农户的生产积极性越高，反过来也会重视水库的维护与管理，农田水利供给绩效也就越高。理论预期该指标与农田水利供给绩效呈正相关。

（8）城市化水平，反映城市化率对农田水利建设管理投入的影响。城市化水平的提高扩大了农业人口的活动范围，使农户的生活、交流方式发生改变，更容易接受新技术和新生产方式，并将其运用到农业生产的各个环节，从而促使农田水利供给绩效提升。理论预期该指标与农田水利供给绩效的关系不确定。

（9）中央投资占水利总投资的比重，考察中央政府投入力度对整体性投入水平的影响。中央投资越多，其农田水利后期所需要的各种费用支出难题也就越少，农田水利供给绩效也就越高。理论预期该指标与农田水利供给绩效呈正相关。

（10）财政支出/财政收入，重在考量当地政府财政能力对农田水利投入及其绩效的影响。当政府的资金较为紧缺时，势必会利用有限的资金去投资经济效益更高、资金回报率更大的其他产业，对农业的重视程度难免会下降，农田水利供给绩效相对也会下降。理论预期该指标与农田水利供给绩效呈负相关。

（11）政策虚拟变量（1997—2003 年、2004—2009 年、2010—2017），以 1997—2003 年为基准，2004—2009 年为 W_1，2010—2017 年为 W_2。旨在说明不同时期的制度政策对农田水利投入力度及其产出水平的影响。理论预期制度与农田水利供给绩效相关关系有待实证。

（12）地区虚拟变量，以西部地区为基准，东部地区为 V_1，中部地区为 V_2。旨在比较不同地区的农田水利供给绩效是否存在差异。

第三节　绩效和影响因素测度

本书首先计算出全国 31 个省域 1997—2017 年间的农田水利输入和输出变量值；进而，将输入和输出变量值输入到 MaxDEA 7.0 Ultra 软件中，通过运行其中的窗口模型，测算出 21 年间全国 31 个省份在纵向和横向都可比较的农田水利供给绩效 DEA 窗口值，对全国农田水利供给绩效的时序变化特征和空间分异进行实证评价。结果见表 6-2（由于版面限制，本书将表 6-2 分为两部分展示）。

表 6-2（1）　　横向和纵向都可比的各省农田水利绩效值

年份	1997	1998	1999	2000	2001	2002	2003	2004	2005	2006	2007
北京	0.647 7	0.604 1	1	1	1	1	1	0.955 0	1	0.660 3	0.766 8
天津	0.952 5	1	1	0.907 3	1	0.942 5	0.946 4	0.951 3	1	0.979 6	0.894 5
河北	0.978 2	1	1	0.998 4	1	0.970 7	1	0.838 6	0.983 7	0.897 0	0.916 3
山西	0.555 2	0.607 7	0.571 9	0.586 3	0.522 7	0.592 7	0.760 1	0.612 4	0.563 7	0.526 5	0.540 5
内蒙古	0.643 7	0.636 3	0.652 4	0.609 1	0.615 6	0.621 6	0.579 2	0.592 3	0.648 0	0.632 1	0.685 2
辽宁	0.836 6	1	0.969 1	0.762 0	0.865 4	0.868 7	0.809 3	0.793 6	0.847 0	0.760 2	0.857 0
吉林	0.755 3	0.838 9	0.934 4	0.651 7	0.867 8	0.853 2	0.894 6	0.817 2	0.809 5	0.781 2	0.822 6

（续）

年份	1997	1998	1999	2000	2001	2002	2003	2004	2005	2006	2007
黑龙江	0.845 5	0.660 9	0.874 0	0.587 8	0.620 2	0.619 5	0.563 1	0.687 0	0.737 5	0.692 9	0.963 2
上海	1	1	1	1	1	1	1	1	1	1	1
江苏	1	0.986 6	1	0.933 7	1	1	0.772 9	1	0.940 3	0.932 4	1
浙江	0.791 0	0.814 9	1	0.962 7	0.977 6	0.935 5	0.988 2	0.778 2	0.847 1	0.756 8	0.801 1
安徽	0.950 2	0.772 2	0.833 8	0.748 6	0.794 5	0.897 2	0.736 7	0.988 1	0.698 0	0.701 2	0.735 2
福建	1	1	1	1	1	1	1	1	1	1	1
江西	0.857 3	0.648 6	0.933 1	0.803 0	0.870 1	0.759 4	0.706 0	0.690 0	0.683 4	0.576 1	0.626 9
山东	0.776 8	1	1	0.926 3	0.944 6	0.919 5	1	1	1	1	1
河南	1	1	1	0.925 6	1	1	1	1	1	1	1
湖北	1	0.919 4	0.896 5	0.825 9	0.921 5	0.778 0	1	0.919 2	0.867 7	0.782 8	0.838 4
湖南	0.593 2	0.541 2	0.879 3	0.942 4	0.817 5	0.670 4	0.761 2	0.818 3	0.773 0	0.605 1	0.787 0
广东	0.958 6	1	1	0.879 8	0.884 2	1	0.864 8	1	0.787 6	1	
广西	0.946 4	0.956 7	0.816 3	0.760 2	0.734 9	0.790 9	0.760 2	0.734 3	0.859 7	0.829 8	0.941 3
海南	1	1	1	1	1	1	1	1	1	1	1
重庆	1	1	0.943 0	0.802 1	0.732 4	0.675 2	0.750 0	0.675 2	0.914 8	0.536 4	0.717 2
四川	0.931 8	0.957 4	1	1	0.649 3	0.813 6	0.809 2	0.773 0	0.876 1	0.602 2	0.702 8
贵州	1	0.909 1	0.807 8	0.845 7	0.677 8	0.711 2	0.712 7	0.696 2	0.709 4	0.547 7	0.692 4
云南	0.735 9	0.805 6	0.755 0	0.814 8	0.695 4	0.789 7	0.764 8	0.785 1	0.733 9	0.749 1	0.776 1
西藏	1	1	1	1	1	1	1	1	1	1	0.736 0
陕西	0.578 8	0.663 5	0.642 1	0.622 5	0.555 2	0.634 0	0.632 1	0.628 6	0.643 5	0.584 6	0.616 7
甘肃	0.615 2	0.749 6	0.661 9	0.603 5	0.575 2	0.654 3	0.720 6	0.574 2	0.663 4	0.571 0	0.578 2
青海	0.602 1	0.694 3	0.560 8	0.522 9	0.539 2	0.558 6	0.581 9	0.553 4	0.677 6	0.524 7	0.604 3
宁夏	0.638 4	0.705 4	0.638 8	0.547 1	0.540 4	0.605 3	0.630 9	0.623 3	0.655 3	0.644 4	0.630 3
新疆	1	1	1	1	1	1	1	1	1	1	1
全国	0.844 8	0.853 9	0.882 9	0.828 6	0.819 1	0.824 1	0.834 8	0.817 7	0.843 0	0.763 3	0.813 9

表 6-2（2）　横向和纵向都可比的各省农田水利绩效值

年份	2008	2009	2010	2011	2012	2013	2014	2015	2016	2017	均值
北京	0.817 6	1	0.904 6	0.732 0	0.776 4	0.948 6	0.840 4	1	1	0.880 6	0.882 6
天津	0.799 2	0.886 5	1	1	0.725 8	1	1	1	0.797 0	0.942 0
河北	0.941 9	0.834 1	1	1	1	1	0.989 3	0.961 7	0.944 5	0.835 4	0.956 7
山西	0.523 0	0.591 9	0.637 6	0.607 9	0.594 1	0.628 9	0.610 3	0.601 1	0.622 4	0.532 9	0.590 0

（续）

年份	2008	2009	2010	2011	2012	2013	2014	2015	2016	2017	均值
内蒙古	0.749 9	0.684 5	0.645 7	0.659 7	0.653 4	0.758 4	0.731 4	0.658 9	0.644 4	0.653 3	0.655 0
辽宁	0.889 8	0.799 6	0.864 1	0.854 2	0.885 6	0.950 7	0.900 5	1	0.903 4	0.859 3	0.870 3
吉林	0.999 2	0.802 7	0.741 9	0.797 4	0.861 1	0.854 4	0.850 4	0.828 6	0.638 9	0.531 5	0.806 3
黑龙江	1	1	0.768 3	0.934 6	1	1	1	1	0.982 9	1	0.835 1
上海	1	1	1	1	1	1	1	1	1	1	1
江苏	1	1	1	1	1	1	1	1	1	1	0.979 3
浙江	0.816 7	0.849 7	1	0.835 4	0.798 4	0.960 5	0.937 6	0.881 1	0.910 3	0.865 3	0.881 3
安徽	0.760 9	0.788 7	0.720 4	0.779 7	0.710 5	0.711 6	0.784 4	0.720 9	0.724 7	0.762 7	0.777 2
福建	1	1	1	1	1	1	1	1	1	1	1
江西	0.582 3	0.596 3	0.594 7	0.572 4	0.592 9	0.594 6	0.575 7	0.619 3	0.641 9	0.635 8	0.674 3
山东	1	1	1	1	0.988 4	0.987 2	1	1	1	1	0.978 2
河南	1	1	1	1	1	1	1	1	1	1	0.996 5
湖北	0.962 1	0.958 9	1	1		0.965 8	0.968 2	0.902 3	0.872 6	0.945 3	0.920 2
湖南	0.806 6	0.794 9	0.924 7	0.999 3	1	0.971 4	0.941 3	0.952 9	0.937 6	0.780 2	0.823 7
广东	0.862 9	1		0.875 6	0.894 4	0.933 5	0.965 9	0.875 2	1	0.970 6	0.940 6
广西	0.886 2	0.838 1	0.859 9	0.923 1	0.890 8	1	1	1	1	1	0.882 3
海南	1	1	1	1	1	1	1	1	1	1	1
重庆	0.869 2	0.847 9	0.893 0	0.883 2	0.812 8	0.988 2	1	0.961 1	1	0.914 9	0.853 2
四川	0.820 2	0.878 6	0.877 2	0.857 1	0.849 1	0.903 2	0.867 7	0.903 7	1	1	0.860 6
贵州	0.592 4	0.602 4	0.593 3	0.514 9	0.625 6	0.731 8	0.854 5	0.916 0	1		0.749 6
云南	0.784 7	0.798 1	0.585 9	0.572 3	0.622 2	0.748 5	0.725 8	0.753 0	0.719 2	0.815 2	0.739 5
西藏	1	0.649 2	1	1	0.771 8	0.763 9	0.654 4	0.857 7	0.741 0	0.881 0	0.907 4
陕西	0.704 7	0.641 4	0.828 8	0.880 6	0.908 8	1	0.972 0	0.969 0	0.935 5	1	0.744 9
甘肃	0.590 2	0.594 6	0.677 5	0.649 0	0.667 4	0.739 6	0.695 1	0.680 8	0.625 6	0.587 3	0.641 6
青海	0.614 6	0.616 7	0.675 6	0.873 2	0.918 3	1		1		1	0.719 9
宁夏	0.716 2	0.722 6	0.827 0	0.766 4	0.739 5	0.755 9	0.734 4	0.816 4	0.744 9	0.786 3	0.689 0
新疆	1	1	1	1	1	1	1	1	1	1	1
全国	0.841 6	0.831 5	0.858 7	0.857 0	0.848 0	0.899 9	0.890 3	0.898 7	0.890 0	0.872 1	0.848 3

一、全国农田水利供给绩效时空分异

（一）全国三大区域农田水利供给绩效差异

考虑到经济发展程度和地理区位对农田水利运营效率可能存在的影响，本书将全国 31 个省份划分为东部地区、中部地区、西部地区三大地区，其中东部地区主要包括北京、福建、广东、海南、河北、江苏、辽宁、山东、上海、天津、浙江 11 个省份；中部地区包括安徽、河南、黑龙江、湖北、湖南、吉林、江西、山西 8 个省份；西部地区包括甘肃、广西、贵州、内蒙古、宁夏、青海、陕西、四川、西藏、新疆、云南、重庆 12 个省份。

表 6-3　全国各地区综合绩效效率值

年份	1997	1998	1999	2000	2001	2002	2003	2004	2005	2006	2007
东部地区	0.903 8	0.946 0	0.997 2	0.953 7	0.969 8	0.956 5	0.956 1	0.925 6	0.965 3	0.888 5	0.930 5
中部地区	0.819 6	0.748 6	0.865 3	0.758 9	0.801 3	0.771 3	0.802 7	0.816 5	0.766 6	0.708 2	0.789 2
西部地区	0.807 7	0.839 8	0.789 8	0.760 6	0.693 0	0.737 9	0.745 1	0.719 6	0.781 8	0.685 2	0.723 4

年份	2008	2009	2010	2011	2012	2013	2014	2015	2016	2017	均值
东部地区	0.920 7	0.942 7	0.979 0	0.936 1	0.915 4	0.980 1	0.966 7	0.974 4	0.978 0	0.928 0	0.948 3
中部地区	0.829 3	0.816 7	0.798 5	0.836 4	0.844 9	0.840 9	0.841 3	0.828 1	0.802 6	0.773 5	0.802 9
西部地区	0.777 4	0.739 5	0.788 6	0.798 3	0.788 3	0.865 8	0.852 9	0.876 4	0.867 5	0.886 5	0.786 9

从表 6-3 各地区农田水利供给绩效均值看，东部地区的绩效最高，其次是中部地区、西部地区。其中，东部地区的绩效均值为 0.948 3，21 年间绩效值在 0.88～1 之间频繁波动；中部地区的绩效均值为 0.802 9，21 年间绩效值在 0.70～0.85 之间波动；西部地区的绩效均值为 0.786 9，21 年间绩效值在 0.68～0.89 之间频繁震荡。

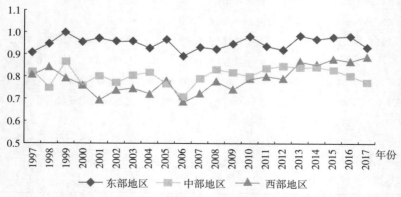

图 6-1　1997—2017 年全国东、中、西部地区综合绩效示意

由图 6-1 可清晰地看到，我国东、中、西三地区农田水利供给综合绩效值差距较大，东部地区综合绩效最高，远高于全国平均水平；中部地区次之，基本与全国平均值持平；西部地区综合绩效最低。具体走向上，东部地区综合

绩效波动震荡，基本维持稳定状态；中部地区综合绩效波动也较为频繁，整体发展情况有下跌倾向；西部地区综合绩效整体上呈现上升趋势，向好发展。

图 6-2 表示东、中、西三地区的纯技术效率。从具体趋势看，三大地区纯技术效率的差距十分明显。纯技术效率的整体变化趋势与图 6-1 反映的综合效率变化趋势十分接近，东部地区最高，中、西部地区技术效率在 2009 年以前情况不相上下，2010 年开始，中部地区技术效率值低于西部地区，且呈现出下滑趋势，西部地区则从 2010 年开始逐步向好。作为我国粮食主产区占较大比例的中部地区，由于其对农田水利基础设施的使用率过高、消耗过大，加之粮食作物经济效益低，导致农户对农田水利设施的管护积极性逐年下降，进而其技术效率值呈现出下滑趋势，甚至低于西部地区。西部地区由于气候条件、资源禀赋等因素的影响，使得其难以大规模进行粮食作物种植，故而另辟蹊径，立足于自身优势，进行特色经济作物种植，且经济效益较高，从而带动了农户对农田水利基础设施建设的积极性，加之政府的政策支持、财政扶持，使得其技术效率呈上升趋势。

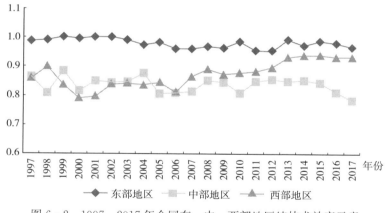

图 6-2　1997—2017 年全国东、中、西部地区纯技术效率示意

图 6-3 描绘了三大地区规模效率的变化趋势。该比值越大，说明决策单元的生产规模越接近最优生产规模。从数值上来看，东部地区最高，依次是中部地区、西部地区，但与技术效率值相比，整体数值均较高。结合图 6-1、图 6-2，不难发现，东部地区综合绩效值较高在于技术效率和规模效率都相对较高，中部地区的短板在于技术效率，西部地区的短板在于其技术效率和规模效率均存在一定的问题。

值得注意的是，东部地区各省的绩效并非始终都高，而是存在高低分化趋势，中部地区和西部地区的绩效则并非始终都低且波动向好，从而使得三大区域的绩效差异有缩小势头。比如，东部地区的 11 个省份中上海、江苏、福建、

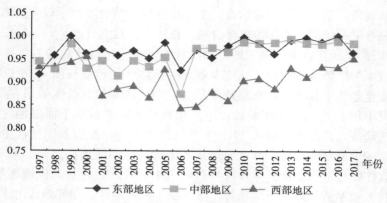

图 6-3　1997—2017 年全国东、中、西部地区规模效率示意

山东、海南五个省份的绩效基本长期处于 0.95 以上的 DEA 相对高效水平，其余省份的绩效波动较大，其中辽宁省的绩效值整体最低，均值为 0.870 3；地处中部地区的河南、湖北，获得了与东部地区相当的较高绩效（0.9 965、0.920 2）；地处西部地区的西藏、新疆绩效值不仅比同类地区平均绩效值高出约 0.2 左右，而且比东部地区的辽宁、浙江、中部地区的一些省份都要好。

结合上文可以发现，各地区农田水利供给绩效与其自然禀赋优劣和经济发展状况并不存在必然关系，即自然禀赋和经济发展水平虽然制约着地区农田水利的供给绩效，但并非决定因素。相反，政府有关部门的扶持与资金投入、社会力量的积极参与和农民积极的组织化参与等因素，则是各地农田水利供给绩效时空分异的决定性因素，而且三者的协同可以克服自然禀赋劣势及经济发展状况的制约，促进当地农田水利供给绩效的提升。

（二）全国农田水利供给绩效时序变化

由表 6-4 全国农田水利供给绩效值和图 6-4 的变化趋势可以看到，21 年间全国农田水利供给绩效呈现出先震荡下降、再波动停滞、末期逐步上升的趋势，绩效均值达到 0.848 3，总体处于 DEA 相对低效水平。具体而言，全国农田水利供给绩效大致经历了三个阶段，分别为：1997—2001 年震荡下降期、2002—2009 年波动停滞期、2010—2017 年逐步上升期，绩效均值分别为 0.845 9、0.821 2、0.876 8。

表 6-4　全国历年综合绩效、技术效率和规模效率值

年份	1997	1998	1999	2000	2001	2002	2003	2004	2005	2006	2007
综合效率值	0.844 8	0.853 9	0.882 9	0.828 7	0.819 3	0.824 1	0.834 8	0.817 7	0.843 0	0.763 3	0.813 9
技术效率值	0.905 3	0.907 3	0.906 4	0.869 5	0.883 0	0.897 8	0.895 3	0.894 8	0.883 9	0.864 3	0.885 4
规模效率值	0.930 2	0.940 6	0.972 5	0.950 4	0.925 4	0.917 5	0.931 9	0.913 8	0.954 1	0.881 0	0.922 8

（续）

年份	2008	2009	2010	2011	2012	2013	2014	2015	2016	2017	均值
综合效率值	0.841 6	0.831 5	0.858 7	0.857 0	0.848 0	0.899 9	0.890 3	0.898 7	0.890 0	0.872 1	0.848 3
技术效率值	0.907 3	0.896 8	0.897 8	0.898 9	0.905 8	0.931 1	0.928 3	0.931 3	0.916 6	0.905 2	0.900 6
规模效率值	0.929 5	0.929 3	0.957 7	0.954 1	0.938 6	0.967 8	0.960 0	0.965 4	0.971 5	0.964 3	0.941 8

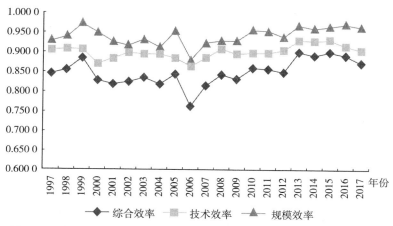

图 6-4　全国历年农田水利综合效率、技术效率和规模效率值变化趋势

二、各省份农田水利供给绩效时空分异

根据各个省份的绩效水平以及发展趋势，将其大致分为三类：持续高效、大幅波动且中等绩效水平、持续低效。绩效持续较高的省份主要分布在东部地区，且东部地区无绩效持续较低的省区；绩效持续较低的省份多数分布在西部地区；从绩效均值来看，东部地区最高，其后依次是中部地区、西部地区；从标准差和变异系数来看，无论是区域内离散程度还是地区间对比，东部地区省际差异最小、西部其次、中部最大，即中部地区省际的农田水利发展很不平衡（表 6-5、图 6-5）。

表 6-5　各地农田水利供给绩效变化的时空分布

分类	持续高效省区	大幅波动且中等绩效水平省区	持续低效省区	区域内效率均值、标准差、变异系数
东部地区	福建、天津、上海、江苏、山东、河北	北京、辽宁、广东、浙江、海南	—	0.8714、0.1064、0.1255

（续）

分类	持续高效省区	大幅波动且中等绩效水平省区	持续低效省区	区域内效率均值、标准差、变异系数
中部地区	河南、黑龙江	安徽、湖南、湖北	吉林、江西、山西	0.7433、0.1881、0.2531
西部地区	新疆、西藏、	重庆、青海、陕西、四川、广西	云南、宁夏、内蒙古、贵州、甘肃	0.6678、0.155、0.2287

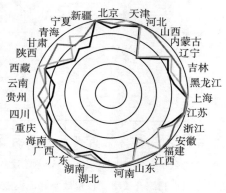

图 6-5　各省份效率分解雷达图

（一）各省份农田水利供给绩效状况

1. 各省农田水利供给绩效的总体水平

从表 6-6 各省农田水利供给绩效及其均值看，31 个省份的绩效水平按高低排序依次为：上海、福建、海南、新疆、河南、江苏、山东、河北、天津、广东、湖北、西藏、北京、广西、浙江、辽宁、四川、重庆、黑龙江、湖南、吉林、安徽、贵州、陕西、云南、青海、宁夏、江西、内蒙古、甘肃、山西。

表 6-6　全国各省份 1997—2017 年农田水利绩效

省份	综合效率	技术效率	规模效率	RTS
北京	0.882 569 667	0.935 485	0.944 597 476	Con
天津	0.942 018 095	1	0.942 018 095	Irs
河北	0.956 661 429	0.965 350 857	0.990 913 762	Irs
山西	0.589 978 905	0.607 581 381	0.971 749 619	Drs
内蒙古	0.655 001 048	0.690 724 952	0.948 442 619	Drs

（续）

省份	综合效率	技术效率	规模效率	RTS
辽宁	0.870 277 714	0.925 918 571	0.940 91	Drs
吉林	0.806 348 238	0.836 884 714	0.963 967 143	Drs
黑龙江	0.835 106 381	0.918 072 19	0.902 475 619	Drs
上海	1	1	1	Con
江苏	0.979 332 952	1	0.979 332 952	Con
浙江	0.881 339 524	0.935 494 857	0.941 989 762	Drs
安徽	0.777 154 381	0.794 010 762	0.978 745 048	Drs
福建	1	1	1	Con
江西	0.674 268 476	0.700 529 952	0.961 389 333	Drs
山东	0.978 229 286	1	0.978 229 286	Con
河南	0.996 459 095	1	0.996 459 095	Con
湖北	0.920 215 238	0.961 609 667	0.956 049 762	Drs
湖南	0.823 682 857	0.872 403 143	0.942 277 905	Drs
广东	0.940 626 429	0.998 640 571	0.941 984 714	Drs
广西	0.882 331 19	0.947 285 667	0.930 264 714	Drs
海南	1	1	1	Con
重庆	0.853 171 238	0.925 272 571	0.918 131 286	Drs
四川	0.860 586 429	0.981 730 905	0.874 693 714	Drs
贵州	0.749 562 81	0.797 317 19	0.940 297 667	Drs
云南	0.739 535 143	0.873 804 143	0.846 113 571	Drs
西藏	0.907 383 905	1	0.907 383 905	Irs
陕西	0.744 871 619	0.807 329 333	0.919 985 571	Drs
甘肃	0.641 616 619	0.678 182 238	0.945 797 048	Drs
青海	0.719 938 905	0.925 410 619	0.789 553 476	Irs
宁夏	0.689 005 857	0.838 535	0.842 515 143	Irs
新疆	1	1	1	Con

注：Drs 表示递减，Irs 表示递增，Con 表示不变。

其一，绩效较高的省区，依次是上海、福建、海南、新疆、河南、江苏、山东。这 7 个省至少有 95％以上的年份绩效值都在 0.9～1 之间，虽然其他个别年份的绩效波动较大，但总体绩效均值都在 0.96 之上，因而这 7 省总体处于 DEA 相对较高状态。特别是前五个省份的历年农田水利绩效指数都等于 1，总体处于绩效持续高效状态（表 6-7）。

表6-7 七个绩效持续较好的省份历年综合效率、技术效率和规模效率值

分类	省份	1997	1998	1999	2000	2001	2002	2003	2004	2005	2006	2007
综合效率	上海	1	1	1	1	1	1	1	1	1	1	1
	福建	1	1	1	1	1	1	1	1	1	1	1
	海南	1	1	1	1	1	1	1	1	1	1	1
	新疆	1	1	1	1	1	1	1	1	1	1	1
	河南	1	1	1	0.925 6	1	1	1	1	1	1	1
	江苏	1	0.986 6	1	0.933 7	1	1	0.772 9	1	0.940 2	0.932 4	1
	山东	0.78	1	1	0.926 3	0.944 5	0.919 5	1	1	1	1	1
技术效率	上海	1	1	1	1	1	1	1	1	1	1	1
	福建	1	1	1	1	1	1	1	1	1	1	1
	海南	1	1	1	1	1	1	1	1	1	1	1
	新疆	1	1	1	1	1	1	1	1	1	1	1
	河南	1	1	1	1	1	1	1	1	1	1	1
	江苏	1	1	1	1	1	1	1	1	1	1	1
	山东	1	1	1	1	1	1	1	1	1	1	1
规模效率	上海	1	1	1	1	1	1	1	1	1	1	1
	福建	1	1	1	1	1	1	1	1	1	1	1
	海南	1	1	1	1	1	1	1	1	1	1	1
	新疆	1	1	1	1	1	1	1	1	1	1	1
	河南	1	1	1	0.925 6	1	1	1	1	1	1	1
	江苏	1	0.986 6	1	0.933 7	1	1	0.772 9	1	0.940 2	0.932 4	1
	山东	0.78	1	1	0.926 3	0.944 5	0.919 5	1	1	1	1	1

分类	省份	2008	2009	2010	2011	2012	2013	2014	2015	2016	2017	均值
综合效率	上海	1	1	1	1	1	1	1	1	1	1	1
	福建	1	1	1	1	1	1	1	1	1	1	1
	海南	1	1	1	1	1	1	1	1	1	1	1
	新疆	1	1	1	1	1	1	1	1	1	1	1
	河南	1	1	1	1	1	1	1	1	1	1	0.996 4
	江苏	1	1	1	1	1	1	1	1	1	1	0.979 3
	山东	1	1	1	1	0.988 4	0.987 2	1	1	1	1	0.978 2
技术效率	上海	1	1	1	1	1	1	1	1	1	1	1
	福建	1	1	1	1	1	1	1	1	1	1	1
	海南	1	1	1	1	1	1	1	1	1	1	1

（续）

分类	省份	2008	2009	2010	2011	2012	2013	2014	2015	2016	2017	均值
技术效率	新疆	1	1	1	1	1	1	1	1	1	1	1
	河南	1	1	1	1	1	1	1	1	1	1	1
	江苏	1	1	1	1	1	1	1	1	1	1	1
	山东	1	1	1	1	1	1	1	1	1	1	1
规模效率	上海	1	1	1	1	1	1	1	1	1	1	1
	福建	1	1	1	1	1	1	1	1	1	1	1
	海南	1	1	1	1	1	1	1	1	1	1	1
	新疆	1	1	1	1	1	1	1	1	1	1	1
	河南	1	1	1	1	1	1	1	1	1	1	0.996 4
	江苏	1	1	1	1	1	1	1	1	1	1	0.979 3
	山东	1	1	1	1	0.988 4	0.987 2	1	1	1	1	0.978 2

　　其二，绩效较低的省区。名列全国后五位的宁夏、江西、内蒙古、甘肃、山西五个省份，农田水利供给绩效相对较低。这五省超过 76% 年份的绩效值都在 0.55～0.80 之间波动，仅有极少年份接近 DEA 有效值 1，绩效均值都在 DEA 非效率的 0.59～0.69 区间，总体处于无效状态。其中，甘肃、山西两省绩效指数连续多年徘徊在 DEA 非效率的 0.50～0.70 之间，都低于 0.76，位居全国最后两名。特别是山西，仅有 1 年的绩效高于 0.7，其他 20 个年份都低于 0.7，绩效均值仅为 0.59，属全国最低（表 6-8）。

表 6-8　五个绩效较低省份历年的综合效率、技术效率、规模效率值

分类	省份	1997	1998	1999	2000	2001	2002	2003	2004	2005	2006	2007
综合效率	宁夏	0.638 4	0.705 4	0.638 8	0.547 1	0.540 4	0.605 3	0.630 9	0.623 3	0.655 3	0.644 4	0.630 3
	江西	0.857 3	0.648 6	0.933 1	0.803 0	0.870 1	0.759 4	0.705 9	0.690 0	0.683 4	0.576 1	0.626 9
	内蒙古	0.643 7	0.636 3	0.652 4	0.609 1	0.615 6	0.621 6	0.579 2	0.592 3	0.647 9	0.632 1	0.685 2
	甘肃	0.615 2	0.749 6	0.661 9	0.603 5	0.575 2	0.654 3	0.720 6	0.574 2	0.663 4	0.570 9	0.578 2
	山西	0.555 2	0.607 7	0.571 9	0.586 3	0.522 6	0.592 6	0.760 1	0.612 3	0.563 7	0.526 4	0.540 4
技术效率	宁夏	0.682 5	0.826 0	0.651 1	0.601 7	0.576 1	0.621 3	0.637 9	0.623 4	0.713 6	0.675 3	1
	江西	0.883	0.695 0	0.936 0	0.809 1	0.871 8	0.793 5	0.742 3	0.726 4	0.692 4	0.672 1	0.632 7
	内蒙古	0.682 0	0.660 7	0.713 5	0.708 5	0.692 4	0.682 2	0.629 2	0.693 3	0.700 1	0.723 7	0.713 8
	甘肃	0.686 3	0.799 6	0.730 6	0.638 3	0.659 8	0.688 4	0.762 0	0.620 5	0.673 4	0.616 7	0.623 0
	山西	0.631 8	0.671 6	0.576 9	0.590 0	0.523 8	0.608 7	0.760 8	0.642 5	0.573 2	0.587 2	0.543 0

（续）

分类	省份	1997	1998	1999	2000	2001	2002	2003	2004	2005	2006	2007
规模效率	宁夏	0.935 3	0.853 9	0.981 1	0.909 2	0.937 9	0.974 2	0.989 0	0.999 6	0.918 1	0.954 3	0.630 2
	江西	0.970 4	0.933 0	0.996 7	0.992 4	0.997 9	0.956 9	0.950 9	0.949 8	0.986 8	0.857 0	0.990 7
	内蒙古	0.943 7	0.963 0	0.914 3	0.859 6	0.888 9	0.911 1	0.920 4	0.854 1	0.925 5	0.873 4	0.959 8
	甘肃	0.896 3	0.937 5	0.905 7	0.945 3	0.871 6	0.950 3	0.945 5	0.925 3	0.985 0	0.925 8	0.927 9
	山西	0.878 6	0.904 7	0.991 2	0.993 7	0.997 5	0.973 6	0.998 5	0.953 0	0.983 4	0.896 5	0.995 2

分类	省份	2008	2009	2010	2011	2012	2013	2014	2015	2016	2017	均值
综合效率	宁夏	0.716 1	0.722 6	0.826 9	0.766 3	0.739 4	0.755 9	0.734 4	0.816 3	0.744 8	0.786 2	0.689 0
	江西	0.582 2	0.596 2	0.594 7	0.572 3	0.592 9	0.594 6	0.575 7	0.619 2	0.641 9	0.635 7	0.674 2
	内蒙古	0.749 8	0.684 5	0.645 6	0.659 7	0.653 3	0.758 4	0.731 3	0.658 8	0.644 3	0.653 3	0.655 0
	甘肃	0.590 2	0.594 6	0.677 4	0.648 3	0.667 3	0.739 5	0.695 0	0.680 8	0.625 5	0.587 3	0.641 6
	山西	0.522 9	0.591 8	0.637 5	0.607 8	0.594 0	0.628 6	0.610 2	0.601 0	0.622 3	0.532 9	0.589 9
技术效率	宁夏	1	1	1	1	1	1	1	1	1	1	0.838 5
	江西	0.619 0	0.619 5	0.594 7	0.596 6	0.619 1		0.615 4	0.662 2	0.646 8	0.682 2	0.700 5
	内蒙古	0.753 7	0.686 2	0.651 7	0.666 1	0.656 5	0.758 8	0.734 4	0.664 9	0.650 9	0.681 6	0.690 7
	甘肃	0.623 7	0.636 2	0.699 2	0.670 9	0.699 2	0.739 8	0.708 0	0.708 8	0.656 9	0.599 3	0.678 1
	山西	0.523 7	0.634 2	0.644 0	0.610 3	0.607 9	0.628 6	0.612 1	0.604 8	0.640 7	0.542 1	0.607 5
规模效率	宁夏	0.716 1	0.722 6	0.826 9	0.766 3	0.739 4	0.755 9	0.734 4	0.816 3	0.744 8	0.786 2	0.842 5
	江西	0.940 6	0.962 3	0.999 5	0.959 2	0.957 6	0.991 2	0.935 4	0.935 1	0.992 4	0.931 8	0.961 3
	内蒙古	0.994 8	0.997 4	0.990 6	0.990 4	0.995 0	0.999 3	0.995 8	0.990 9	0.989 8	0.958 3	0.948 4
	甘肃	0.946 1	0.934 5	0.968 8	0.967 2	0.954 4	0.990 1	0.981 6	0.960 4	0.952 1	0.980 0	0.945 7
	山西	0.998 4	0.933 2	0.989 9	0.995 9	0.977 2	0.999 8	0.996 9	0.993 6	0.971 3	0.982 9	0.971 7

2. 各省农田水利供给绩效波动性

除上海、江苏、福建、河南、海南、新疆六省绩效持续稳定外，其他25个省份均有明显的波动性。根据各省份农田水利供给绩效波动方向，这25个省份就可划分为两种类型：第一类是绩效波动上升的省市，包括北京、山西、内蒙古、辽宁、黑龙江、山东、湖北、湖南、广西、重庆、陕西、甘肃、青海、宁夏14省份，它们的绩效均呈上升趋势，但标准差在0.046～0.189之间、极差在0.17～0.47之间，波动幅度较大。

例如，绩效大幅上升的陕西省，其绩效均值由1997—2001年的0.612 4上升至2010—2017年的0.936 8，升幅达52.98%。第二类是绩效波动下滑的省份，包括天津、河北、吉林、浙江、安徽、江西、广东、四川、贵州、云南、西藏 11 个省份。其标准差在 0.058～0.152 之间、极差在 0.16～0.49 之间。例如，江西的降幅较大，其绩效值由 1997—2001 年的绩效均值 0.822 4 逐步下降至 2010—2017 年的 0.603 4，降幅达 26.63%。

（二）绩效持续较高的省份

由表 6-7 可见，上海、福建、海南、新疆、河南、江苏、山东 7 个省份的绩效之所以持续较高，是因为其纯技术效率和规模效率均持续较高，95% 以上的年份绩效值都在 0.9～1 之间，虽然其他个别年份的绩效波动较大，但总体绩效均值都在 0.96 之上。这表明此类省区在多数年份的固定资产投入、农水部门管理服务、农业劳动力和能源动力等方面的要素投入规模和资源配置利用长期处于或接近于生产前沿面状态。例如，上海省 21 年的绩效值均达到 DEA 有效状态（21 年的综合绩效值都等于 1），主要因为其纯技术效率和规模效率都处于有效状态（其纯技术效率与规模效率值 21 年来均为 1）。其他六个省份绩效处于或接近 DEA 有效状态的原因与此相同。

（三）绩效较低的省区

宁夏、江西、内蒙古、甘肃、山西 5 个省份的农田水利供给绩效相对较低，超过 76% 年份的绩效值都在 0.55～0.80 之间波动，仅有极少数年份接近 DEA 有效值 1，绩效均值都在 DEA 非效率的 0.59～0.69 之间，总体处于无效状态（表 6-8）。

其中，甘肃、山西两省绩效指数连续多年徘徊在 DEA 非效率的 0.50～0.70 之间，都低于 0.76，依次位居全国最后两名。特别是山西省，仅有 1 年的绩效高于 0.7，其他 20 个年份都低于 0.7，绩效均值仅为 0.59，属全国最低。这些省份农田水利供给效率长期处于偏离 DEA 有效的低位水平，主要在于其纯技术效率在大多数年份都在 0.55～0.75 之间波动。

三、影响因素实证结果

虽然 DEA 模型能够处理多投入多产出的问题以及有效避免模型误差，但并不能从中看出各种投入要素对产出的具体影响。不仅如此，通过 DEA 模型得到的效率值，除了受选取的投入、产出指标影响外，还受到其他环境因素的影响。在此需借用 Stata 软件进行相关的面板回归分析，进而算出各指标的具体影响程度。面板回归模型可以有效弥补 DEA 模型在影响效率外在原因分析方面的不足。基于此，将 DEA 模型计算出的综合技术效率值作为面板回归模型的因变量，与其他变量结合在一起做面板数据回归分析。模型估计结果见表 6-9。

（1）人均 GDP 符号为正且显著有效，表明人均 GDP 越高，农田水利供给绩效也相对越高。这里用人均 GDP 来反映一个地区的经济发展水平，地区经济发展水平越高，政府财政对于农田水利设施的投资也会随之增加，从而促使其效率水平的提升。

表 6 - 9　1997—2017 年全国绩效影响因素回归结果

变量	系数	标准误	z	$P>|z|$
X_1	0.000 001 37	0.000 000 475	2.87	0.004
X_2	0.000 000 93	0.000 000 542	1.72	0.086
X_3	0.873 584 7	0.108 457 2	8.05	0.000
X_4	−0.289 091 6	0.057 843 8	−5.00	0.000
X_5	−0.134 936 4	0.040 414 4	−3.34	0.001
X_6	0.188 059	0.088 369 3	2.13	0.033
X_7	0.169 819 1	0.062 074 6	2.74	0.006
X_8	0.090 070 6	0.053 141 5	1.69	0.090
X_9	0.048 603 5	0.022 654 1	2.15	0.032
X_{10}	−0.058 295 8	0.007 528 7	−7.74	0.000
	Wald chi2 (10)　377.13		Obs No.　609	
	Prob>chi2　0.000 0		Groups No.　29	

（2）农村居民人均收入符号为正且较显著有效，表明农村居民人均收入越高，农田水利供给绩效也就相对越高。农民对公共服务的需求随着农民收入水平的提高逐渐呈现出多样化、高标准等特性，农民对其的消费水平也会提升，同时较富裕的农民会给当地政府施加压力以提供更有效的公共服务满足其需求，于是，较高的农民收入水平有利于农田水利供给绩效的提高。

（3）农业总产值/GDP 符号为正且显著有效，表明农业总产值占国内生产总值的比例越高，农田水利供给绩效也会越高。农业总产值比重越大，表明该省份的经济来源中主要以农业种植为主，农业是主导产业。农田水利作为农业生产中的重要因素，必会引起重要关注。为了获取更高效的农业生产、更优质的农作物产品，无论是政府还是农户，都会积极地做好相关配套设施的建设与维护，农田水利供给绩效相应也会提升。

（4）粮食播种面积/农作物总面积和粮食产量/农作物总产量两个指标的符号均为负且显著有效，表明粮食作物在农业生产中占的比重越大，农田水利供给绩效反而越低。主要原因在于，相较于经济作物，粮食作物的经济效益较低，且生产周期长、产值较低，从而使得粮食种植者生产积极性和对相应基础设施的维护度均相对较弱，农田水利供给绩效也就越低。

（5）农业排灌机械/农业机械总动力符号为正且显著有效，表明农业排灌动力占农业机械总动力的比例越高，农田水利供给绩效也会越高。农业排灌机械占比越高，表明该地区的农业生产与水的关系较为密切，水是农业生产中的重要因素，而农田水利基础设施则是保障农业灌溉顺利进行的重要因素。农户对水的需求量越大，也就越注重水利相关设施的建设与维护，农田水利供给绩效也就越高。

（6）水库库容量/耕地面积符号为正且显著有效，表明单位面积的水库库容量越大，农田水利供给绩效越高。水库是农业灌溉用水的必要工具，单位面积的水库库容量越大，表明该地区的水资源储蓄量较为丰富，越有利于农业生产。农户的生产积极性越高，反过来也会也重视水库的维护与管理，农田水利供给绩效也就越高。

（7）城市化水平符号为正且显著有效，表明城市化水平越高，农田水利供给绩效也越高。主要源于，城市化水平的提高会增加对农产品的需求，扩大农业生产活动，增加农民收入。同时，随着城市化进程的加速，大量先进的技术被应用到农业生产领域，农田水利设施也会得到进一步的改善。当然，城市化促进了三大产业的融合，增加了对农业生产的资本投入，资本投入一方面来源于城市化进程中农民收入水平的提高，从而增加了对机械、生产技术等投入，另一方面来源于城市化进程中国财政实力的增强，对农田水利设施投入了大量的财政补贴。最后，城市化水平的提高扩大了农村人口的活动范围，使农民的生活方式和交流方式发生了改变，更加容易接受新技术和新生产方式，并将其运用到农业生产的各个环节，从而促使农田水利供给绩效提升。

（8）中央投资/水利总投资符号为正且显著有效，表明水利总投资中中央投资的比例越高，农田水利供给绩效也越高。农田水利基础设施作为一项公共物品，主要以政府投资为主。中央投资额度越大，表明政府对该地区的农田水利较为重视，其供给绩效自然会相应提高。此外，农田水利的运行和维护需要大量的资金支持，而农户的能力有限，难以承担该笔费用支出。中央投资越多，其农田水利后期所需要的各种费用支出难题也就越少，农田水利供给绩效也就越高。

（9）财政支出/财政收入符号为负且显著有效，表明财政支出/财政收入的值越大，农田水利供给绩效越低。财政支出/财政收入的值越大，表明该地区的财政赤字现象越严重，政府所能够支配的流动资金较少。与其他产业相比，农业的经济收益较低、回收周期长，且农业生产过程的多数基础设施主要以政府投资为主。当政府的资金较为紧缺时，势必会利用有限的资金去投资经济效益更高、资金回报率更大的其他产业，对农业的重视程度难免会下降，农田水利供给绩效相对也会下降。

（10）通过建立实证模型，我们发现在加入政策虚拟变量和地区虚拟变量后，模型的实验结果较不理性，故剔除虚拟变量，在研究中不做展开讨论。

第四节 农田水利供给绩效时空分异的成因

一、省级农田水利供给绩效时空分异成因

（一）绩效持续较高省区的原因分析

我们以农业大省河南省为例，探求这些省份农田水利供给绩效较高的深层原因。实地调查发现，河南省财政奖补民办水利的利益协同制、创新建管模式、财政投入比重高是该省农田水利供给绩效持续较高的关键。

其一，财政奖补民办水利的利益协同制。河南省先后以"红旗渠精神杯"竞赛活动、农业综合开发财政补助、"一事一议"财政奖补和产粮大县奖励等为载体，陆续出台了适应当地经济社会实际的农田水利建管激励措施，不断完善的常态化行政考评激励机制、地方化的财政奖补推进机制和水利资源整合机制，对积极探索农田水利建管新机制、新办法、取得显著成效的先进县乡集体予以奖励，对有突出贡献的相关部门先进个人予以记功授奖，激发了基层政府和相关局委协同发展农田水利的积极性和主动性，探索出制度化、规范化、多部门联动、"官民协同"的农田水利发展工作机制，不仅增强了农水管理部门和乡村组织资源动员和组织协调能力，而且有力地推动了村集体、农民用水协会、合伙农民有计划、分步骤地自主修建和维护农田水利管护的主动性。

其二，创新建管模式，提供精准服务。河南是传统农业区和国家粮食主产区，兴水保粮被视为地方政府的第一要务，一直保持财政补贴冬春水利建设的传统，从1998年开始坚持每年召开市县乡三级冬春农田水利基本建设动员大会、现场会和"红旗渠精神杯"竞赛活动，逐步建立起水管组织深入田间地头搞规划、抓管理的精细化工作机制。针对部分地区存在的重建轻管现象，河南省不断开展农田水利设施产权制度改革和创新运行管护机制试点工作，总结出5种建管模式，分别是："以奖代补""先建后补"建管模式、"公司＋协会"建管模式、农田用水协会管护模式、政府购买服务管理模式、农田水利设施管护引入商业保险模式。这在一定程度上消解了财政水利投入政策变动和基层水管机构萎缩对农田水利供给和管理的冲击，维持农田水利供给制度始终处于良好运行状态。

其三，增加财政投入比重，吸引社会资金参与。近年来，经过探索，河南省形成了以政府投资为主、社会广泛参与的多元化、多渠道、多层次投入机制，有效缓解了水利建设资金不足的矛盾。省财政每年按照1∶1比例全额落

实农田水利项目县配套资金 12 亿元左右。市、县两级政府整合涉农资金集中联片建设，如许昌市建成了 50 万亩、浚县建成了 30 万亩不同规模的节水灌溉示范方。省辖市、县（市、区）财政加大投入力度，如郑州市近两年安排 2 亿元专项资金用于农田水利示范乡镇建设。省政府要求各级财政要逐步增加水利建设在公共财政投入中的比重。

（二）绩效较低的省区分析

对比表 6-8 中的三组绩效数据，可以发现要素投入配置不当和管护服务欠缺引致的纯技术效率不高问题，是宁夏等五个省份综合绩效长期未得到改善的关键。这里以绩效最低的山西为例予以分析（图 6-6）。山西省农田水利供给绩效之所以连续 21 年都徘徊于 0.52～0.65 的低效率水平，主要因为其纯技术效率长期停滞于 0.6076 左右的低效率水平，始终未能提高。尽管其规模效率相对较为有效，却不能弥补其纯技术效率长期低下导致的综合绩效低迷困局。

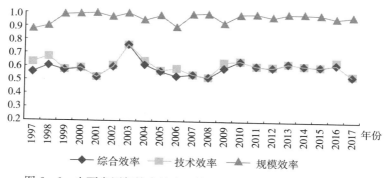

图 6-6　山西省历年综合效率、技术效率、规模效率值变化趋势

调查发现，山西省农田水利供给绩效较低的主要原因可归纳为以下几点：①基层水利管理缺位。山西省地方财力相对富裕，基层政府基本承担了农田水利基本建设投入，农水部门管理服务经费和灌溉工程建设投入比较有保障，足以应对岗丘坡地水利建设成本较高、设施配套较难、水源不足等难题，保证了该省农田水利的规模效率多年保持在较高水平。但是由于该省基层水利服务组织欠缺，水利部门与村民组织缺乏常态化协作关系，村民组织乃至农户偏好工业化收入，也缺乏参与水利管护的积极性，导致其农田水利供给的技术效率停滞于较低水平。②水利建设投资投劳不足。农村税费改革以后农田水利基本建设难组织，乡、村各项经费明显减少，致使乡、村干部组织和发动农民群众开展农村水利建设的积极性下降。推行农田水利"一事一议"财政奖补制度，在一定程度上激发了农户和村社兴修水利的积极性，但大小工程不衔接、不配套、管护和输配水技术缺乏等问题，导致其农田水利要素投入配置和工程管理

很不到位，致使其纯技术效率长期未能提高，从而导致其综合绩效长期处于较低水平。

（三）绩效大幅波动的省区分析

北京、湖北、湖南等 25 个绩效波动幅度较大的省份，其波动上升或者波动下降的原因尽管各有不同，但必然存在一些共性的问题。这里以湖北省为例予以说明。由图 6-7 可见，湖北省农田水利供给绩效波动性较大，整体上呈现向好发展趋势。其波动性变化大致可分为三段：①绩效持续下降期：1997—2001 年绩效值持续下降，绩效均值为 0.912 6；②震荡上升期：2002—2009 年间绩效波动性较大，但整体水平有所提升，绩效均值为 0.888 4；③小幅回落期：2010—2017 年绩效值小幅回落，但是整体水平仍为最高，这一时期的绩效均值为 0.956 8。总体来看，呈上升趋势。

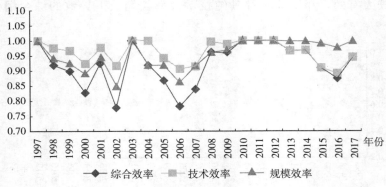

图 6-7　湖北省历年综合效率、技术效率、规模效率值变化趋势

第一阶段绩效持续下降。主要源于以下几点：①工程标准偏低，老化失修严重。湖北省农田水利工程大都建于改革开放前，且以农户投劳为主，受当时的技术、资金影响，工程建设的标准很低，配套率也很低，经过几十年的运行，老化失修十分严重。水利设施的老化失修使工程的蓄水能力大幅度下降、渠道灌溉能力大幅度萎缩，泵站排涝能力日益衰减。②管理机制不全，管理主体缺位。实行家庭联产承包责任制后，各个乡镇集体统筹的功能逐渐下降，大多数由集体管理的农田水利设施的管理流于形式，存在产权不清、责任不明、有人建设无人管理的现象。即使部分有专人管理的工程，管理人员报酬低，维修养护经费不足，加上管理人员整体素质不高，管理水平较低，难以支撑工程的正常运转。国家虽然不断对农田水利建设加大投入力度，但未能形成有效的农田水利工程管护机制。一些工程建成后没有明确产权，造成只建不用，只用不管，管用脱节，而且有的防洪、保水设备还遭到严重破坏。③投入严重不足，缺乏增长机制。农村税率改革后，农田水利建设管理投入严重下滑。尽管

近年来不断加大投入力度，但主要都用于大型骨干工程建设，虽然后来设立农田水利建设补助专项资金，但数量太少，与实际需求相差甚远。而且，农民投工投劳难以组织，造成农田水利工程规划内容难以形成合力，整体推进难度大。

第二阶段震荡上升。2002年8月湖北省人民政府发布《湖北省水库管理办法》，旨在加强水库管理，保障水库安全，发挥水库效益，湖北省农田水利建设有所进展。2004年6月，湖北省水利厅发布《关于进一步加强农田水利基本建设的意见》，旨在进一步夯实湖北省农田水利基本建设基础，加快水利发展。2005年7月，湖北水利厅发布《关于大力促进"三民水利"发展的通知》，旨在促进全省民主谋水利、民营兴水利、民众干水利（简称"三民水利"）的健康发展。当然，农田水利基础设施建设是个长期性工程，难以短期见效，且2002—2006年，湖北省农田水利建设主要以民众为主体，农田水利建设成效并不显著，且持续下滑。2007年，全国农田水利基本建设现场会在湖北省召开，激发全省不断掀起建设高潮，全面开展泵站改造、堤防加固、水库整险、渠道疏挖、塘堰改造、挖井建窖、节水灌溉、水土保持、高产农田建设等农田水利基本建设。同年10月，湖北省召开"民办公助"农田水利项目建设管理工作会议，指明各地要高度重视、加强领导、强化管理。截至2008年5月，全省共开工各类水利工程20万余处，投入机械台班321万个，累计完成土石方4.19亿立方米，完成工程投资33.5亿元，占年度计划的104%。新增旱涝保收面积95万亩，新增和恢复灌溉面积511万亩，新增除涝面积305万亩，改造中低产田100万亩，治理水土流失1 000平方公里。通过大规模的农田水利建设，有力地改善了农业生产、生活和生态条件，促进了结构调整和农民增收，为提高农业综合生产能力，促进全省新农村建设提供了强有力的水利支撑。

第三阶段小幅回落但总体水平相对最高，其绩效均值为0.956 8。通过连年不间断地开展农田水利基本建设，湖北省灌溉面积有了一定增长，小型水利设施得到长足发展。但一些地方认为当前全省基本农田和小型水利设施基础较好，对现阶段持续大力开展农田水利基本建设重要性和紧迫性缺乏足够认识，存在松懈、麻痹思想；对农村税费改革取消"两工"后，按照新的办法组织群众开展农田水利基本建设有畏难情绪，缺乏强有力的推动措施，农田水利建设发展徘徊不前甚至有所滑坡。此外，一些地方对新上项目积极性很高，对已建成工程特别是农田水利设施建设的运行管理重视不够，存在着重大项目、轻小项目，重建设、轻管理，重工程数量、轻工程质量和效益的倾向。一些小型水利设施由于产权制度不明晰，管理机制不灵活，工程管护责任不落实，老化失修和破损严重，造成资产闲置和投资浪费。有的工程布局不合理，水源不可靠，质量不过关，设施效益得不到应有发挥，进而导致这一时期的整体绩效水平停滞不前甚至小幅回落。

二、全国农田水利供给绩效时序差异成因

基于农田水利建设管理中政府、村庄和农户的功能作用差异分析，本书将农田水利发展历程依次划分为"集权式供给"时期、"参与式供给"时期和"项目制"时期，其绩效水平依次为较高、最低、最高。

（一）"参与式供给"时期绩效最低

2002—2009年这一时期的技术效率变化幅度不大，综合绩效较低的主要原因在于规模效率的剧烈波动。2002年开始，政府及乡村组织陆续退出管理，农田水利设施建设处于零散自由交易状态，农民出于自身利益的考虑，自发筹劳筹资建设水利，并积极参与农田水利要素投入配置和工程管理。然而由于农民自身能力和拥有资金有限，并未引起规模效率的大幅度增加，相反甚至出现下降的情况。2003年，农村"两工"（农村义务工、劳动积累工）制度被取消，农田水利建设投劳和筹资数量大幅减少，农田水利投入出现较大缺口，普遍出现建设和管理两个"最后一公里"问题。2005年，国家在加强农业水源、骨干和田间配套工程建设投入的同时，强调发挥村集体经济组织的项目实施与管理主体地位，对符合政府规划要求、通过审核认定的项目均给予一定比例的"财政奖补"，该政策调动了村社和农户发展水利的积极性和主动性，从而形成财政奖补激励、村庄协调下农民组织化参与、水管部门服务指导（主动或应邀）的农田水利供给"参与式"。但是该时期水利技术部门并未发挥相应的作用，管理与服务水平跟不上投资规模，从而使得技术效率、规模效率均出现下降趋势，导致综合效率值处于最低水平。2006年年底，中央财政建立农田水利专项资金"以奖代补"制度，通过"民办公助"增加补助农田水利建设专项资金的方式，促进了规模效率的有效提升，综合效率有所改进。

（二）"项目制"时期绩效最高

自2009年开始，国家加大对农田水利资金投入、项目整合、统筹推进工作的组织领导，形成了中央财政集中补助农田水利重点县建设的农田水利供给制度。随着竞争立项、资金管理、项目管理和评估验收规则的不断完善，各种以项目管理为中心的政策、制度、法规、运作方式和技术监督手段迅速发展起来，从而逐步形成了"集中资金投入、连片配套改造、以县为单位整体推进"的"项目制"农田水利供给制度。特别是2011年中央1号文件发布以来，国家一直把农田水利作为农村基础设施建设的重点任务，坚持政府主导，发挥公共财政对水利发展的保障作用，并把农田水利投资和专项补助资金纳入各级财

政预算，县级政府统筹农田水利项目规划和投资建设制度已经形成。"项目制"农田水利供给模式不断完善，财政投入空前加大，惠农利好政策不断升级，有力地促进了农田水利专项资金和工程项目的整合力度，建立起上下联动、政府主导、部门配合的农田水利县级项目整合平台和水利投入协调机制，对于保障资金的投向和使用效率，产生了重要的推动作用。同时，随着政府和社会资本合作（PPP）、村社股份合作经营、委托运营、债转股等多种农田水利建设组织发动和资金投入机制的出现，农民全程参与项目管理和运行管护的实施机制不断完善，极大地激发了社会合作办水利的动力和活力，促使政府主导、农民参与、社会协助、市场运作的分级、分类协同供给模式初具雏形，中国农田水利总体规模和供给结构得到显著改善。需要注意的是，"项目制"时期的绩效值虽相对其他时期较高，但其绩效水平并未达到最高水平，项目制供给制度运行也面临一些问题：一方面，仍存在各地改革进展不平衡，"先建机制、后建工程"的要求尚未全面落实等。部分地区农田灌排效率、灌溉面积和用水效益明显提升，但其稳定性和持续性参差不齐，一些地区较为成功的经验做法尚难以规范化推广，难以上升为可资借鉴的经验。尽管全国各地政府农田水利投入和工作力度不断加大，但相当多地区的农田水利供给绩效改善不大。另一方面，由于项目制规定农田水利建设实行"四制"模式（项目法人责任制、招标投标制、建设监理制和合同管理制），大部分农民成为旁观者，几乎没有机会参与施工单位选取、施工质量监督、工程进度、资金使用，他们认为农田水利建设国家会大包大揽，无形之中影响了群众参与的积极性和主动性，在某种程度上助长了群众"等、靠、要"的思想，而且往往因施工中工程占地、青苗补偿、材料运输等问题引发矛盾纠纷，不仅导致本就短缺的财力资源和人力资源的低效率利用，降低了水利投资的收益预期，而且损害了公众对政府主导项目的信心，打击了农民兴水治水的积极性。

第五节 结论与政策启示

一、结论

（1）运用窗口 DEA 模型量化评价全国 31 个省份 21 年间农田水利供给绩效的时空分异的实证分析结果表明，全国有 12 个省份处于 DEA 相对高效水平，有 19 个省份处于 DEA 非有效水平。时序上，上海、福建、海南、新疆、河南、江苏、山东 7 省长期处于 DEA 相对有效状态；北京、山西、内蒙古等14 省的绩效波动上升；天津、河北、吉林等 11 省的绩效小幅波动下滑。比较分析发现，省际绩效差异，不仅源于自然禀赋、财政投入，还取决于政府有关部门的服务质量、社会参与程度和农户积极协商组织化参与等因素。接着，从区域绩效看，东部地区的整体绩效高于中部地区和西部地区，而东部地区内各省份的绩效并不必然高于其他区省市，反之亦然，且三大区域的绩效差异有缩小趋势。对这种现象的调查发现，农民组织化参与和水利部门服务质量是省际农田水利供给绩效差异的决定性因素，它们在一定程度上能够消弭自然禀赋乃至财力因素对农田水利供给绩效的制约。最后，对全国农田水利供给绩效呈现出先震荡下降、再波动停滞、末期逐步上升的阶段性变化及其原因考察，从而发现无论是"集权式供给"时期、"参与式供给"时期，还是"项目制"时期，均未有效协调好政府主导和农民参与的关系。

（2）运用采用 DEA - Tobit 两阶段模型，对 1997—2017 年全国农田水利供给绩效的影响因素进行实证分析，得出如下结论：全国农田水利基础设施效率受多重因素的影响。人均 GDP（元/人）、农村居民人均收入（元/人）、农业总产值/GDP（%）、农业排灌机械/农业机械总动力（%）、水库库容量/耕地面积（亿立方米/千公顷）、城市化水平（%）、中央投资/水利总投资（%）对农田水利供给绩效具有显著正向影响；粮食播种面积/农作物总面积（%）、粮食产量/农作物总产量（%）、财政支出/财政收入（%）对农田水利供给绩效具有显著负向影响。

通过上述两个实证模型的分析，不难发现农田水利供给绩效依赖于政府、社会、农户三方的有效协同合作。为此，需要通过改革提高乡村社会治水组织的自主性和自治能力，积极引导和鼓励有意愿、有能力、合乎规范的新型农业经营主体参与进来，让农民及其合作组织独立自主地开展农田水利治理活动，社会运行效率也会提高。当然，这需要国家通过顶层设计和宪政秩序调整来解决问题，即通过增加中国农田水利供给制度和管理体制中的合作治理要素，建立充分的乡村社会自主供给制度、公共参与机制、信息沟通机制和项目评估机制，乡村社会的自主治理优势和项目制的技术优势才能真正发挥出来，形成政府社会协调兴水治水的合力，农田水利供给效率和供给质量才能切实提高。即财政激励、农民组织化参与和水管部门精准服务的三元协同是实现农田水利高效供给的关键。

二、政策启示

农田水利供给作为一种资源的聚合及配置，不仅是治理问题，亦是权力的建构问题。在一定的经济与技术条件下，农田水利供给绩效并非单纯的工程技术问题，而是一个制度问题。就农田水利供给本身而言，其可持续性，不仅取决于前期的规划设计、筹资、建设制度，其后期的维护、保养和使用制度更为重要。要系统解答上述问题，必须从"社会—生态"系统耦合的视角出发，实现政府、社会、农户三者的有效协同，共同推动农田水利基础设施建设的发展。

（1）健全"一事一议"财政奖补制度，强化多元投入激励。加大中央财政对农田水利建设的财政专项转移支付力度，稳步扩大农田水利补助专项资金规模，积极探索"以奖代补""先建后补""民办公助"的小型水利设施建设的投入机制。在农田水利建设中引入不同的投资主体，缓解政府财政资金压力。鼓励部分种粮大户、家庭农场、相关企业等以承包、租赁、拍卖等产权流转形式取得农田水利设施的经营权，鼓励一些企业、农业集体经济组织和农户参与农田水利的投资和建设。

（2）完善统分结合制度，培育新型合作治水主体。统分结合制度是农田水利制度建设的重要制度资源，要挖掘制度潜力，加大以用水协会、新型农业经营主体为核心的农民合作治水组织建设支持力度，赋予其开展统一经营的法人权益，既要重视新型"集体经济组织"的社会服务功能，还要重视其公共服务职能，健全"统一经营"与"统一服务"并重的组织管理制度，充分发挥农业用水协会、种养大户、家庭农场、农业企业等组织盘活水利资产、利用水利资源、保障水体安全、改善水生态环境的组织服务功能，增强乡村社区自主供给农田水利的组织基础和行动能力，促进社会力量广泛参与、市场化运作的统分结合的基层水利合作治理体系，从根本上破解统分结合中集体提供水利设施的"统"的职能悬置问题。

（3）强化基层组织治理能力，搭建政府社会互动平台。以政府投入为主，通过经营权流转，引导企业、个人自筹资金开展建设，强化基层政府的组织协调作用，组织群众"一事一议"，发挥农民重要作用。政府在开展工作前，必须要做到科学规划。尤其是，要在全面调研的基础上，进行科学的规划，将农田水利系统作为一个整体，做好政府内部不同部门之间的衔接，做好农户投资与政府投资之间的衔接，做好农户与水利系统的对接，做好大中小型水利系统之间的对接。

（4）明晰资源产权和用水组织边界，夯实村民自主治理产权基础。以农村集体水利产权制度改革为抓手，精准确权，让历史遗留和各级财政投资形成的水利工程成为完整的设施资产和水权资产，在准确核定成员资格和量化股权的基础上，按照水源和水利工程覆盖区域内的受益户群体的集体所有权证、资产价值同时移交给用水户协会、经济合作社等新型集体经济组织，以有效赋权提升集体经济活力。在此过程中，广泛发动群众参与到村社水利资产清产核资、边界划定、确权到户、精准颁证、资产股权登记的全过程，逐步培养农民的民主协商精神、公共参与和法制意识，夯实农民自主发展的产权基础，增强农民自主设计、产权保护、产权运用、合作发展的自治能力和自我实施能力。

（5）加大农民用水组织法人地位建设，增强其自主发展能力。引导家庭农场、专业大户、农业产业化龙头企业等新型农业经营主体参加或者创建农民用水合作组织，发挥示范作用，通过农业规模化经营以逐渐提高用水合作组织专业化程度和水利工程管护水平。鼓励农民用水合作组织或者是"水协"等组织的发展。加大对用水户协会资金扶持力度。推广节水理念，创新农业水价约束激励机制，调动农田水利治理主体节约用水的积极性，提高水资源的综合利用效率。

第七章　国内外经验借鉴——案例与启示

市场失灵把人看做是空气中的原子，而不是生活在三维空间里、带有制度和历史背景的个人。一旦现实世界的因素被引进公共品理论，市场失灵不仅站不住脚，而且很容易被推翻！

——费雷德·E. 弗尔德瓦里

第一节　国内农田水利供给制度创新实践

一、市场化治理改革实践

自从 1992 年河南省焦作博爱县试行小型灌溉工程股份合作制改革、山东省费县试行小型灌溉工程产权拍卖改革以来，由基层政府主导推动的"以存量换增量"农田水利工程市场化治理改革渐次展开，先后出现了承包、租赁、拍卖、股份合作等工程经营权市场化的产权制度改革探索。近年来，各地一般遵循"谁投资、谁所有，谁受益、谁负担"的原则界定各类农村小型水利设施的产权。一些政策文件提出，国家补助兴建的工程，产权归国家所有，或移交农村集体经济组织、农民用水合作组织所有。目前，绝大部分农田水利工程产权属于农村集体经济组织、农民用水合作组织、联户或农户个人所有。少部分运行管理难度较大、技术含量较高或经济效益较为明显的农田水利工程，如一些塘坝、小型泵站、高效节水灌溉设施等，由水利部门或乡镇所有和管理的较多。另外，一些地区探索受益户共有的确权方式，如湖北省宜都市推行"受益户共有制"。这里通过探讨宜都市和德清县有关农田水利产权改革的成功案例，进而总结归纳农田水利市场化治理改革的特点。

（一）宜都市受益户共有制改革实践

湖北省宜都市农田水利主要以小型水利为主，品类较多，且大部分由乡镇、村政府管理。针对水库病险环生、渠道失管失修、堰塘千疮百孔、水利工程普遍失修和无人管理的问题，自 2004 年以来，宜都市开始探索小型农田水利工程产权改革，并于 2005 年在全市范围内进行推广，至此探索出一条具有鲜明地域特色的农田小型水利基础设施建设之路。回顾宜都市小型农田水利改革实践历程，不难发现其实践成功主要源于以下四点。

其一，"三级书记"抓水利，落实政府责任。2004 年 4 月宜都市人民政府开始组织相关部门深入农村调研灌溉设施产权制度改革模式，10 月提出完整思路，经过政策、法律论证后，于 11 月开始试点。并于 2005 年 3 月正式出台规范性文件，将"产权受益户共有制"改革作为市乡两级的重点工作在全市推广实施。先后出台了《宜都市农村小型水利设施产权制度改革实施方案》《宜都市农村小型水利设施权属登记管理办法》等 5 个规范性文件。通过逐层签订责任状、村村分解任务等系列措施，严格落实各阶层责任，并建立相应奖惩机制。

其二，农户全程参与，推进"五定模式"。"一定"范围，以水带田定四界。确立工程占地面积、工程所含耕地林地等，并与周边相邻农户签字，以示界限无争议。若有争议的，先解决争议再进行改革。"二定"村务公开定农户。按农田灌溉情况，将水利工程名称以及农户的收益面积进行公示，期限不低于 7 天，既能保护工程受益对象的准确性，又能确保受益面积无误。若有异议将其进行更正。"三定"合同管理定权责。村委会与受益农户通过签订《水利工程使用权变更合同》，对工程名称、位置和范围，受益农户姓名、耕地面积，合同期限，双方权利和义务（农田灌溉为主的水利工程不能改变其灌溉功能），违约责任，以及权属变更内容等明确规定。"四定"民主议事定发展。通过受益户公开推荐的方式选取代表人，负责管理各项水利事务，并对推荐产生受益农户代表（即使用权人代表）核发相关权属证件。根据中央文件，确保水利工程权属的完整性以及"水利工程使用权证"，出台扶持政策，建立激励机制，形成"议事水利"发展机制。"五定"专业管理促发展。由于受益农户较多，很难实现所有人均参与到经营管理的各个环节，通过民主协商、内部推荐等方式，选取具体管理人员，实施专业化管理。

其三，"三项统筹"，保障建管并重。统筹规划方面，将水利建设与现代农业发展有机结合，发挥其综合效益。资金统筹方面，通过统筹项目投资、政府财政资金，按"以奖代补"原则，鼓励农户参与水利建设及管理。项目统筹方面，通过统筹各个部门、各个阶层，将水利、扶贫、财政等相关涉农部门的项目进行整合，形成合力，共同推动农田水利事务的持续健康发展。

其四，"一本证书"确权，保证依法行政。市政府统一核发权属证书，以法律的形式对实施"产权受益户共有制"改革的工程设施进行使用权和所有权的固定，让农民吃上"定心丸"。

（二）浙江德清县：小型农田水利工程产权改革实践

1. 水田"荒废"激发产权改革

2013 年，伴随着浙江省"五水共治"热潮，德清县进行了河道清淤整治，把清理上岸的淤泥堆放后，复垦出一大批水田，本可流转给大户用来种水稻的，但因缺少机泵、沟渠设施，一直不能投入使用。德清开始探索破解农田水利设施权责不清难题。2015 年 1 月，该县抓住获批全国农田水利设施产权制度改革和创新运行管护机制试点县的政策机遇，紧紧围绕"产权明晰、权责落实、经费保障、管用得当、持续发展"的改革目标，积极探索、大胆实践，率先开展明晰产权归属、设施确权到村的改革，构建"产权归属明晰化、责任主体合法化、工程项目资产化、经营资产股权化、产权交易市场化、金融支撑配套化、管护经费保障化、运行管理标准化"责权利于一体的新型产权制度，取得突破性成效。

2. 精准确权，推动"虚权"变"实权"

许多水利设施由中央、省、县等各级财政出资共建后交由属地乡镇、村管理，但产权不在他们手中，日常管护和经营利用"名不正言不顺"。通过实行初始登记工作"六统一"，即统一设施调查要求、统一确权基本原则、统一设施图纸标准、统一权属审核程序、统一权属公示方式、统一所有权证格式，确保了小型水利工程产权明晰、归属明确。进而，建立小型水利工程确权颁证和产权移交常规化机制，形成小型水利工程责权利于一体的产权制度。目前，全县颁发所有权证 2 274 本，其中，山塘 222 座、水库 16 座、泵站 1 532 座、水闸 228 座、闸站 64 座、堰坝 212 座，除堤防工程以外，实现工程类型、行政区域全覆盖。

3. 有效赋权，实现形态突破

一是体现设施价值。将各级财政投资形成的小型水利工程项目转化为设施资产，实行所有权证、资产价值同时移交，完整体现设施价值形态。通过重置估价，水利工程项目转化为设施资产。二是管理突破。将小型水利工程资产纳入村级集体资产管理，健全设施资产核算制度；将单纯的实物形态管理转化为实物形态与价值形态双重管理，强化小型水利工程资产的完整核算和管理。三是量化股权。将小型水利工程经营性资产与其他经营性集体资产同步量化股权，赋予集体经济组织成员股份权和收益分配权。经初步估算，全县新增水利设施资产不少于 4 亿元。在产权关系明晰的前提下，将财政投资形成的小型水利工程移交给现受益者、使用者、管理者，确保真正拥有所有权。例如，下渚湖街道八字桥村正是通过农田水利设施确权，使村里的固定资产增加了 600 多万元。

4. "两权"抵押，价值突破

以发"两证"——所有权证、经营权流转证，建"一市"——产权流转交易市场为抓手，实施"两权"抵押融资，价值作用得到体现。"以证贷款"为新农村的水利建设和村集体经济发展提供了资金支持。"农田水利设施通过农村综合产权流转交易中心流转给其他人，还会发放农田水利设施经营权流转证，凭借这本证也能抵押贷款。"农水设施有了"合法身份"，对广大农村来说，沉睡的农村水利资产被唤醒。目前，政府已与县内 2 家银行进行了金融服务合作会商，与中国农业银行德清支行签订了"两权"抵押融资 5 亿元的战略合作协议，打通小型水利工程"两权"（所有权、经营权）抵押融资渠道，充分体现水利资产价值。

二、用水户合作治理改革实践

自从 1996 年湖北漳河灌区在世界银行项目支持下在二干渠洪庙支渠成立"亚洲第一"用水户协会以来，有些地方开始尝试建立农民合作治理的农田水利工程管理方式。2000 年之后，为弥补乡村基层组退出灌溉管理造成的灌溉组织缺失问题，国家先后出台文件支持用水协会参与农田水利工程管理。2002 年全国启动了农民合作参与式的灌溉管理改革试点。2003 年 12 月，水利部颁发《小型农村水利工程管理体制改革实施意见》提出，为弥补基层政府对农田水利建设投入的不足，以明晰不同类型工程所有权为核心，吸引社会力量投资经营小型水利工程，逐步建立起农村用水合作组织、投资者自主管理与专业化服务组织并存的管理体制。"干支渠以下的灌区末级渠系工程管护主要由农民用水合作组织负责，真正把农民用水合作组织培育成末级渠系的产权主体、改造主体和管理运营主体"（陈雷，2005）。之后，国家陆续出台政策支持，从而促使农民用水者协会数量大量增加，从 2001 年的 1 000 多家，发展到 2005 年的 2 万多家，2008 年的 4 万家，2010 年已达 5.2 万多家。2011 年，全国发展农民用水户协会6.8 万个，在民政部门登记注册 3.03 万个，注册率 45%。管理灌溉面积 2.23 亿亩，占全国有效灌溉面积的 25%；参与农户 3 600 万户，协会工作人员 50 多万人（水利部农水司，2012）。近年来，各地又涌现出山西汾阳农民用水协会"自建自管"模式、内乡县"公司＋协会"模式、双峰县"协会＋公司"模式等一些用水户合作治理的新模式，衍生出"协会＋公司"、自建自管等诸多运行模式。本书选取两个较为典型的案例，分析用水户协会制度建设的新动向。

（一）打磨岗灌区"公司＋协会"改革实践

打磨岗灌区位于河南省南阳市内乡县东部，面积约 30 平方千米，涉及马山、王店、余关三个乡镇，水源依托打磨岗水库和云露湖水库。2003 年通过实施国家农业综合开发项目，建成地埋高压预应压力干管 10 千米，在干管上科学布局了 6 条支渠，干支渠全部采用地埋管道铺设，斗、毛渠采用软管微喷措施，形成全程自压管道输水、自流灌溉的中型灌区，是全国唯一的河库连通、库库连通全程长途压力管道供水灌区，被水利部命名为"水效领跑者"灌区典型。2015 年，探索建立"公司＋农民协会"管理模式以来，打磨岗灌区依托高效节水灌溉项目的实施和产权制度改革、农业水价综合改革的全面推进，实现了灌区田间提升智能化、水价机制规范化、灌区管理协会化、水费征收企业化和精准奖补节水化"五化"标准，初步建成了水价改革智慧水利先导区。2014 年打磨岗灌区东王庄农民用水协会被评为国家级农民用水示范组织。灌区现有耕地面积 12.5 万亩，设计灌溉面积 11.78 万亩，有效灌溉面积 11.5 万亩，不仅实现了农作物的产量和产值比原来将近翻了一番，农民每年水费支出降低 15%～20%；亩均产值增加 500 元左右，真正实现了通过水价政策促进节约用水。

1. 分级管理，基层管理协会化

内乡县水利建设投资有限公司负责工程建设管理，农民协会负责管理维护。灌区范围内成立 32 个农民用水协会，发展会员单位 12 000 余个。以受益村为单位建立协会，由灌区管理局向民政部门申报，民政部门审核后，依法注册办证；通过制定农民用水者协会章程、会员公约、用水管理制度、工程管理制度等规章制度明确职责分工。明确用水者协会负责闸阀房以下农管等末级管网管护维修；灌区管理机构则负责干支管道管护维修、水量分配调度、协会间用水矛盾协调等。通过协会与农户达成的协议或合同，由协会组织人员灌溉。据实际情况，及时调整水量分配，统一安排上下游用水时间，实行用水预先申请，按计划下达供水通知，协会及时组织人员供水。协会具有独立法人资格，在灌溉高峰期，协会可以通过雇工完成灌溉用水调度，用水户可以通过一个电话，解决灌溉问题，解决了过去浇一亩地误一天工的难题。

2. 水价计量到户，节水精准奖补

分别测算出灌溉用水、农村饮水和企业用水的供水成本，报县物价局批复后执行。协会实行"一把尺子"量水，推行"输水到户、收费到户，水价公开、灌溉面积和实用水量公开、协会账目公开"的"两到户、三公开"制度。核定灌溉用水每立方米 0.4 元、人畜饮水每立方米 2 元、企业用水每立方米 0.9 元。根据作物类型与种植结构，对灌溉定额进行测算，实行农业水价精准补贴与奖励政策。在灌区三支和干八斗升级改造闸阀房 30 座，安装智能水表 60 块，实行刷卡用水，可通过支付宝、微信等方式远程缴纳水费，实时查询剩余水量。实行农业水价精准补贴与奖励政策，对水权范围内灌溉用水每方补贴 0.05 元。积极鼓励高效节水灌溉技术的推广，对采用喷灌、微灌等高效节水方式灌溉的地块，定额内用水量每减少 20%，每亩奖励 2 元。

3. 水费实行企业化管理，分级核算

灌区水费由县水利建设投资有限公司企业化管理，灌区内支管、斗管的闸阀房全部安装水表，计量收费。协会对用水农户收取水费，将所收水费上交灌区管理局，灌区管理局上交给水投公司，水投公司到税务部门照章纳税后，提取 10% 的大修基金，90% 返还灌区管理局，灌区管理局自留 70% 用于干支管网的维护，30% 返还协会，用于协会管水人员的误工补贴、田间管网维护以及移动管网购置等，有效解决了灌区管护"最后一公里"的问题。

4. 田间提升智能化

灌区初步建成自动化监控系统，视频监控系统，气象检测系统，管网检测系统，灌溉控制系统。灌区管理中心可实时查看智能水表流量状况、用水量与

水量剩余情况，实现灌溉用水远程实时监控管理，有效降低了管理成本。

（二）惠水县"建、管、养、用"一体化模式

综合改革试点县惠水县于2013年把水价综合改革作为水利良性发展的突破口，推行小型水利工程"建、管、养、用"一体化模式。按照"政府引导、群众自愿、依法登记、规范运作"的原则，组建农户用水协会，在所属水务分局的指导下开展工作。划分管理权，明晰管理职责，从而形成分级管理模式，实现水利项目从建管脱节到建管一体化的完美蜕变。

着重突出农户的主体性地位，做到"自己的事情自己作决定、自己干"。无论新建、续建还是改造农田水利，从建设、管理、养护到使用，统一作为一个整体运行。各级政府继续增大财政投资力度，合理增加规划灌区面积，进行水利配套设施建设和系列节水项目改造。据统计，截至目前试点县项目区总计约2万名农户加入用水协会，一方面，充分享受便利的灌溉服务条件，自主参与水利设施建设、管理；另一方面，自觉履行相应义务，积极维护水利设施、缴纳水费，实现用水自治。这种建管一体化模式在江西省兴国县、山东省菏泽市、湖北省仙桃市、湖南省长沙县、广西壮族自治区扶绥县、重庆市荣昌区等地得到广泛推广。

三、政府社会合作改革实践

（一）陆良灌区政府社会合作创新模式——试产可复制的治水经验

陆良县炒铁村虽距离恨虎坝（库容807万立方米）水库距离较近，然而因没有支渠等工程与灌区干渠对接，导致这里与云南大多数地方一样，农业用水困难，群众只能守着水库"望水兴叹干着急"。"水库每年有350多万立方米水用不出去，群众却要到4千米以外的水源地拉水灌溉，拉水成本每亩在220元以上。"（王红坤，2016）。2014年6月，该地区被列入全国灌区创新机制试点项目，其用水状态彻底改变。

引入社会资本，找准利益平衡点，确保机制可行是关键。第一，陆良县政府采取PPP政府社会合作制农田水利供给模式，通过招商比选，引进社会资本，投资、建设运营田间输水管网，打通恨虎坝水库与田间地头之间的障碍。此外，政府通过建立风险共担和社会资本退出制度，使社会资本愿进来、稳得住、有回报。第二，村民与社会投资主体有着不同的利益诉求，陆良县通过"企业＋用水专业合作社"的新型合作模式，吸引企业和农户用水合作社的共同参与，共同出资投资、建设运营农田水利工程，并按投资比例行使相应权利和义务，从而实现了协会与企业的深度融合，利益共享，风险共担。

（二）衡邵"四自"建管模式

2012年湖南省在衡邵干旱治理规划实施过程中，借鉴安徽省移民后扶资

金"四自"建管模式，探索建立农村公共基础设施建设、管理、使用相结合的建管新机制。省、市县上下联动，各负其责。省级主管部门按照农、林、水利、移民后扶、扶贫、卫生等政府性支农资金年度状况，按照渠道不变、用途不乱、各记其功、捆绑使用的原则，注重规划衔接，下达年度投资预安排计划。县相关部门按照上报的项目计划，将计划分解到村，并组织乡（镇）开展村民项目自选，确定项目和选举项目理事会，编制项目实施方案。实施方案由县级部门审批后报省、市州有关部门备案。省、市州部门重点加强项目督查，县级部门重点抓好技术、管理等服务工作。

经过邵东县、双峰县、衡南县、新田县等地试点完善，打破了原本封闭运作的固有模式，简化项目审批程序，充分保障广大群众的知情权、参与权、决策权和监督权。同时，对村民能够自建的，工程投资经费在 100 万元以下（设备、材料采购等在 50 万元以下）的项目，由县级行业主管部门负责落实技术人员跟踪服务和技术指导，理事会组织村民进行自建，并按当地劳务工资水平对村民支付报酬；对技术含量较高的项目，由理事会聘请有相应资质的技术人员，组织村民自建，项目建设完成后，村委会组织召开村民代表大会，对项目进行满意度投票，满意率低于 70% 的，项目必须整改，直至村民满意。广大群众通过参与工程建设获得劳务收益，拓宽农民增收渠道，探索总结出适合湖南省的"四自两会三公开"农田水利建管模式（自选、自建、自管、自用，村委会、理事会，项目选择公开、理事会选举公开、工程建成后财务公开），在省内有条件的地方推广实施，取得了较好的示范效应，最大限度地发挥水利资金的综合效益。

第二节　国内供给制度创新实践的潜在问题

一、政府主导制度缺乏系统化集成

农田水利属于综合性和基础性事务，涉及面广泛、功能多样，其供给活动牵涉到农业、水利、电力、交通、环保等事项，农田水利相关的事权与支出责任分属于水利、农业、电力、发改等多个相关政府部门。在行政权力的功能性划分的行政体制下，"多龙治水"的多部门管理格局，往往造成财政资源部门分割的财政投入碎片化问题。一些试点地区制度创新成功主要在于建立起党政"一把手"负总责、分管领导具体抓、水利部门统筹、相关部门参与的集中领导工作机构（或重点项目指挥部），形成水利部门抓落实、多部门联动、资源集中调配的改革推进机制，特别是政府主要领导或部门领导利用上级政策或借助个人领导威望等强力推动、多渠道调动关联资源等，集中资源合力促成了改革试点的成功。

但是，在试点成功之后往往对正式制度资源和非正式制度资源、正式推进机制和关系型协调机制等改革成功的内外部因素及其相互协同关系，缺乏系统的经验梳理、规则提炼、要素内生化重构和制度再创新。当然，以下两个因素也制约了制度创新经验的系统化建构。一是政策层面缺乏统筹各地各部门推进措施的机构，二是治理体系层面缺乏持续性制度创新和资源整合成效的"各计其功"行政绩效考评与奖惩规则。因而，一些改革成功地区经验，一旦主要领导者或部门领导调整，关联资源难以维系，往往会使这些试点创新趋于停滞，甚至消失。又由于政府主导的制度规范和约束机制欠缺，政府主导行为往往演变为政府包揽乃至行政化控制。从另一视角看，现实中地方自主创新的需求是强烈的，创新的积极性是很高的，是富有活力的，改革的持续性关键取决于政策制度和上级政府能否为其提供激励性资金投入和制度创新自由空间。

二、村集体水利产权存在权能缺失

根据 2018 年 2 月出台的《深化农田水利改革的指导意见》，大中型灌区斗渠及以下田间工程可由水管单位代行所有权，也可由农民、农村集体经济组织、农民用水合作组织、新型农业经营主体等持有和管护。社会资本参与或受益主体自主建设的工程，实行"谁投资、谁所有"确定所有权和使用权，享有依法继承、转让（租）、抵押等权益。但是，文件没有明确界定所有权代行者（水管单位）与工程实际持有者（农户、村集体经济组织等决策主体）双方权力关系，而且对工程实际持有者（农户等决策主体）的产权内涵、地位、权力边界和实现方式缺乏明确指向。在基层组织"准行政化"体制下，乡政府、村委会、村民组、集体经济组织、村民之间具有层级结构，因而存在利益层级性（利益相关、利益对应、利益控制、利益分配）和产权层级性，低层级产权主体的产权强度依次递减，相应的产权行为能力减弱。在层级使用权主体不明晰、不规范，甚至虚置的情况下，农田水利建设、保护和利用的责权利不对称、收益分配混乱，造成剩余索取权预期不稳定，进一步弱化了农田水利经营者的发展权和交易流转权。这就导致基层政府、村集体往往会以包代管、以租代管，不仅难以达到盘活水利资产、明确管护主体、培育新型水利经营主体的工程产权改革目标，而且因缺乏明确的资产保值增值规则和有效实现方式，导致工程"有人用无人管"、水利资产毁损流失、农民使用权受损等问题大量出现。

三、"先建机制、后建工程"制度尚未全面落实

无论是农田水利重点县，还是农田水利专项县（高标准农田水利、高效节水灌溉等），农业水价综合改革中都明确把村民"一事一议"作为财政奖补、项目审批的前置条件。但是，在项目落实的过程中，由于地方政府和官员的时

间、精力和财政约束都是稀缺的，他们在经过利弊权衡后必然会对自身的各种资源进行分配——优先执行目标责任状中权重比较大的任务，将通过项目为基层群众提供迫切需要的公共产品和服务置换为完成上级政府设定的更易度量的公共服务项目指标，而轻视甚至完全忽视不易度量的非量化指标、但是却非常重要的指标，产生激励扭曲，致使项目运作往往偏离发包方的意图。地方政府在考核指挥棒的引导下产生政策变通，即对政策内容、政策执行力度、项目目标公众的变通，以及以运动式治理取代常规治理的项目执行方式的变通，使得项目实施偏离项目制精细化执行的要求。虽然许多地方政府也通常采用市场化的方式，即政府发包或转包给专业技术公司这种企业化的模式来运作，致使一些公共投入和建设项目最终被纳入到资本化的逻辑来运营。这种变相的市场化运作，无形中抬高水利项目发包、监管的运行成本和寻租风险，不仅导致竞争机制难以发挥作用、公共部门运行效率降低和项目供给的非均衡性，而且造成私人部门生产性资源投入的减少，从而在根本上影响农田水利投资来源。

由于项目的设计和发包缺乏公众的有效参与，在实践中也经常无法满足广大公众的真实需求，遭遇了许多现实的困境。例如，项目试点地区和普通地区的差距会进一步拉大，项目申请过程中存在关系运作，导致不公平竞争，项目无法满足群众的真实需求等。结果造成项目制供给制度的初衷并未如期实现，或者说财政投资"四两拨千斤"的杠杆效应并未形成。最终，造成项目供给不足与过剩并存，导致政府花了钱而农民并不叫好的尴尬局面。由于地方相关法律法规等制度不完善，无论是农田水利工程承建企业，还是通过承包经营或PPP模式获得农田水利工程投资、建设、运营的企业，在协调企业盈利、农民权益和水生态安全关系方面存在不同程度的道德风险，农户乃至项目区的相关利益可能无法得到完善保障。

四、农民参与权缺乏制度保障

农民参与的一般含义就是充分赋权给农民。农民自己选举协会的领导者和管理者，还要有权负责相关渠系养护投资与管理决策，参与水价核定、分水管理，民主管理协会财务监督、运行和维修、水费的收取和效益分配等日常的事务。虽然，国家在推行农田水利工程产权制度改革、"一事一议"财政奖补、农田水利重点县建设、农业水价综合改革等项目过程中，明确强调任何项目必须以农民"一事一议"自主协商水利建设管理的筹资筹劳为前提，但是在具体操作过程中，水利部门往往采用"四制"，项目法人大多由水利部门单位担任，几乎垄断项目规划、项目选址和项目实施等全过程的决策权，乡村组织主要负责项目施工过程中的耕地占用、利益纠纷协调，农民组织仅负责投工投劳。这样，政府在增加农田水利资金供给时，依靠单向度的行政资源输入，造成政府直接干预水利供给行为。甚至没有与村庄"一事一议"合作治水发生任何互动，使得其成为单向度的资源输入形式，村民的主体地位被边缘化，甚至只是"旁观者"，"一事一议"参与成为"形式化"的"签字"或"被代签"的过程，导致农民参与农田水利项目建管的激情锐减。

这在很大程度上形成了行政强制的集权供给倾向，丧失与基层社会的亲和性，扼制了乡村社区"一事一议"自主供给机制生发的空间，也就难以促进农民合作发展农田水利的活力和自主治理能力的形成。对当地得到政府支持发展的灌溉项目反应很"冷漠"乃至表现出嘲讽之态，"政府干、农民看"，甚至农民并不买账的问题频发。可以说，如何协调政府主导和农民参与的关系，在理论界和实践中均未能得到很好的解答。在笔者的调查中，大多数农户（包括村干部）并不清楚用水户协会的概念、作用、内涵。说明农民用水户协会的政策、措施宣讲不到位，宣传力度不足。当我们向农户解释清楚用水户协会的作用时，绝大部分农户表示协会有存在的必要性。村民对民主管水、用水关心度较低，而部分协会成员素质和管理能力又不适应管理的要求，从而导致用水户自己用水、自主管理、自我解决各方面矛盾的能力较弱，造成用水协会在灌区难以被群众广泛接受。这正是大部分用水协会成长困难的重要原因。

五、农民自主合作能力建设滞后

农田水利"一事一议"财政奖补制度是中国政府支持农民合作发展农田水利的一项伟大创举，农民自主合作要有效实现，需要必要的条件和适宜的形式，但是仅有条件和形式未必能形成有效的合作，还需要连接条件和自主合作实现机制。由于试点地区的用水协会大多是在政府推动下建立的，上级政府以正式或非正式的方式限定地方政府在农民用水协会构建和发展中的绩效责任，而这种制度会更加激励地方政府采用行政机制构建农民用水协会。政府对用水协会在法律上的赋权和财政上的支持，使得前者对后者构成了一定的控制性关系和支持性关系，这也强化了协会的从属身份，使其带上了浓厚的行政化色彩。由政府自上而下行政主导推动时，农民用水组织的组织形式就会发生"去自治化"，走向行政科层化，并由此使得本应采取的自愿参与、民主协商决策方式转向集中决策和层级分解，本应依靠信任、互惠、协商机制自我实施的决策执行过程被强制执行所替代，农民的话语权、参与权、监督权流于形式。当这些转变在用水组织内部实现制度化并得以运行后，就会形成对政府资源输入的依赖性，本应透明公开经由村民代表集体讨论的筹资筹劳、工程管护规则、用水秩序、水费分担规则等事项变得隐蔽和多余；对农民用水户协会中骨干力量的培训仍然缺乏，农民和用水协会也就失去了获得自主参与和能力锻炼的可能。而且，坐收坐支成为用水协会运营管理的新问题。协会干部往往与村集体账务合一，协会财务透明度和审计制度落实不力，容易产生贪污腐败的风险。由此，用水户参与热情冷却，用水协会管理者的沟通学习能力、组织协调能力和综合素质难以提高，农田水利合作困境难以根本解决。同时，用水户协会经营性质尚待进一步明晰，用水协会作为公益性组织，是否可以盈利，盈利如何分配等问题，制约着协会的财政自立能力和持续发展能力。有的地方改革进度相对缓慢，工作存在畏难情绪，缺乏改革创新精神，抓落实仍有差距。农民用水组织建设还需加强。一些地方对组建农民用水户协会的政策把握不准确，制约了协会规范化组建；一些新建的协会人员队伍不强，有的村级协会缺乏稳定的收入来源，持续运行面临困难。

第三节 日本农田水利供给制度建设的经验与教训

一、农田水利提供制度建设

（一）农田水利建设管理体制

日本主管农田水利事务的中央政府部门是农林水产省的农村振兴局。中央级涉水部门主要有五个：农业用水和民用饮水由农林水产省、厚生劳动省和经济贸易省负责，水资源开发与水害防治由国土交通省负责，水污染防治由环境省负责。地方级的都道府县（相当于中国的省市区）均有相应的管理机关。农林水产省在全国按区域划分设立7个农政局，农政局下设若干个事务所，负责农田水利项目的开发和对地方的指导。水资源开发、保护和使用由不同部门管理，并分为中央与地方二级制。

如图7-1所示，农林水产省作为土地改良事业的主管部门，统筹农村土地改良事业中的耕地整治、土地权属调整、农业用水设施与农道建设等重要事项，从整体上进行规划指导。随着土地改良事业对象的扩大，参与土地改良管理的政府机构增多，为了更好地协调各方关系，农林水产省与国土交通省、厚生劳动省、环境省、经济产业省共同组成的中央土地改良事业协作机构——全国土地改良事业集团联合会，除了加强部门之间、中央政府与地方政府之间交流与沟通以外，更重要的是负有调整和协调各方活动的责任，统一协商制定中、长期的土地改良及农业发展规划。在全国土地改良事业集团联合会中，都道府县、市町村土地改良团体、农业土木关系团体、农用地整备公团、水资源开发公团等都是土地改良工程的实施主体。土地改良区主要负责市町村的土地改良实施和政府或公团移交或托付的工程管理事务。

工程建设与管理机构的有机衔接。《土地改良法》《农业区域振兴法》《水资源开发公团法》《森林开发公团法》都对日本土地开发整理和水利设施建设

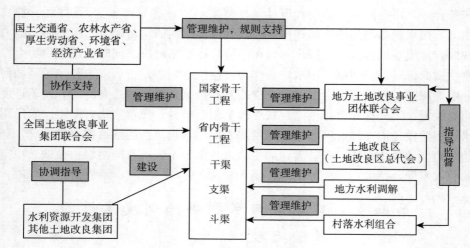

图 7-1 土地改良事业主体关系图

和管理提出明确规范。例如，跨流域或大型土地改良工程由国家或都道府县落实相关建设经费（包括筹集国家补助、组织农户自筹、申请银行贷款），组织工程公开招标，中标的专业工程建设公司负责建设施工，工程分区段逐年实施。在农田灌排工程建设上，项目单位负责科学规划设计，对干渠、支渠、斗渠、农渠（沟）进行全部衬砌硬化，桥涵水闸设施全面配套。有的地方根据地形条件，会采用管道输水，以达到节省土地和减少输水损失。同时，由农林水产省指定的土地改良计划在工程建设上采用较高的建设标准并有跟踪评估计划执行效果规程，对每项农地改良事业预算及事业工作量都有明确要求，注重工程质量和长期效益。

（二）实施方案制定制度

土地改良区（Land Improvement District，LID）原则上根据申请人的申请进行项目建设，但是仅仅依靠申请人自己的资金和人员要完成调查、方案编制、设计等前期工作是相当困难的。特别是"国营项目"受益面积在上千公顷、受益农户达上千人至上万人规模。因此，可利用政府预算制度来制订项目实施方案，即"国营项目"由国家进行调查并制订实施方案；"都道府县营项目"则由都道府县政府进行调查并制订实施方案，国家给予补助。制订项目实施方案的这一阶段被称为"地区调查"。在制订项目实施方案后，应对项目所需经费进行详细估算，这一阶段称为"总体实施设计"。

尽管地区调查、总体实施设计由国家或都道府县政府执行，但在执行过程中，要广泛听取有关市町村、土地改良区及其他农业组织的意见，并将各地区居民的意向反映到项目实施方案中。前期调查不仅仅关注技术层面，还开展对受益农户和有关组织的项目说明和意向调查等工作。

(三) 大型灌溉工程建设立项制度

日本的大型灌溉工程建设规划和立项制度可分为 5 个阶段。①立项调查。由地区所在地的调查管理事务所开展预备调查，调查内容主要是广域基础建设计划调查、地区建设方向研究调查等，通过预备调查掌握国营事业的必要性，制定事业的基本构想。这一阶段相当于中国的项目建议书阶段。②事前评估。依据国家以及地方政府所制定的各种与农田水利有关的规划，调查评估项目的必要性、技术上的可行性、经济上的合理性及负担能力等，编制事业计划书（草案）。这一阶段相当于中国的项目可行性研究阶段。③总体实施设计。根据地区调查中所制定的事业计划书（草案），对施工计划进行初步设计，确定总事业费，制定总体实施计划书。这一阶段相当于中国的项目初步设计阶段。④立项程序。灌溉排水项目原则上根据项目区利益相关农户的意愿实施。为了在项目实施前，公正处理好利益相关农户的权利和经费负担比例，在《土地改良法》中详细规定了项目实施手续。⑤项目法人设立。对于大型灌溉工程受益区应事先或在项目建设过程中设立法人机构——土地改良区（LID），并编制项目初步方案，经 2/3 以上受益户同意后，逐级上报。当然，在项目规划概要、预定管理方法等的公告阶段，已开始制定工程管理方案，包括设施管理单位及管理方案。一般在工程动工前，由工程建设单位和设施管理单位协商制定管理方案。绝大多数是由土地改良区作为预定管理单位。

(四) 农田水利建设投入制度

日本是一个岛国，山地丘陵居多，平原耕地较少且零星分散。在第二次世界大战后几十年的建设与开发中，土地改良、农业水利事业一直是作为公共事业来建设的，农民只负担建设费用中的很小一部分。虽然日本的土地改良法规定农业水利事业的建设及管理遵循受益者负担的原则，并根据农业水利工程类型规定各级政府和农户负担的建设费用比例，但事实上以国家投入为主。1947年出台《农业协同组合法》，确立农业协同组合（简称农协）制度。1949 年，日本制定出台了《土地改良法》，引导农户合作开展农田水利建设、耕地整理和土地改良等，以解决农户小规模、分散经营的"小农"生产方式不利于农田基础建设、农业用地改良、开发和保全等问题。1959 年，日本依据《土地改良法》，出台财政支持政策，鼓励地方水利组合、耕地整治组合和市町村组合等农民自发团体，组建土地改良区，赋予其公益性法人地位，LID 根据需要负责组织开展本区域内相关农田基础设施建设，以提高农业资源利用率、农业生产率和粮食等农产品的保障能力。

1961 年日本政府颁布了《农业基本法》，规定土地改良的重点内容是扩大土地平整、修建农道、农地装备、加速农业机械化、兴建水田排灌设施、田间整治和开垦农田，通过改善农业生产的基础条件来促进水田规模扩大，提高农用土地的生产力，以增加总粮食产量。该时期，农田基础设施建设重点是推进以 0.3 公顷为基准规模的农田整修和灌溉排水设施建设，旨在扩充水田整治范围，扩大耕地面积，以促进农户经营规模扩大。从此日本各地土地改良区逐步建立起来，农户自组织的实力不断壮大，其功能也不断拓展。

为解决农业经营法人的融资问题，1968 年日本出台《农业地区振兴法》规定了以土地基础建设、农地保有合理化、农业现代化设施建设等农业结构改善措施为中心，以振兴地区农业为目的的各项政策，必须在农业用地区域或农业振兴区域集中实施。为了改善市町村农业结构和推行地区农业政策，还制定了具体的预算。1968 年日本政府修改了《农林渔业金融公库法》，创设了"综合资金"。直至 20 世纪 70 年代末，日本基本建立起以中央和地方（都道府县政府）资金占主导地位的农田水利设施建设投入制度。

第一，建设投入主体方面。基本建设投入主体由中央及地方政府、土地改良区及农协、农民及项目业主构成，各个主体根据项目规模、所涉及的区域范围划分事权。其中，中央政府负责受益面积 3 000 公顷（或旱田 1 000 公顷）以上的项目；地方政府负责水田 3 000 公顷（或旱田 1 000 公顷）以下、200公顷（或旱田 100 公顷）以上的项目；土地改良区负责水田 200 公顷（或旱田100 公顷）以下的项目。

第二，投入补贴方面。在不同项目建设中，政府给予大量的投入和补贴。灌溉排水项目建设费方面，分别由国家、都道府县政府、市町村政府和受益农户（由土地改良区征集）按一定比例分担。国家补助比例在《土地改良法施行令》中规定，都道府县政府和市町村政府的分担比例则分别由地方条例规定，分担比例并非全国统一。灌溉排水项目建设补贴方面，中央政府将工程成本的1/3 以贷款方式拨付给当地政府和受益者，对地方政府项目的工程成本给予50％的补贴，对 LID 给予 45％的补贴（贾术艳等，2014）。

第三，金融支持方面。大型农田水利工程建设可向农林渔业金融公库等政策性银行申请低息建设贷款，农田水利建设项目中由农民自行承担的成本也可向银行申请贷款，若农民申请贷款有困难，可以由政府先行垫付，农民到期偿付贷款本息即可。

总体来看，农田水利建设投入均能得到政府高比例、全过程的补贴：一方面，政府对农业生产者兴修水利设施的补贴占投资额的 80％左右；另一方面，政府还以无息或贴息贷款方式对农业生产者需承担的农田水利建设成本给予补贴（中国农村财政研究会课题组，2013）。

进入 21 世纪以来，日本对农业农村的建设转向农业生产基础建设和农村生活环境建设上来，由于日本的农业水利工程基本建设完成，骨干水利工程的投入有所减少，但对农村进行更广泛的土地改良和开发，包括大规模的土地平整、土地改良区的合并等，以及对末端农田水利工程的投入有所增加，主要用于维护老化设施和设施更新改造。

二、农田水利管理体制演变

随着日本农业农村水利发展需要和农田水利组织管理方式的变化，农田水利管理体制先后经历了三种形态。

（一）自治—共同型管理体制（1950 年以前）

水稻为日本主要粮食作物，农民自发兴修塘坝、堰闸等大量小型灌溉工程。由于农田成片串灌，村民之间的田块相互共同构成一个农田灌排系统，水田灌溉通常是几十家村民的共同行为。村民们不是独立的水事个体，而是依附于村落共同体——村民们以灌溉水利用为媒介形成共同体组织。在长期运行过程中，村民团体对灌排设施的共同利用和管理，逐步形成了规则明晰的以村落为单位，自觉、自发、自治的共同体管理体系。具体而言，村落共同体对灌溉水源的分配调整、设施维护管理、纷争解决调停等进行独立完善的管理运营，在生产生活用水管理上实现了自治；村落内农户们团结成一个用水单元整体，本着公平、互惠、共同利用的原则，为本村落的共同利益与其他村落进行用水权利谈判。因此，在水资源利用上实行共同利用，这种自治—共同型的管理体制一直延续到 20 世纪 50 年代前后。

（二）自治—协同型管理体制（1950—1970 年）

第二次世界大战后，日本为大力推进河川整治、大型水利工程修建，相继颁布了《土地改良法》（1949）、《国有土地综合开发法》（1950）、《多目标大坝法》（1957）、《河川法》（1964 年修订）等法律法规，逐步确定了水资源开发利用与防洪并重的指导方针。通过立法的形式明确规范了土地改良区在水资源管理组织、土地开发、水资源利用等方面的法律地位，鼓励其进行沟田路渠统一规划治理以适应机械化耕作的大规模土地改良，进行开垦种植。这些举措促使农田水利进入高速发展期，农业用水状况及管理体制也发生了相应的变化，土地改良区在吸纳传统的村落水利组合等自治型管理组织基础上发展起来。至 20 世纪 70 年代末，土地改良区成长为日本大部分地区的现代农业用水的专门管理组织。土地改良区作为农民的协同组织，其性质确认为公共法人，属于自治型水管理组织形态。随着土地改良区的形成和壮大，村落共同体也就渐渐弱化、解体了。土地改良区的会员之间没有了村落成员之间较紧密的利害关系，而保持较为宽松的协同关系，协同经营土地改良区，协同进行区域内水利设施的管理，协商解决用水问题。

（三）自治—协同型与信托—协同型并存的管理体制（1970 年至今）

随着土地改良的进一步发展，农业就业人口的减少和高龄化，以往由大部分单一的小型水田经营农户向兼业农民和少数大型专业农民转变，这对土地改良区的生存造成了威胁。同时，将大量传统灌溉取水工程和小规模土地改良区进行改建、合并，连通成为较大规模的现代化灌溉工程。这些水利工程技术含量相对较高，在管理上对专业知识与技术水平提出了较高要求。进而，对作为农民协同组织的土地改良区提出了挑战——其是否有能力对现代化、大规模农业灌溉工程实施管理。在此背景下，日本根据设施的目的、规模、性质，采取采取了委托、转让、直接 3 种管理方式，大部分转移给所在区域的"土地改良区"负责管理和维护工作。当然，国家或县管理的灌排工程托付土地改良区管理是要支付受托管理费的，以此保障土地改良区有经费进行有效管理。

（1）国有骨干设施管理体制，采取国家及地方政府管理和委托土地改良区管理互为补充的方式。在国有骨干水利设施的管理上，一部分由国家及地方政府直接管理，另一部分则委托给土地改良区管理。政府直接管理的国有骨干设施，一般由国家及地方政府设立专管机构，其成员均为国家或地方政府的公务员，服务对象为土地改良区等农村用水部门。同时，还专门设置由有关行政部门代表和用水部门共同参与组成的"运营管理协议会"，负责就水利设施管理的重要问题进行协商决策和合作管理。

（2）大规模土地改良区管理体制。大规模土地改良区的管理面广，设施多而复杂，现代化程度高，所要求的管理水平超越了农民所具有的水平，因此，土地改良区雇用专业技术人员组成"事务局"实施对设施的管理；而土地改良区的下属组织管理区等主要依靠行政支援，由市町村政府公务员代为实施管理。农户与政府公务员之间、管理区与事务局之间均为信托关系，即信托型管理体制。

（3）中小规模土地改良区管理体制。中小规模土地改良区的设施一般较为简单，规模较小，在上游取水枢纽、田间工程普遍得到改良、硬化之后，维修养护的成本及劳动量相对较小，靠会员缴纳的费用基本能够维持土地改良区生存。而且，土地改良区的所有会员除缴纳赋课金外，还协同进行设施的管理维修，农民有能力对其进行自主管理，因而，中小规模土地改良区的管理形态可称为自治—协同型管理体制。

由此可见，目前日本农田水利管理体制呈现中小型改良区的自治—协同型与大型改良区的信托—协同型管理体制并存的状态。信托型管理体制解决了高科技、大规模所带来的管理问题；中小规模土地改良区维持自治—协同型的管理体制，低成本运行解决水利工程改良与田间工程配套完善，克服了农民"高龄化""兼业化"的问题。

三、基层水利组织管理制度

（一）基层水利组织的设立与解散程序

日本的基层运营组织主要是土地改良区。日本农田水利工程管理主要采取土地改良区为载体的运行管护方式。土地改良区是根据《土地改良法》（1949年颁布）由一定区域内相关农业经营者组成的农民公共团体，性质为公共法人。土地改良区是以农地区划整理等土地改良为目的，遵循自主运营原则，在一定区域（土地改良区）内从事农田灌排设施建设与管护活动、具有公益法人地位的非营利性农民合作组织（陈伟忠，2013），它是经过不断完善形成的一种农民参与型的管理制度。

根据《土地改良法》，土地改良区作为利益相关者，在农业水利基础设施建设规划阶段就开始参与，在建设完成后，作为设施所有者或管理者对设施进行维护管理，并对管辖范围内的农业用水进行管理并参与设施建设。《土地改良法》从1959年至2011年进行了十一次修订，始终坚持土地改良区民主集中制和集体权益优先管理的原则，充分体现了日本政府对土地改良事业制度建设的高度重视。日本土地改良区的组建、合并与解散，坚持切实保障耕作者（组员）权益的基本原则，土地改良事业的设计和建设流程包括申报、立项、设计、实施、管理、验收等。

首先，按法定的程序申请立项——土地改良区内15户以上农户即可提出拟建项目，确定工程实施的地区，向社会公告事业计划概况，土地改良区执行机构通过告示在区内征求意见。

其二，项目的选择或修改须经由2/3以上成员参会讨论通过，或征得区域内2/3以上有资格参加事业农户的同意后（如改良项目涉及非农用地须全员同意），土地改良区派技术人员作调查、可行性研究等前期工作，在完成可行性研究和地块调整的基础上，项目选择或修改一经通过，就要确定项目设计方案向都道府县政府主管部门提交工程实施的申请报告。都道府县组织专家对设立申请进行审核——项目方案是否反映大多数人的意见并与现存的法律相一致，而后决定是否核准（Ashutosh Sarker et al.，2001），并向农林水产省（相当中国的农业农村部）提出申请；由农林水产大臣（国营）或都道府县知事（县营）对申请进行审核，决定是否立项；审核通过后，土地改良区拿出实施计划，并公示计划书，供社会随意阅览、提建议。

其三，在向公众征求意见的15天有效期内，政府部门要对任何受项目实施影响的公众的反对意见做出回应；根据公示意见反馈，修改决定事业计划内容，无异议后，政府将批准一定区域设立土地改良区；经农林水产省（或都道府县主管部门）同意立项后，土地改良工程全部列入各级政府的建设计划，安排土地改良事业计划和费用拨付计划。

土地改良区需要在完成改良目标之后，经总代表大会表决、县或镇政府批准之后，方可解散。如图 7-2 所示。

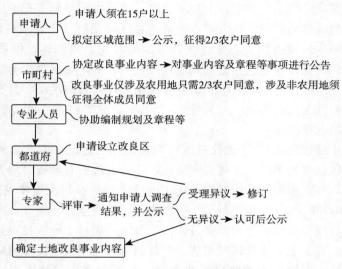

图 7-2　土地改良事业设立流程图

如图 7-2 所示，日本土地改良事业设立和建设的前期工作考虑全面、周到、细致。一方面，总代会作为土地改良区的最高决议机关，其成员全部由区内受益农户（组员）选举产生，在土地改良事业设立和实施之前，总代会必须依照日本有关法规，在广泛征求农户意见基础上，拟定项目计划；另一方面，在规划编制和项目评审期，专家要对项目规划设计进行必要性（发展农业经济、稳定粮食供需状况）、可行性（具有相应的技术条件和手段，受益农户应负担资金及有关方面支持得到落实）、妥当性（各有关工程在规划、经费上相协调，可获得相应的经济效益）进行评价。这种审批运作机制保证了受益农户的参与，发挥了政府监督和支持的职责，保障土地改良项目设计切实可行，有利于实现国家利益和农户利益的双赢。

（二）实现分级管理体系

土地改良区由水利组合、村落等基层组织构成农田水利管理组织体系，实现三级管理组织机构。LID 总代表大会、LID、LID 下设的管理区及农田水利管理组织。①总代表会（又称总会）是"决定土地改良区意志"的最高决议机关。理事、监事等执行机关按照总会的决议执行公务。LID 理事长及理事由LID 内的农户选举产生（吴农娣等，2001），LID 成员由 LID 范围内的自耕农和佃农组成。土地改良法第 22 条规定"土地改良区的总会由组合员组成"，这就意味着作为社团法人的总会的存在和参加社团法人的全体组合的法人成员地位得到了确认。现实中，如果召开总会的法定条件充足的话可以召开总会。土地改良区的工作人员对外代表土地改良区，设有理事5人，监事2人负责开展业务和监察工作（Yu Sakazume，2005）。按照规章、制度以及总会的决议，理事和监事是土地改良区的常设机关，它对土地改良区对内对外的运营起到重要的作用。因此，在土地改良法中对工作人员的人数、任期、选任方法、职务等做了详细的规定。②LID。土地改良区负责水源和干渠工程维修、更新、加固、疏通等。为了使土地改良区能更顺利地运行，作为理事会的辅助机关，结合土地改良区的实际运营状态设置委员会。各委员会确定自己的负责理事，包括换地、工程、用排水调整委员会等。为了使土地改良区的业务能够顺利运营，理事负责设置职员。理事确定职员负责的工作业务，并对职员是否良好地开展工作进行监督。③地方水利调节团体、村落水利组合，负责支渠及末端的相关渠道的维修、更新、加固、疏通等。

（三）基层水利事务管理原则

日本农田水利管理组织体系是由LID总代表大会、LID、LID下设的管理区等基层组织构成，实现三级管理组织机构。对基层组织——土地改良区的建设管理，日本主要采取以下三个原则：

1. 遵守"申请主义"原则

日本土地改良区的设立，遵守"申请主义"原则，即农户自主申请是土地改良区启动的基本条件。根据《土地改良法》第五条的规定，以实施区域内土地改良为目的，一定区域内15户及以上的农户联名申请，经都道府县知事（相当中国省政府领导）审查、认可之后，就可以成立土地改良区。只要区内2/3以上农户同意，即可强制性地要求那些不同意参加土地改良的区内农户加入土地改良区，而且基本上不需要耕地所有者的同意。当然，如果土地改良事业关系到非农业用地的情况，则需要征得所有拥有该土地相关权利者（包括土地所有者和租赁者等）的一致同意。

2. 采取"耕作者主义"和2/3决定原则

为切实保障耕作者组员权益，日本土地改良区法规要求，参加土地改良事业的资格所谓采取"耕作者主义"原则和三分之二决定原则。"耕作者主义"原则，就是拥有耕地使用权和收益权的农户才具有参加资格。这是为了保障土地改良事业能够按照实际的耕作者的需求，而不是所有者的需求实施。因为耕作者更关心土地改良事业的实际效果，这关系到他们的切身利益，这有利于破解协商解决集中占地分摊、条田整理中土地置换等遭遇的"少数制约多数"问题，同时会照顾土地改良的公益性和个人利益，体现了民主集中制原则。对国家来讲，通过调动耕作者的积极性，提高土地改良事业的准确度，从而减少政府投入的偏离和浪费。所谓三分之二决定原则，是指土地改良事业内容采取2/3 资格人共同决定的原则，即区内 2/3 以上农户同意，就可以决定土地改良事业内容，农户拟参加土地改良，要提出申请，在获得改良区内 2/3 以上参加人的同意后方可获得参加的资格。土地改良区一经获准设立，辖区内所有农户都成为会员，享有相应权利和义务。作为例外，耕地所有者需要经过地方农业委员会的承认并公示的情况下，才能获得参加资格；至于耕地以外的土地，原则上其所有者具有土地改良事业的参加资格。

四、工程产权与管护制度

（一）工程产权制度

日本农田水利工程的产权依据建设主体和项目类型确定。由国家建设的"国营项目"工程，其产权可为国家（日本农林水产省）所有，也可转让给市町村或土地改良区所有。产权为国家所有的工程，在管理上可以由国家直接管理，也可委托都道府县、市町村或土地改良区管理。

国营和县营的大部分一般性农田水利设施，都向市町村或土地改良区转让（产权）或委托管理，且以委托管理为主。各级政府承建的灌排工程中，大型且涉及公共安全的设施，一般由国家（农林水产省）直接管理。

由地方政府建设的"都道府县营项目"工程，其产权可为都道府县所有，也可转让给市町村或土地改良区所有。产权为地方政府所有的工程，在管理上可以由都道府县直接管理，也可委托市町村或土地改良区管理。

"团体营项目"工程，其产权为市町村、土地改良区等相应的团体所有。在管理上由市町村及土地改良区等相应团体负责。无论是各级政府建设的灌排骨干工程，还是土地改良区工程设施，建设完成后经过相关机构和土地改良区参与验收后，原则上都转移给所在区域的"土地改良区"负责管理和维护工作，根据设施的目的、规模、性质，采取了委托、转让、直接三种管理方式。当然国家或县管理的工程托付土地改良区管理要支付受托管理费，以保障土地改良区有效管理。

根据中国灌排中心 2014 年从农林水产省农村振兴局整备部水利整备课获得的资料显示，"国营项目"中的水库、渠首、泵站等枢纽工程，由国家直接管理的仅占 1.4％，委托都道府县管理的占 13.9％，委托或转让给市町村管理的占 16.3％，委托或转让给土地改良区、农协等其他组织的占 67.4％。"国营项目"中的灌排渠道，由国家直接管理的仅占 0.5％；委托都道府县管理的占 2.9％；委托或转让市町村、土地改良区、农协等其他组织的分别占 34.9％、61.4％和 0.3％。可见，土地改良区是市町村土地改良设施日常运行管理、维修和用水管理的法人单位和主要责任主体。

（二）农田水利管护制度

1. 管护主体

日本以土地改良区为组织载体的农田水利管护制度是参与式管理的典范，日本农村的水坝、管道和支渠等所有的灌溉水利设施在建成及复原完成后，均转移给相关的土地改良区并由土地改良区负责日常管护（Satoshi Kono et al.，2012）。其中，国家级农田水利管理组织——水资源开发公团，主要负责管护日本农田水利设施中的水源及干渠等骨干设施；支渠以及田间调蓄池塘等则交由土地改良区管护；水资源开发公团建设的水田专用支渠、旱田灌溉等设施，也委托各地区的土地改良区进行管护，田间渠道分别由其所在地区的土地改良区下设的管理区管护；田间的配水分别由水田管理组、旱田管理组两类最基层的管理组进行管理，农户按实际情况分属于不同管理组。农田水利设施管护的具体内容包括：水库、干渠、泵站、支斗毛渠等的维修、更新、加固及疏通等。农户在农业生产过程中若发现农田基础设施损坏、需要维修可向土地改良区汇报申请，土地改良区会同地方政府对受益户的申请情况进行确认，一般性维修由土地改良区负责，较大规模的维修则由地方政府统一负责实施（陈伟忠，2013）。

2. 工程管护经费来源

日本灌溉供水骨干工程建设和运行维护全部由政府无偿承担，即中央和都道府县政府拥有的骨干农业供水工程不收水费。日本农业供水成本由以下3个部分构成：LID内的农田水利设施管理成本、农田水利设施运营维修成本、农田水利设施投资成本的折旧。农田灌排工程运行管理所需费用，原则上是由其会员负担，具体所需费用的标准由土地改良区自主决定。但是，鉴于土地水利改良设施具有公共性和公益性，国家以及都道府县和市镇村都会给予一定的补贴支持。

农户分担的灌溉用水成本主要包括：农田水利设施运营维修成本、土地改良区的管理成本及部分小型农田水利设施投资成本。灌溉水费征收方式方面，有90%以上的土地改良区是按灌溉面积大小收取水费，仅有不到10%的土地改良区是根据灌溉水量计收水费的。

土地改良区的管理经费支出主要包括：①偿还借款；②事务运营费用；③施工费；④设施的维护管理费用。为维持土地改良区的运行管理，土地改良区的收入来源主要来自两个渠道：一是向会员征收的工程建设费（特别赋课金）和工程日常运行和管理维护费（经常赋课金或称事业经费）；二是财政补贴、补助；此外，还有银行低息贷款。"经常赋课金"相当于"水费"（不含工程建设费用），按面积征收，一般为3.2万日元/公顷，参照税金的征收办法，用于农田水利设施的运行维护和土地改良区日常管理费用。对不交纳者实行强制征收，一般从农户的银行账户中直接划转。小型工程维护费以农户缴纳的特别赋课金（包含用于偿还贷款的偿还赋课金）为主，不同区域的耕地条件特别赋课金差异较大，每户在 0.35 万～4.80 万元不等。在没有大修的情况下两项费用总和约占农户收入的 5% 左右。尽管如此，日本政府还是会从多个渠道保障土地改良区财务自立。在管理费用方面，较大规模维修视工程投资需要可申请市町村、都道府县乃至农林水产省的土地改良资金补助。另外，日本政府设立农林渔业金融公库和专业农户补助资金，专业农户可从中获得长期低息贷款。

第四节　　经验与困境

一、权责明确的政府主导制度

（一）重视农田水利公益地位，明确政府的供给主体责任

从日本的情况看，政府及有关部门都有效履行了农田水利的投资者、支持者、监督者等角色职责，从而有力保障了农田水利的建设、管理需要和正常运行。农田水利设施是基础性和战略性农业农村基础设施，其公益性特征十分明显，依靠市场机制难以解决资金筹集和投入问题，政府应在农田水利设施投资中发挥建设投入和组织管理的主体作用，即明确政府的投入主体责任。例如，日本政府是农田水利设施建设和管理的重要投资者，各级政府的财政拨款是水利建设投入的主要来源，日本政府对农田水利设施建设的投入在各类公益性投资中一直处于首位。日本实现工业化后，大规模的农田水利建设基本完成，农田水利建设理念和重点逐步向多功能化方向发展，除了灌溉排水之外，更加关注农田水利在农村生活环境、生态、景观和文化等领域的生态服务功能，并且将农田水利基础设施建设与村落保护和乡村人居环境改善有机结合起来，综合改善农村生产、生活、生态，并保护和发展村落文化。虽然农田水利基础设施建设资金投入减少了，但在农业农村总投入中的占比反而提高了，从 1997 年的 30% 提高到 2009 年的 40%。

（二）政府及部门间的事权划分明确

中央与地方农田水利事权划分以法律为依据，责任明确，既体现了中央集权的单一制国家对农田水利的责任，又体现了地方在农田水利事业中一定程度的自主权。日本中央政府中涉及水的部门虽然较多，各部门对水的不同环节进行管理，责任清晰。日本农田水利事务由农林水产省负责，在全国按区域划分设立 7 个农政局，农政局下设若干个事务所，负责农田水利项目的开发和对地方的指导。按照《土地改良法》，农田水利开发项目（土地改良）的责任主体，按工程规模分为国营项目、都道府县营项目和团体营项目，分别由农林水产省（及派出机构）、都道府县政府、市町村政府或土地改良区负责实施。同时，在

中央层级横向事权划分上，水资源管理和开发、水环境保护，以及农业、工业及居民用水管理等由不同部门负责，权责交叉较少。

（三）产权清晰、主体管理责任明确

日本的农田水利工程产权制度和管理体制是建立在《土地改良法》基础上的。由国家或都道府县建设的工程，产权分别归国家或都道府县所有，也可转让给市町村或者土地改良区所有；在管理上可以由国家或都道府县政府直接管理，也可以委托下一级政府或者土地改良区管理。除了较为重要的安全设施之外，大部分农田水利工程由土地改良区管理，其次为市町村自治团体。团体营项目建设的工程，市町村、土地改良区等相应的团体拥有产权并负责运行管理。

二、渠道多元的农民合作支持体系

（一）财政金融支持渠道健全

建设投入方面，政府对农业生产者兴修水利设施的补贴占投资额的80%左右；对于土地改良区负责实施的市町村工程，原则上国家分担45%、都道府县分担10%、市町村分担35%、受益农户负担10%左右。对于农户资金比例负担大的项目，日本从1993年起设立了专业农户补助资金，对其实施基本农田建设贷款给予年度偿还额5/6的贴息贷款（中国农村财政研究会课题组，2013）；农民也可以从农林渔业金融公库（日本政府专门设立的制度性金融服务机构）申请长期低息贷款，贷款年息一般在5%左右，还款年限为15～25年，不用担保，工程受益后，开始还贷，且前10年还息不还本。小型工程维护费方面，以农户缴纳的特别赋课金（包含用于偿还贷款的偿还赋课金）为主，但日本政府从多个渠道保障土地改良区财务自立，在管理费用方面，较大规模维修视工程投资需要可申请市町村、都道府县乃至农林水产省的土地改良资金补助。

（二）农民用水合作的人才培养方式多样

对于区域农业健康持续发展来说，拥有一定数量熟悉当地农情的技术服务人员是必需的，而由地方专业职员承担这些任务是最为合适的。在日本，土地改良事业技术研究和教育培训依托单位是土地改良区、农业协同组织、市町村等相关农地改良事业实施主体，以及土地改良事业团体联合会（简称联合会，下同）。土地改良事业团体联合会分为全国联合会（即全国土地改良事业团体联合会）、地方联合会（即都道府县土地改良事业团体联合会），负责对全国或区域会员进行土地改良政策法规讲解、技术指导或援助，提供农地改良事业相关的教育培训及信息，开展农地改良事业的调查研究和新技术推广。针对新型农民加入、农业就业与定向支援、规模经营支援和骨干农户培育支援等4个不

同阶段的需求，提供基础性技术知识普及、定向支援、实践性技术知识、技术改良、重点政策支援、经营能力提高与先进技术导入等多种类型的服务，提高从业者和经营管理人员的科技应用能力。

日本注重采取产学研合作的方式培养农业技术人员和农业专家。土地改良区主要技术人员大多需要有在日本农业工学研究所或农业土木综合研究所工作的经历。日本的农业研究所设有专门研究员，大多都来自基层，他们通常要结合本地区的实际需要，在研究所开展几年的实验研究工作，然后又回到原来的单位，研究所与基层人员不断地开展交流研究。农业研究所承担的课题除了政府下达的重大专项之外，大多数应用课题来自基层，基层的技术人员参与研究，最后再应用到实践中。为了确保科研成果推广成功，日本政府建立了一套科学严密的科技推广制度：当中央科研单位推出一项新成果时，须先送地区农业试验场实验，鉴定其是否有推广价值，如试验成功，并提交地方农政局认可，再到县农村试验场再试验；如果试验证明确实可行，再提交县一级讨论，决定是否在该县推广，很好地解决了科研与实际脱节的问题。这样的人才培育方式和技能培养的效果非常突出，具有很强的实践有效性。

三、协同有序的供给组织体系

（一）建立跨部门资源整合协作机构

农林水产省作为土地改良事业的主管部门，统筹农地改良事业中的耕地整治、土地权属调整、农用水设施与农道建设等重要事项，从整体上进行规划指导。随着土地改良事业对象的扩大、参与土地改良管理的政府机构增多，为了更好地协调各方关系，农林水产省与国土交通省、厚生劳动省、环境省、经济产业省共同组成了中央土地改良事业协作机构——全国土地改良事业团体联合会，除了加强部门之间、中央政府与地方政府之间交流与沟通以外，更重要的是负有调整和协调各方活动的责任，统一协商制定中、长期的土地改良及农业发展规划。在全国土地改良事业团体联合会中，都道府县、市町村土地改良团体、农业土木关系团体、农用地整备公团、水资源开发公团等都是土地改良工程的实施主体。土地改良区主要负责市町村的土地改良实施和政府或公团移交或托付的工程管理事务。

（二）功能健全的农民用水合作组织

通过立法明确农民用水合作组织的功能定位，较好地实现了小型农田水利设施"建""管""用"之间的协同有序治理。日本的《土地改良法》明确规定，土地改良区既是小型农田水利设施建设的实施主体之一，又是小型农田水利设施管理、维护及利用的主体。

（三）农民用水合作组织高度自治

日本土地改良区作为日本农民灌溉合作组织，管理面积占全国灌溉面积的90%。日本各县和全国设有土地改良区联合会，组织体系完善。土地改良区由20世纪50年代前的"水利组合"演变而来，并通过法律保障了农民自主管理的传统；土地改良区制度和运行规则细致详尽，对总代会、理事会、监事会、会员资格都有明确的管理细则，保障了农民具有很强的自我服务能力和自我管理意识。更重要的是，日本的《土地改良法》明确了土地改良区的组建程序、运行体制和责任权利等，农民用水自治的基本理念得到了继承和发扬，还在很大程度上减少了水利纠纷，促进了农田水利的有效治理。

四、困境

（一）合作组织过度科层化，制约了基层组织的自主性

日本农协全国中央联合会，作为农民用水合作组织的指导机关，为了强化其经营指导权和监督权，往往要求各地方农协必须加入到自上而下的协会体系内，并实现较强的统一计划方式来管理地方的生产者资格、物资采购、生产作业和产品销售，不仅有违自愿性团体的根本宗旨，而且制约了基层农协的经营自主性，导致乡村市场和农业经营者及供应商缺乏活力。同时，自上而下的协会体系长期形成的僵化体制，制约了地区农协和农户在农作物的价格、服务及流通路径方面的自由竞争，造成了一定程度的市场垄断，妨碍了地域农业的转型升级，也影响了政府的农业政策。

（二）服务对象的非农化倾向加剧

新世纪以来，日本农村劳动力过度流失，农业劳动力老龄化和后继无人严重困扰当地农业发展，社会资本大规模进入农业，农民用水协会体系内部非农民身份的"准社员"的数量超过农民身份的"正社员"，其后果是准社员成为农田水利财政投资、生产补贴、优惠贷款、保险等业务的主要利用者，导致真正的农业生产者难以获得有效的政府支持，不仅打击了小农户生产者的积极性，而且影响了政府支持农田水利建设的政策目标和社会发展目标的实现，农民用水协会团体作为农业发展促进者和农民利益代言人的身份受到社会各界质疑。

第五节　农田水利供给制度创新经验启示

我国大陆与日本均受季风影响，具有较为相似的气候特点、人口和耕地条件。人多地少、降水时间分布不均，决定了农业及农田水利的重要地位和较高的耕地灌溉需求，需要修建大量的水利工程和灌溉设施，以便在降水稀缺时解

决农业生产用水问题。当前中国农业进入高产优质高效安全系统化推进阶段，农田水利建设内容应随农业发展阶段和形势需要不断挖掘其功能价值。按照新时代乡村振兴战略关于"产业兴旺、生态宜居、乡风文明、治理有效、生活富裕"的目标要求，应将村庄水利基础设施建设和水土资源经营管理权力赋予田园整治综合合作组织，提高其对乡村水土资源的统筹规划和系统化治理能力。

一、基层组织"三级联动"是制度创新的基本前提

随着中央财政农田水利重点县、农田水利专项县（高标准农田水利、高效节水灌溉等）、农业水价综合改革在粮食主产区的全面推行，为深化改革破解农村水利发展中的深层次矛盾，各省市都在积极探索"可复制的治水经验"。目前，全国已经形成先建后补、以奖代补、民办公助、自建自管、"群众投一、政府补二"、建管一体化、公司＋协会、政府购买服务、（引入商业保险）双保险管护、"两权"抵押贷款等十多种效果较好的试点经验模式。尤其是从湖北省宜都市小型灌溉工程"受益户共有制"、云南省陆良灌区用水合作社公司化运作机制等制度建设实践，堪称可复制的制度创新经验。

通过案例分析和比较研究，可以发现这些案例的制度创新过程中县、乡、村都发挥了主导作用，组成"三级联动"的组织协调体系，成功履行了农田水利制度创新的设计者、试点指导者、实践支持者、组织监督者等角色职责，从而有效保证了试点地区农田水利供给制度改革的正常运行。根据制度嵌入理论，制度移植具有层次性，即基本制度移植、具体体制移植和运行机制移植，三者处于制度有机体结构的不同层面，有其特殊规定、特点和功能定位，发挥着各自不同的作用。制度是一种人们有目的建构的存在物。建制的存在，都会带有价值判断在里面，从而规范、影响建制内人们的行为。在对社会合作治水制度的人为创设或制度移植过程中，政府发挥强大的资源调动、政策激励和组织协调优势，建立起新制度与既有制度要素和制度环境双向嵌入的制度嵌合推进机制，并找到促进新旧制度协同演进的制度嵌合形式和嵌合机制。

相对而言，自发演进制度与正式制度互构性契合，是这些案例成功的关键。政府主导创设或移植制度安排与当地制度的行动者体系、社会体系和制度环境体系之间的信息互通、要素互嵌和行为互动的频次越多、层次越深，则制度创新范围越大、质量越高，即建构起全面、深入、持续、有序的制度双向互构与互嵌机制，往往能够产生制度互补和制度协同效应，从而产生较好的制度创新绩效。例如，云南省抓住中国南方农业节水减排先行先试省份的契机，在云南陆良恨虎坝和小百户镇中坝村、澄江县龙街街道高西社区三地开展农业水价综合改革、灌区创新建管机制、农业高效节水减排改革试点，"先行先试"探索深化农田水利改革和新机制创建之路，为全国农村水利改革提供了可复

制、可推广的经验。

二、责权利协同是制度持续运行的动力基础

陆良灌区的案例说明，治理利益协同、权利与责任机制对称是制度持续运行的前提。第一，陆良县政府突破以往社会资本仅进入重大骨干水利工程领域的限制，采取 PPP 政府社会合作制农田水利供给模式，通过招商比选，引进社会资本，投资、建设运营田间输水管网，打通恨虎坝水库与田间地头之间的障碍，找准了政府、社会和农户的利益平衡点，确保了制度创新的可行性，使社会资本愿进来、稳得住、有回报。第二，村民与社会投资主体有着不同的利益诉求，陆良县通过"企业＋用水专业合作社"的新型合作模式，吸引企业和农户用水合作社的共同参与，共同出资投资、建设运营农田水利工程，并按投资比例行使相应权利和义务，实现了群众与企业深度融合，利益共享，风险共担。第三，中选企业与当地农民用水户合作社按 7∶3 比例入股参与建设，并成立股份有限公司，公司所投资金按 9.8％的资本收益率和 5％的折旧率获取回报。工程建成后，按照"谁投资、谁所有"的原则，由公司新建形成的田间工程所有权归公司，由公司授权或委托合作社按照公司内部章程和制度进行经营和维护 20 年，公司承担灌区内大户高效节水工程施工，通过水肥一体化滴灌示范项目、销售滴灌材料等措施充实利润。20 年后，公司退出，产权归政府所有，创新构建了政府与企业共担风险、社会资本有偿退出的制度。

三、政府社会双向互动是制度运行的动力源泉

从湖北省宜都市、浙江德清县、云南省陆良县的案例可以看出，农民不仅受地方政府的组织与动员等制度创设的激励，而且在制度创设过程中拥有发言权、参与权和规则制度协商权。首先，改革主导者是政府，而改革落实者来自基层。基层群众、村领导小组长期居住在农村，能够直观看到产权改革的潜在收益，进而提出了相对应的制度需求。他们既是新制度的需求者，也是制度顺利实施的响应者和积极推动者。其次，改革的路径是渐进的，是一种新制度在嵌入既有制度安排和制度环境过程中，双向建构的过程，新制度嵌入过程中不断根据村民、水改专干、政府之间信息互动，基层行动实施者将自身需求逐层向外传播、向上传递，进而在全社会范围内形成更大的制度需求。上级政府看到这种制度创新的收益产生了将这种创新制度化的动力，推动基层自发的制度创新走向正式的制度创新。

例如，宜都市在政策设计环节就进行了充分的政府与农民的协商讨论。首先组织干部深入农户开展改革思路调研，形成完整思路后，召开政府有关部门、人大、政协进行反复的政策和法律论证，然后开始试点。在姚家店乡黄莲

头村开展改革试点成功之后，并没有盲目推广，而是在更大范围内做检验性试点，在各乡镇各选取一个村作为乡级试点地，边试点边推广，边总结边完善。与此同时，通过以会代训，每个乡镇培养 4～5 名"水改专干"，每个村培养 2～3 名专兼职"水改员"，充当了协调参与人在所处环境下"干中学"的学习机制和行动选择引导，为农民了解改革方式、参与规则制定和参与能力培养等充当了一种激励机制。之后，广大农民通过向黄莲头村等实践经验和成效的学习，其他乡村察觉到以水带田定四界、合同管理定权责、互助合作定发展是一种更好的选择，在预期可见的长远收益后，他们为了获取在既定制度中无法实现的潜在利益而积极响应制度创新试验，并积极参与塘堰产权制度改革以寻求新的均衡点。

四、有效的组织载体是制度运行的组织保障

政府动员农民参与和农民合作用水都需要一个载体，这个载体最适宜的角色是农民用水合作组织。宜都受益户共有制、云南政府社会合作供给制等制度改革经验较为成功的关键在于：通过搭建治理组织平台（农田水利会）实现了小农水"建、管、用"一体化治理。农民合作治水要有效实现，不仅需要明晰水利产权、建立合作组织、获得组织资源和政府支持等条件，还需要适宜的合作组织形式，以及链接条件与形式的集体合作实现机制。农村集体资产股份权能改革设计和安排了农民合作治水有效实现的机制。

农田水利运行的系统性决定了农田水利建、管、用等环节的制度有机衔接、耦合互补。目前中国农民用水户协会负责人大多由村委、村民组负责人兼任的原因，就在于多数用水户协会依行政村边界组建与按水文边界组建相比，组织和协调成本更低，更便利。直接借用行政村的组织资源和政治资源，可以更容易向上级争取财政支持、项目资金，并提高协会的权威性和资源调动能力。

这也预示着在市场化转型期，政府参与和政府政策对于农民用水户协会的产生、存续和发展具有重要作用，甚至是主导性作用。当前和今后一段时期，要提高农田水利供给绩效，需要根据中国农村统分结合经营制度实现形式的新变化——新型经营主体参与集体水土资源的统一化经营，积极发展"协会＋企业""协会公司化""村社一体"等集体合作形式，完善农村水利资源股份合作实现机制，加强用水合作组织集体行动能力建设，健全农村水利专业化服务体系，解决农户个体性的农业经营方式与群体性的工程建管方式不匹配的问题。

这表明国家提倡的"政府主导、社会支持、受益主体参与"农田水利改革发展工作机制是符合中国现实国情的。当然，随着用水户协会组织动员能力、学习创新能力和制度建设能力的不断增强，社群自治和市场机制将成为用水户

协会良性发展的长效机制。因此，政府要把其决策与用水户协会、"一事一议"制度结合起来，把用水户协会培育成农民利益诉求的平台，以推进农民参与的制度化。需要建立农民本位的供给决策机制和政府、用水协会、农民联动机制，以及快速反馈与监督机制。此外，农田水利支持政策、协会财务运行状况都要建立长期公示制度，增加透明度，提高农民知情权，让农民参与用水户协会乃至政府水利机构服务绩效的考核。

从对我国近十年来农田水利制度建设试点案例的比较分析中不难发现，农田水利制度改革能否有效推进、政府与社会能否形成协同治水合力的关键在于：改革实践中政府角色是否合理定位、农民参与组织能否有效运行、制度保障体系是否构建完善等问题。本书关于我国农田水利制度建设经验的比较分析表明，村集体水利产权"三级所有、户为基础"产权供给制度和统分结合经营制度具有一定的效率潜能。现阶段，制度建设的关键是，为加强配套制度的系统化建设，鼓励各地因地制宜地创新集体与私有产权"股份合作"运作机制和制度实现形式，促进现有制度潜在优势转化为治理效能，促进村社农田水利治理结构和操作制度的持续优化，为村社合作治水提供制度支持。安顺市塘约村的"合股联营"产权运作模式，定远县村集体股份经济合作社、德清集体资产折股量化"三变"改革、宜都受益户共有制、济源水利股份合作社、双峰"协会＋公司"模式、陆良"企业＋用水专业合作社"的新型合作治水模式，都显示出统分结合制度的巨大制度潜能，也昭示着农田水利制度改革的方向。

第八章 农田水利协同供给的
制度创新逻辑

在任何制度变革、改革之前，分析行动者合作愿景背后的"生产力"特质往往是第一位的，脱离"生产力"独立地分析规则、制度、契约等"生产关系"，就无法认知关联主体合作意愿的本质与合作的本质。

——马培衢

第一节 农田水利协同供给制度创新的需求分析

一、农田水利协同供给制度建设的历史必然性

协同治理是对管理方式固化、集权控制高成本、政策执行低效乃至扭曲的回应。协同学发现的复杂系统中子系统之间产生的协同作用和协同效应的规律，对于处理农田水利社会—生态系统内子系统之间的关系具有较好的借鉴意义。

（一）协同供给是农田水利供给制度演进的历史选择

农田水利供给制度不仅需要"对症下药"，也需要考虑组织因素以外的其他因素，更应注重各个变量、各主体、供给各阶段之间的协同与互动，对农田水利供给体系进行动态化的调适，以增强农田水利供给的灵活性和适应性。

我国农业集体化时期的农田水利产权是一种较典型的以产权社会属性为主的产权秩序，行政权力是制造并改变水资源国家所有、农田水利工程国家或集体所有这种产权性质的根本力量。这一时期农田水利产权制度突出的"向上的非排他性"（国家或集体所有的水利产权结构）与"排农民性"（非私有）特征，决定了这种产权制度对于农民激励的不足以及整个制度运行的低效率。20世纪80年代的家庭联产承包责任制改革选择了一个向农民不断赋权的产权制度调整方向，以革除以产权社会属性为主的产权制度之弊端，并由此开启了一个农田水利产权经济属性不断增强的产权制度改革和农田水利供给体制改革的演进历程。

项目制是技术治理的重要体现，其设计的初衷就是项目制是在中国现行农田水利供给管理体制和基层组织框架的基础上发展起来的。项目制设计的目的是为了集中有限的治理资源，建构条线体系中上级对于下级的控制，防止政策

执行过程中的走样，以促成国家推动农田水利跨越式发展目标的实现。各种以项目管理为中心的政策、制度、法规、运作方式和技术监督手段迅速发展起来。但是，由于这种科层化的技术治理模式，只触及了行政体制中的工具方面，并未从根本上改变行政权力运行的布局和机制，使得政府的公共性投入在很大程度上遵循着投资化和产业化的路径开展。虽然国家权力没有以政府职能部门的方式延伸至最基层的乡村社会，但是作为基层群众性自治组织的村委会事实上却承担了部分行政管理职能，进而吸纳、管控和服务农村社会。尤其是项目制作为公共服务供给的主要策略，强化了国家在农村社会治理中的角色正当性，并将公共权力渗透到农村基层，国家主导型特征更为明显，普遍欠缺对农田水利发展需求质量、需求结构、需求整合、需求传递和需求吸纳的治理能力。尤其是项目制作成为加强农田水利供给的主要策略，凭借其资源优势和动员能力，强化了国家在农村社会治理中的角色正当性，极大地改善了农田水利基础设施建设管理水平和质量，基本形成了相对完善农田水利灌排体系，灌排服务规模和质量得到显著改善。但是，国家基于"权利功利主义"和总体利益最大化的需要，采取自上而下的方式向农村输入公共资源和技术性治理理念，忽视了农民的有效参与和实际诉求，背离了以人为本的治理理念，这种变相的市场化运作，无形中抬高水利项目发包、监管的运行成本和寻租风险，在一定程度上造成了发展的路径依赖和公共服务的错位供给，主要表现在服务主体与服务范围错位、服务内容与服务需求错位以及服务方式与服务对象错位。

（二）走出制度"内卷化"困境的需要

农田水利建设管理是一项复杂的系统工程，需要提供必要的利益激励和制度保障。当然，制度的运行绩效依赖于制度本身的合理性及其嵌入的制度环境的约束性。制度的合理性和运行绩效会随着制度环境的变化而变化，任何层面的制度都需要适应社会变迁而进行适应性改革和完善。

同样，制度的变迁往往不是制度本身的问题，而是复杂的系统工程，系统是一个有机的整体，不是局部的总和，具有各个子系统相互作用而产生的特殊功能。系统功能取决于子系统之间的协调关系。根据协同学理论，农田水利系统中各子系统是共同进化的，即一种系统要素的变化是在与其生态关联性较强的其他要素的进化下所演化的，相互促进、共同演化，是一个生命共同体。农田水利社会系统和生态系统中任何因素或任一环节的变化，都可能引起系统偏离均值而出现涨落，进而破坏水利系统的稳定性，导致灌排工程系统性受损、功能衰退乃至水源枯竭。农田水利社会生态系统有序状态的形成在于一个微小的力量，有序状态的破坏也在于一个微小的力量；并非力量最为强大的治理主体就能发挥最为重要的作用。只有保障农田水利系统的各子系统之间协同形成有序参数，才能维持农田水利系统处于相对稳定的可持续发展状态。

当前我国农田水利供给困境之根源在于其制度结构安排脱嵌于农村社会结构和经济制度环境，特别是建设、管理、养护环节的制度衔接失灵，不能为政府、市场和民间组织发挥自身比较优势提供有效保障。分工合作、协同互动是为了适应制度所嵌入的社会风俗、文化传统以及其他影响制度形成的潜在制度。一方面，现有治理主体独立治理力量不足。农田水利工程设施点多面广、分布分散，而整体需求巨大，且因地形地貌和农业结构原因，需求的差异化显著，政府部门、用水户、社会性灌溉供水组织等，任何单方面的治理行动都难以具备及时响应供需波动和水利环境变化的信息收集、反馈能力。另一方面，随着农田水利供给高效化和治理目标多元化的发展，农田水利建设管理投入的复杂性和技术含量不断提高，面对社会利益分化和公民需求多元化的新形势，无论是政府供给制度、市场供给制度，还是社会供给制度，都面临着诸多问题。市场机制下的私营部门的自利倾向并不能自动导致公共利益的实现，而由政府组织来提供公共产品、监管私营部门的社会成本也是很大的。社会组织同样存在"集体行动"执行难和"志愿失灵"的可能，需要政府的依法监管来帮助它树立公共权威，增强其自我实施和自主服务能力。

这在客观上呼唤建立政府、市场、社会组织多中心协同治理体系，来统筹政府、市场和社会的利益关系和作用机制，促进相关主体之间的协调互动，实现多元机制的嵌套耦合、有序互动、优势互补，而不能根据治理主体力量的强弱设计强者主导的供给制度，从而为农田水利多功能价值实现提供制度支撑。可见，制度选择既要遵循社会规律，也要遵循自然法则。根据自然法则，生态是统一的自然系统，山水林田湖是一个生命共同体，这个生命共同体是人类生存发展的物质基础。人与动物、植物都有生存的权利，原本就是一个复合式的生态系统。制度设计需要坚持系统思维方式，充分考虑人类社会发展所涉及的所有生态系统和社会系统，统筹自然、经济和社会和谐发展的相互依存关系，建立社会与生态系统协调耦合的有序互动机制，如果违背了自然法则的存在，只一味强调社会法则，那就是"本末倒置"（赵万里，2018）。

因此，本书认为，构建政府社会协同的治水模式恰恰是新时代人水和谐发展对新治水制度创新提出的新方向、新要求。政府社会协同共治制度的价值就在于，构造了有利于政府、市场、社会相关利益主体协商对话、主动调适的制度空间和分工协作、有序互动的制度秩序，促进公共权力向社会转移，促使多元主体在协同互动中发挥各自的分工优势，形成农田水利多功能价值最大化实现的集体行动能力，降低治理成本，提高供给绩效，从而有效整合农民的灌溉用水需求和水生态环境安全的公共需求，在满足灌溉用水有效供给的同时，实现农田生态乃至农村生态环境的健康永续，促进人水和谐共生。协同治理模式的提出也是适用新时代国家与社会协同兴水治水需要的治水制度创新的目标。

（三）政府社会协同兴水的需要

在治理视角中，实行协同治理体系，有利于政府与社会的分工协作，促进提供者、提取者和使用者三者之间的对话与接触，政府、社会和公民能更全面地接触，方便政府、社会和公民形成有序互动和沟通协调的社会化合作网络，依据合作网络的权威来实行农田水利的协同治理，而非政府权威的单向度管理。在合作网络中，权力向度是多元的、相互的，是一个上下互动的管理过程，有利于政府、社会和公民的互相回应。通过合作、协商、伙伴关系，在市场原则、公共利益和认同与共同的目标下实施对公共产品的供给管理，不再是单一的自上而下的供给管理。

在当前政治社会复杂演进条件下，协同供给成为发挥政府、社会、市场和农户等多元主体供给优势的可行选择。为实现"人水和谐"共同利益和目标，建构政府社会多中心协同的治理模式不仅十分必要，而且非常迫切。农田水利协同供给已成为不争的事实，但随着多元主体的参与，政府对"掌舵还是划桨"做出积极回应时，容易因花费更多精力和权力去"掌舵"而"淡忘谁拥有这条船"①，忽视多元和异质的管理主体的权利和诉求，而不能很好地发挥市场和社会主体参与供给的比较优势。

面对新时代乡村居民日益增长的美好生活需要和农田水利供给不平衡不充分之间的矛盾，农田水利需求也表现出动态化、多元化和异质化交织的复杂特征，从而造成了农田水利运行环境、主体构成及可用资源等的复杂性，要求农田水利供给体系能够及时响应因不同层次变量变化及其之间的互动而产生动态性、集合性、环境适应性等供给条件的变化。一方面，受到来自制度环境、生态环境及各种应用规则等复杂、多维和动态因素的影响，农田水利供给的主体互动、资源整合、价值创造、信息传递等都会发生变化；另一方面，农田水利协同供给过程中的相关变量也会由于供给主体偏好、供给关系、供给目标等发生变化，而这些变量之间又存在相互影响的情况。

从中国农田水利治理主体行动能力的实际情况而言，政府、社会和市场力量共同参与，协商共治才是中国农田水利改革发展的现实道路。当然，在民间组织发育水平还比较低、市场机制和秩序尚不完善的条件下，政府在农田水利治理中发挥主导作用是不可或缺、非常重要的。问题的关键是，如何在政府主导下实现多中心治理主体的动力协同、利益协同、行为协调，从而形成政府社会合力兴水治水的协同效应。而这正是中国农田水利供给制度改革亟待破解的难题。

因此，在时代要求中，农田水利供给不仅需要静态式"协同"，还需要

---

① 戴维·奥斯本，特德·盖布勒.改革政府：企业家精神如何改革着公共部门［M］.周敦仁，译.上海：上海译文出版社，2013.

"动态化"协同，实现农田水利供给的决策结构和规则结构和谐共变。协同供给制度强调各子系统围绕共同目标，自发形成有序状态而采取联合行动，它将多元主体的相关变量以有序、协作的状态联系起来，缓解无序供给带来的工程型和治理型双重"最后一公里"问题。协同供给制度适用于当下中国农田水利发展的经济社会与生态问题相互叠加、日益复杂的决策情景。

二、农田水利协同供给制度创新的现实需求

（一）优势互补汇聚合力的需要

农田水利各子系统及其建、管、用的可分性，为不同性质和规模的行动主体共同参与农田水利建设、管理和维护提供了可能，也为不同层面灌溉系统受益者提供多样化的选择机会，增强关联主体间的竞争性压力，有利于提高供给制对灌溉服务需求的回应性和资源配置效率。

政府与农民关于农田水利供给的关系具有明显的交互性和强关联性。农田水利协同治理的优势在于，其采用的多元供给制度在特定的交换关系中可以取长补短、相互补充。从协同治理角度看，农田水利社会生态系统中的子系统之间存在着相互影响而又相互合作的关系，成千上万的子系统（或要素）之间或子系统中的不同行为主体之间进行自我排列、自我组织，相互分化与整合，可达成更优化的治理效果。如果各个要素能够积极有效协作、配合，形成合力，便会形成一只"无形的手"操纵着这些子系统（或要素）发生协同作用，进而就能产生协同效应，其所发挥的作用必将远超过其各自功能之和。因而，其治理活动需要构建具有较强认知、反馈和响应能力的多中心决策实体协同的治理系统，动态观察和掌握农田水利社会生态系统动态演化特征、结构性信息和扰动因素，提高治理系统对生态系统波动或外来干扰做出动态反馈和适应性治理的能力，减少社会生态系统内部的不确定性，从而促进农田水利社会生态系统的持续有效运行。

要切实解决农田水利发展不平衡不充分问题，需要贯彻"节水优先、空间均衡、系统治理、两手发力"和水资源、水生态、水环境、水灾害问题统筹解决的工作方针，坚持开放、参与、责任、效率、和谐的包容性发展理念，建立健全政府、社会和市场机制分工协作的协同治理秩序，调动并汇聚政府社会协同兴水治水合力，促使农田水利社会生态系统中子系统之间产生协同作用和协同效应。农田水利系统的政府社会协同治理，就是强调农田水利系统的复杂性和不确定性，以及基于水利社会系统与生态系统的矛盾冲突引发的控制难度，因而注重水利社会生态系统的直接利益相关者、基层行动者和其他利益相关者之间的协商对话，并给出一系列符合水利社会生态系统稳定发展的动态调适的制度策略，是一种不断学习并改变以适应农田水利社会生态系统的变化、意在

增强治理弹性的多中心的可持续治理模式，以全面提升水利支撑保障能力。

（二）系统治理协同增效的需要

全球气候多变、降雨时空分布不均、经济社会与生态发展用水供求矛盾突出，决定了农田水利社会生态系统的功能和性质不断发生变化，进而对农田水利的治理体系和治理结构，提出了具有动态适应性互动的协同治理体系需求。即政府和其他一切社会治理力量在内的公共组织，都应该在维护和增进公共利益的共同目标下，建构政府社会协同的农田水利供给制度，推进政府与各种社会组织、公民之间的协调互动，在行政、市场和社会机制激励约束下，促使相关主体充分发挥比较优势和参与热情，有序参与农田水利建设管理，增强水资源、水生态、水环境、水灾害统筹治理的行动能力和治理效果，推动农田水利社会与生态系统的和谐有序发展。

对于中国这样的"水利社会"国家，农田水利治水活动是一个具有开放性的大型复杂系统，在生态领域，农田水利资源系统和资源单元序参数之间的相互作用往往受到自然降雨、地表水、地下水、河流、湖泊、湿地等水生态和水环境的制约。从协同学的角度，农田水利作为人与自然耦合的产物，其可持续发展需要借助多中心动态调适的协同措施，促使农田水利的社会和生态要素有条不紊地组织起来，形成相互影响而又相互合作的协同作用和协同效应，实现农田水利社会生态系统持续健康发展。农田水利系统在不同的时空范围内，具有不同的资源属性。针对不同灌溉系统、利益主体激励因素以及各种制度实践，灵活地根据经济规模的不同，允许多方机构、组织共同参与农田水利系统的提供和生产，为不同层面的农田水利受益者提供关系型或半市场性质的多样化选择机会，通过增强关联主体间的竞争性压力，提高对农田水利多元化功能需求的及时响应和资源配置效率，这实质上是一种政府社会协同合作的治理格局。

在社会领域中，由于受法律、社会舆论、传统风俗、公共文化等因素的限制，农田水利供求序参数间的相互作用程度往往会有所不同。就农田水利治理系统而言，该系统由政府、水行政部门、水利工程单位、乡村基层组织、农民等子系统组成，它们之间也能形成协同。比如，农民用水协会的组织协调能力，它支配着农田水利建设管理资金筹集和建设管护行为，进而在农田水利运行中占支配性地位。在临界状态下，多个序参数同时发生作用，共同影响着系统宏观量的变化，然而随着时间的不断推移，往往会出现一个序参数开始逐步占据主导地位，支配其他序参数，掌控整个系统，进而促使该系统进入一个全新的状态。例如，2005年中央出台《中央财政支持"民办公助"开展小型农田水利工程设施建设补助专项资金管理办法》，对民办小水利补助方案进行微小改动。对群众自发组织建立的小型农田水利工程，以及地方政府"民办公助"建立的项目，均给予财政补助，极大地调动了地方政府支持民办小水利的积极性，造成整个农水方面有序性的变化——掀起民办小水利建设的高潮。

因而，在农田水利治理领域，构建政府社会多中心协同治理模式，可以有效处理气候变化、水源波动、灌溉水供求失调等外部干扰，促进农田水利持续高效发展，有利于统筹人与自然、人与社会、人与人之间和谐发展。这既是主动践行"节水优先、空间均衡、系统治理、两手发力"和水资源、水生态、水环境、水灾害统筹治理的新时代水利工作方针的要求，也是坚持经济社会、资源与环境的均衡发展的理性选择。随着协同治理体系内相关主体的互动、反馈和信任关系的逐渐加深，关系型规范将进一步在社会生态系统相互协同的平台内建立并发展起来，从而使关系供给制度的作用得以强化，逐步形成信任、互惠、互补的农田水利供给新秩序，有利于利益相关者采取有效集体行动以维持农田水利社会生态系统的可持续性，有利于统筹农田水利多方面功能的充分发挥。

在中国当前和今后一个时期的经济社会转型发展条件下，实现政府社会协同治理体系是历史的必然选择。面对农田水利社会生态系统中复杂的公地悲剧问题时，传统管理力不从心，而协同治理却能提供一个容纳复杂的涉及诸多人类因素和自然因素问题的应对之策。根据农田水利投资、建造、运营、养护等诸多环节治理需要，跨越农田水利社会生态系统内子系统之间关系不同生命周期阶段，来考虑农田水利的协同治理问题，更加具有理论价值和现实可行性。因此，政府社会协同治理理论对理解和促进农田水利社会生态系统的可持续发展具有重要的实践价值。

第二节　农田水利协同供给的制度探索

20 世纪 80 年代起，伴随着世界上许多国家灌溉管理财政负担攀升和管理低效问题的凸显，农田水利有效供给成为各国政府改革与农业发展的重要议题。在改革实践和理论探索中，逐步形成诸如民营化（E. S. 萨瓦斯，1992；世界银行，1990）、社区共管（世界银行，1992）、参与式管理（国际灌排协会，1994）、自主治理和多中心治理（奥斯特罗姆，2000）等农田水利供给模式。这些模式在一定程度上加剧了公共服务供给的碎片化、不公平、不可持续问题（郑风田等，2010）[①]，乡村水利管理制度低效已经成为世界性"跨世纪难题"（Stavins，2011），如何优化公共服务供给成为需要重新探究的时代议题。在各国探索多中心合作改善公共服务供给的实践的同时，学术界也从理论方面提出了一些解决方案，主要集中在两个方面：

---

① 郑风田，董筱丹，温铁军. 农村基础设施投资体制改革的"双重两难"［J］. 贵州社会科学，2010（7）.

一、合作供给制度的探索

合作治理是政府为了达成公共服务的目标而与非政府、非营利的社会组织，甚至与私人组织和普通公众开展的意义更为广泛的合作[①]。英国经济学家弗里德里希·冯·哈耶克认为，人类公共事务的本质表现为合作秩序[②]。合作供给的本质在于，政府不再是唯一的社会管理主体，政府与其他社会组织具有平等的社会管理地位。合作供给是构筑在信任和平等的基础上的多元协调合作的治理模式。合作供给是社会力量成长的必然结果，是对参与式管理与社会自主供给两种模式的扬弃，通过社会自治而走向合作供给将是必然的历史趋势。

当然，合作治理并不意味着就只能是国家与社会之间自由而平等的合作，合作治理也并不排斥政府中心主义的倾向。正如麦克格鲁所言："合作治理是一种以公共利益为目标的社会合作过程——政府在这一过程中起到关键但不一定是支配性的作用"[③]。对于政府部门而言，就是从"划桨"向"掌舵"与"服务"转变的过程；对于非政府部门而言，就是从被动排斥到主动参与进来的过程。在这个合作供给体系中，政府以及社会自治组织之间在自主负责、合作分担治理责任的基础上共同从事公共产品的生产和供给，形成灵活的多元的公共利益实现途径。在合作治理模式中，多元主体面对共同的问题，这一网络要求各种治理主体都要放弃自己的部分权利，依靠各自的优势和资源，通过政府与社会自治组织的合作对话设立共同目标，通力合作，最终建立一种共担风险和责任的公共事务的管理联合体。

合作模式（Collaborative Model）包括两种方式：一是"合作的卖者"模式（Collaborative Seller Model）。在这个模式中，非营利组织仅仅是作为政府管理的代理人出现，拥有较少的处理权或讨价还价的权力。另一种是"合作的伙伴关系"模式（Collaborative Partnership Model）。在这个模式中，非营利组织拥有大量的自治和决策的权力，在项目管理上也更有发言权。针对共同关注的问题采取集体行动，可以达到取长补短、优势互补的效果，以至实现公共物品供给体系的优化。

尽管如此，合作供给制度也存在着许多内在局限性。①合法性问题，即政府部门能否赋予多元治理主体以合法身份，"合法性危机是一种直接的认同危机"，决定着非政府组织的决策参与权利和权力行为能力；②权威性问题，即政

① 陈华.吸纳与合作——非政府组织与中国社会管理［M］.北京：社会科学文献出版社，2011.
② 弗里德里希·奥古斯特·冯·哈耶克.致命的自负［M］.冯克利，译.北京：中国社会科学出版社，2000.
③ 托尼·麦克格鲁.走向真正的全球治理［M］.李惠斌.全球化与公民社会.南京：广西师范大学出版社，2003：94.

府能否赋予多元主体真正的权力，尤其是民间组织能够获得公共权威和领导力，使多元治理主体能够为了共同的目标采取互利的共同行动；③有效性问题，即在不断变动的治理环境中，多元治理主体可能会向合作网络提出不尽相同甚至相互对立的公共需求和政策主张，这将会给合作网络施加重负，需要有另外的决策安排来处理和解决各主体之间的冲突①。在农田水利供给实践中，许多灌排工程承包经营者仅仅获得经营权而无剩余索取权，诸多农民用水协会"空壳化""科层化"地依附于基层组织或水利机构，农民"一事一议"民主协商的"形式化"和"事难议、议难决、决难行"等问题，无不是这些问题的现实体现。

二、多元协同供给制度的探索

"协同"意指系统各部分间因协作而产生的整体效应②，是由赫尔曼·哈肯于 1971 年首次提出。Ansell & Gash 将之引入公共管理领域之后，并将协同治理定义为公共部门与利益相关者之间开展集体决策的治理过程。这一行动发生在正式或非正式的制度安排内③，旨在将政府、私营部门和民间组织等各种利益相关者汇集在一起并促使他们有效合作——促进多元主体协同供给并实现协同效应（Emerson，2012）。可以说，协同供给的本质在于借助权力理顺不同制度关系中的多元主体之间的关系，从而实现公共治理行动的调性一致、结构联合及资源共享（刘伟忠，2012）④，使得各个子系统重塑为更开放有序的系统结构（郑巧、肖文涛，2008）。

协同供给，需要从影响多元主体协同关系的"目标""利益"出发，依靠多元主体的权利协同、制度协同、过程协同来实现。①主体权利协同，是指在协同供给的场域内吸纳多元供给主体，包容治理权威的多样性，在自愿和平等的前提下，保持组织系统结构弹性、优化整合治理资源和增加多元主体参与，从而促进各主体共同维护和增进公共利益。②制度协同，是指借助公共权力，理顺不同制度关系中的多元主体之间的关系，从发展乡村社会组织、加强村民自治、优化社会资源、创新供给体制等方面，架构起行动理念一致、主体相互认同、激励约束相容的普遍道德、正式规则和非正式规则相互嵌套的制度环境。③过程协同，是指多元主体在资源整合、任务分工、共同行动、资源共享和联动机制等方面和谐共生，实现对系统诸要素及部分的关系协调、资源整合与持续互动。

然而，由于受政府职能转变滞后、行政控制路径依赖、基层政权"悬浮"、

① 樊慧玲、李军超. 嵌套性规则体系下的合作治理——政府社会性规制与企业社会责任契合的新视角 [J]. 天津社会科学，2010（6）：91-94.

② 赫尔曼·哈肯. 协同学：大自然成功的奥秘 [M]. 上海：上海译文出版社，2005.

③ 全球治理委员会. 我们的全球伙伴关系 [J]. 马克思主义与现实，1999（5）：37-41.

④ 刘伟忠. 协同治理的价值及其挑战 [J]. 江苏行政学院学报，2012（5）：113-117.

农民"原子化"、乡村精英流失等诸多因素的影响，致使农田水利"协同供给"的主体协同结构、协调制度和协同过程难以实现。要实现农田水利供给中国家与村社农户互构式的协同治理，需要完善党建引领基层治理的制度规则、疏通党内上下沟通的正式渠道，凸显乡村普遍道德"隐秩序"的优势[①]，挖掘乡村基层政权向村社农户渗透过程中的地方性知识、自生性规则以及农户的合作能力。农田水利供给制度建设中形成的供给规则、治理秩序要契合国家意志与民生政策，进而不断拓展农户自治的成长空间，最终切实激发国家政权体制之外的村社力量和社会资本的有效参与。

第三节　农田水利协同供给的制度创新条件

一、基本制度环境条件

（一）经济制度与社会规则互构的制度环境

农田水利制度建设实践总是在特定的社会背景下发生的，社会政治经济变迁的性质、阶段、方向、规模、方式、深度和广度等，都形塑甚至规定着社会治理的很多方面；反过来，农田水利治理规则与实践行为，也影响着乡村社会治理的样态。正如，Granovetter（格兰诺维特）2001 年提出的一个新经济社会学命题"制度是由社会结构形塑的"，即经济制度（像所有的制度一样）不会以某种必然发生的形式从外部环境中自动生成，而是被社会建构的。制度的嵌入往往是一个宏大、多重因素交织在一起的、整体性的构造（胡宏伟，2006）。

根据制度嵌入性理论，制度的运行依赖于制度本身的合理性及其嵌入的制度环境的约束性。制度的合理性会随着制度环境的变化而变化，任何层面的制度都需要适应社会变迁而进行适应性改革和完善。制度的变迁往往不是制度本身的问题，而是为了适应制度所嵌入的社会风俗、文化传统以及其他影响制度形成的潜在制度；同时，为了促进制度更好地发挥效用，必须调整制度运行嵌入的制度环境（韩鹏云、刘祖云，2012）。这就要求在制度改进或创新过程中，必须充分考虑改进或创新制度安排对既有制度环境的嵌入性，并重视对制度环境要素的建构。

农田水利供给制度的形成、演化、存续、变革都受制于政治经济社会制度环境，受政治经济制度与理念、社会组织方式、乡村社会结构、社会网络等关键变量的影响，并在多元互动中不断发生变迁。嵌入在政治关系网络中的政治资本可以转化为经济资本（Geetz，1978；艾云、周雪光，2013）。政治关系网络是社会网络的特殊形式，处于权威体系中较高位置的政府控制着诸多有价值

---

① 辛璟怡，于水．主体多元、权力交织与乡村适应性治理 [J]．求实，2020（3）．

的资源，其中包括交易信息和行政资源，因此政治关系网络对促进市场交易、提供公共基础设施有着重要的价值和意义。农田水利的社会性生态系统中政府、村干部、用水协会、用水户、村庄社会资本、灌溉传统、村规民约、水文化等要素之间相互依赖、相互影响、相互制约，治水行为便是这些系统交互作用的结果。

进而，关于不同类型的农田水利供给制度为什么会产生，它们差异的根源是什么，制度嵌入理论也提供了富有借鉴意义的解释：国家之间早先的制度差异塑造了不同的经济治理模式，是因为历史给予了不同的社会以不同的政治制度、文化观念和社会组织模式等起始发展要素。因此，要构建有效的农田水利供给制度建设，必须系统考察其所嵌入的政治制度、文化观念和社会组织模式等制度环境和宏观社会变迁大背景，以确定农田水利制度建设的条件、需求、明确农田水利制度建构的路径与方向、设定农田水利治理的目标、构建农田水利治理的体制与机制。

（二）行动者协同共生条件

制度是一个开放的、动态的、耗散演化的、有人参与的系统，具有效率的非最优和路径依赖等复杂特征。农田水利协同供给制度建构，既要考虑不同时期物品属性和使用者属性变化条件下治理结构选择的动态性和适应性，还要兼顾经济、社会与生态基础及其相互适应性，从而实现政府、社会和市场多中心的衔接耦合与协同共生。

本研究特别强调的是，农田水利治理系统中的经济性规则和社会性规则非但能够独立地发挥作用，而且还具有交互强化的激励与约束作用。比如，村社的价值信仰具有增强水利资源的价值、集体的价值或合作的价值的作用，为自主治理制度规则的自我实施奠定社会经济基础；社群关系纽带有利于参与者信息沟通、互惠信任的加强和水利共同体的形成；民间权威有利于自治组织内的治理资源更加充分，形成更具集体性、更深厚的社会基础上的集体行动权力。

农田水利作为社会—生态系统耦合的物理特性和经济社会价值特性，决定了其供给制度既要关照物理基础设施（机井、泵站、渠道、水库和塘堰）有效提供和生产的制度建设，还要重视与其运行的社会基础设施（信任、互惠、社会网络）、制度基础设施（激励、协调、合作规则）有机嵌套，形成有效规范农田水利利益相关者权力和行为的规则体系，有效配置政府、社会、市场和农户的水利资源，促进农田水利系统的有效供给和可持续运行。特别是，由于农田水利提取与提供活动的多层次性和相互嵌套性，以及农田水利事关农业农村发展的公益性、基础性和战略性，农田水利供给活动统筹涉及国家、地方政府、乡村组织、社会组织和农户，农田水利供给制度必然存在多层次嵌套性的规则体系。

在农田水利系统的社会面和生态面的微观变量之外，农田水利系统所处的经济、社会与政治宏观体制环境，同样会对行动者的行为产生不同的激励，进而出现不同的水利供给结果和成效。这不仅包括使用者是否拥有互动沟通的平台，是否拥有开放型的公共舆论空间等社会体制环境因素，还包括是否有法定的对资源的所有权或其他使用权，市场机制的完善程度和可运行性，政策是否具有稳定性和适用性等政治经济体制环境因素。比如，政府对民间用水组织在水利建设管理投入的筹资机制、组织机制、分水规则、水费收取、惩罚机制等自治规则的认可和支持措施，以及社会纽带、民间权威、价值信仰等社会资源的运用，将使自我组织真正地社区化，并为之提供自我监督和制裁的行动情境，以及为其自我解决冲突的努力提供支持。其中，政府向农民提供组织管理、合作能力和节水技术等方面的培训和锻炼是一种有利于农民合作组织管理能力形成、组织规范运行、具有长期制度效益的支持措施。

二、供给过程协同

（一）供给过程协同的测度

根据奥斯特罗姆的制度分析与发展框架，农田水利供给制度有效性是多层次供给规则、动态化行动情景及其影响因素持续互动的结果。如图 8-1 所示，从行动情景影响因素看，有三组因素影响着行动情景：自然资源的状态及其变化、行动情景的社群性质、人们用来安排重复关系的规则。这三组因素的不同组合，为在不同行动情景中的灌溉系统使用者创制了不同的激励和约束。

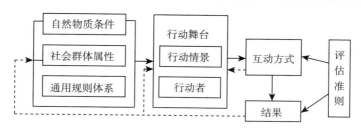

图 8-1 制度分析与发展框架

资料来源：E. Ostrom et al., Rules, Games, and Common Pool Resources [M]. Ann Arbor: The University of Michigan Press, 1994: 37.

从灌溉系统供给规则的制度过程和运行结果看，制度过程和实施结果在不同程度上受制于下列四类的情景变量：一是水利资源/物理条件的属性；二是嵌入行动者的社群的属性；三是创造诱因和限制特定行动的规则；四是与其他个体乃至水利系统自然信息的互动。灌溉系统使用者针对上述激励约束做出回应，并带来不同的策略性互动结果，从而决定农田水利供给绩效。

上述这些微观变量还将受到资源及其占有者所内嵌其中的更大的体制环境和外部关联生态系统的影响。其中，宏观的制度因素将提供关于农田水利系统的具体的信息，为水利活动参与者提供发现和解决冲突的行动情境，允许其自我组织起来，并为之提供自我监督和制裁的支撑机制。相比于所有水利系统治理的决定都由中央政府作出的集权体制，在这种宏观制度背景下，水利参与者更有机会采取有效的供给措施和供给制度，促进农田水利的可持续发展。

（二）提供与提取规则协同

1. 农田水利的提供和提取问题

农田水利是一种自然生态与人工生态的复合生态系统，农田水利不仅服务于农业生产，而且有利于水资源环境的改善；农业承担着保证国家粮食安全的基本任务，农业用水权关乎农民基本生存权，水资源环境则关系着当代人和后代人的生存条件。因而，农田水利承载着代表公众利益的生态环境功能和社会公共价值，具有代内外部性和代际外部性的特征。

从本书第二章关于农田水利的复合交易特性的特点看，农田水利系统具有的经济性交易属性和社会性交易属性，共同塑造了农田水利的复合交易特性。这一特性往往造成排他性措施失灵、排他性产权失效和排他性制度规则受损，在抗旱排涝设施稀缺性攀升的现实场景中尤其如此。农田水利系统这个重要特性及其引发的问题，可以进一步细化为农田水利的提供和提取问题。

一是农田水利的提供问题。当人们需要大量资源以建设并维护存储与输送水资源的各种设施时，就产生了提供问题。因为通常很难将水利系统流域内的其他灌溉者排除在外，在"经济人"假设下，每个灌溉者都缺乏对灌溉设施的建设与维护进行资金或劳力投入的激励。为了促使流域内受益者能够在提供方面实现集体合作，就需要制度规则，详细规定每个受益者为建设与维护灌排基础设施必须做出的贡献。

二是农田水利的提取问题。若水量不足以满足用水者的农业生产需要，就会产生提取问题，需要通过一定的方式对水资源进行分配以确保有效使用。分配水的标准上可以是人们持有的灌溉水定额、耕作的农田面积等。无论上述哪些因素为标准，人对规则的需要，意味着一些用水者所能获得的水量将少于他们期望得到的水量。随着可获得水资源量的减少，灌溉水使用者创造条件增加水资源供给、增强水提取能力或违背分水规则超额提水都会存在并趋于加大，而做出怎样的选择，则受其行动情景和相关制度约束力的影响。

2. 农田水利提供规则与提取规则协同问题

根据奥斯特罗姆的观点，有七类正式与非正式规则，共同塑造着农田水利供给行动情景，进而影响行动着的行为选择及其互动结果（图8-2）：

（1）位置规则：确定一组位置以及每个位置有多少参与者、影响参与者的

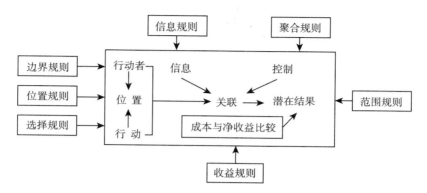

图 8-2　七种规则直接作用于具体的行动情境

资料来源：Elinor Ostrom. Understanding Institutional Diversity［M］. Princeton University Press，2005：189.

位置和立场。比如将灌溉协会中成员位置划分为分水员、管护员、监督员或其他协会管理人员。

（2）边界规则：限定参与者资质的规则，规定参与者怎样进入或离开位置。比如，灌溉协会规定农民加入协会、进入协会管理层位置必备的资格或资质条件。

（3）选择规则：规范参与者行为的规则，规定决策树上每个节点位置的一组行动范围。比如，用水者协会要明确说明分水员受到质疑后下一步可以做什么。

（4）聚合规则：影响控制与转换的规则，规定决策树具体节点上，将行动对应于中间结果以至最终结果作出判断。例如，在用水者协会的会议上，根据每个成员投票结果，经过加权统计，就是否改变协会运行规则做出决定。

（5）范围规则：规定可能受到影响的一组结果。例如，如果水库的水位线低于水库生态用水所需的水平，那么从水库取水用于灌溉的行为将被禁止。

（6）信息规则：明确决策点上每个位置可用的信息及影响因素。例如，在用水者协会的年会上，协会的年度财务结算和来年收支预算情况应向协会会员通报，并接受会员审议。

（7）收益规则：以完整的行动选择范围与所达到的结果为基础，有关参与人的成本与收益比较或禁止情况的规则。

在一定的水利资源单元或产权界限范围内，不同参与者处于各自不同的立场和位置上，在一定的信息规则和聚合规则下做出不同的选择和行动。水利系统运行的社会性和自然性信息流作用于特定位置上的行动者，会引起一定的控制与转换行为，在收益规则的作用下，行动者通过成本和净收益的比较做出不同的水资源提取或提供行为选择，对水利系统运行产生不同的结果。这些规则都可以由理性的资源占有者通过自我协商、相互协调，对社群集体行动予以制定和执行。

可见，农田水利供给绩效既取决于基本的制度规则，也取决于水利系统赖以存续的自然生态条件。要评价农田水利系统供给绩效，需要理解农田水利系统引发的提取和提供方式问题的行动情景，考察农田水利系统运行的宏观环境因素和微观互动机制及其在系统自组织秩序，分析其背后关键的影响因素。

三、权力结构与供给制度协同

从中外农田水利发展历史来看，不同时代、不同技术、不同区域环境下，农田水利供给制度是国家介入程度及其与社会组织交互关系的集中体现。治理本义上讲是治理主体的多元化，强调各治理主体在治理过程中加强合作与协调；多种多样或互相冲突的利益集团博弈互动的动态均衡形成多样化的供给制度。可以根据国家干预强度（集权与分权）、治理权力集中程度（科层与市场）、国家社会互动关系（统治与自在）三个维度，将农田水利治理模式划分为六种类型。按照上述逻辑，可进一步将农田水利的交易特性、相关主体的行为能力和合约治理形式结合起来，讨论农田水利有效供给的供给制度匹配机理。

根据组织权力结构的不同，可区分为独裁型组织的政治形态、专制型组织的政治形态、分权型组织的政治形态、参与型组织的政治形态、无政府型组织的政治形态等五种类型。根据契约经济学理论，契约治理是一个连续统，在市场和科层制两个极端之间还有着一些混合供给制度。在市场上，"看不见的手"通过价格机制来协调经济活动。在科层制中，各交易方在权威第三方的管理控制下进行交易。而混合供给制度则是治理结构的中间状态，既不是市场也不是科层制。混合供给制度较之科层制对资本更具激励性和适应性，较之市场又提供了更多的管理控制。

借鉴库曼的划分方法，本书把协同治理看做是与社会自治、科层治理相区别的人类社会的第三种治理模式。如果说社会自治指的是社会主体的自主管理或公共服务的社会供给，科层治理指的是政治国家的集权管理或公共服务的国家供给，那么协同治理指的就是国家与社会的合作管理或公共服务的合作供给。农田水利供给制度模式的选择，可以从"科层—市场"集权强度和"威权—自主"政府干预强度逐步减弱的两个维度的谱系在一个二维坐标轴中表示出来。

如图8-3所示，横向表示权力集中化、层级化程度由集权科层、协调、协商、协议至自由市场的逐步减弱的治理模式谱系，也可以用"剩余控制权"概念来度量权利层级化程度；"科层"情形下，所有的剩余控制权掌控在上级决策实体手中，下一级决策实体完全失去剩余控制权；"协调"情形下，协调机构掌握较大的自主决策权，下层决策者仅有少部分剩余控制权；"分散自发"情形中，决策实体对自身的决策拥有完全的控制权，决策者之间不发生联系。

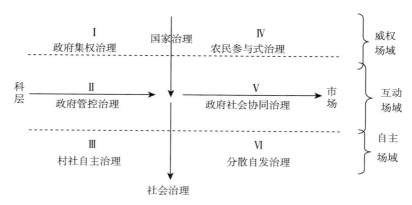

图8-3　农田水利治理场域与制度形式匹配示意图

图8-3中，纵向表示国家权力干预治理行为的力度由强变弱的谱系。进而，根据国家与社会互动强度，将图的上部1/3部分代表国家强权驱动的场域，中间1/3部分代表政府—社会互动的场域，下部1/3部分代表社会自主场域。互动场域的治理与国家强权场域的重要区别在于：它打破了公共政策政治目标的单一性，使政策走出单纯对政治机构负责的单线的线性关系形态；在互动场域中，行政权力的外向功能会大大地削弱，治理主体不再依靠权力去直接作用于治理对象。互动场域内治理的基础不是控制，而是基于互惠、认同和共识的协调。据此，可以构建六个模式的农田水利治理模式演进分析框架，即政府集权治理模式、政府管控治理模式、农民自主治理模式、分散自发治理模式、农民参与式治理模式、政府社会协同治理模式。该框架本身就暗含着农田水利治理体制的变革方向，即从政府集权治理到政府社会协同治理模式的转型。

（一）分散自发治理模式

该模式是在国家和社会力量都比较弱小的情况下，用水决策实体之间不发生联系，对自身的决策拥有完全控制权，国家无法将治理规则转换为被民众广泛认可的灌溉管理制度和方法，社会也无法利用自组织力量构建起自我维系的灌溉秩序的一种无主体的模式。在这种模式下，政府管理缺位，社会管理弱化，整个社会处于无政府的自由放任无序状态。

（二）政府集权治理模式

这种模式的特点是国家强大到足以能够把整个社会纳入到自己的行政序列

之中，其主要特征是"强制秩序、政府包揽、行政统管"，即社会组织没有自主决策权和剩余控制权。在此种模式之下，政府凭借国家权力实现对社会的全面控制和政治化统治，其本质是国家对社会的强权统治，政府成为典型的"全能型政府"，对农田水利采取实行自上而下的"政社一体"的统一建设、统一管理，社会力量丧失主动性，处于被动的、压抑的附属状态。

（三）政府管控治理模式

该模式主要是存在于强国家—弱社会的体制中，随着社会主体意识和自组织力量生发，国家向社会转移一部分与用水户直接相关的灌排设施的经营管理权，私人或社会组织（用水户协会、农民等）等决策主体拥有政府限定的农田水利设施或末级渠系的经营权、管理权和收益权，但没有剩余控制权，村域内小型水利工程的剩余控制权掌握在村级准行政组织（村两委）手中；政府或其委托管理机构（如灌区工程管理机构）是灌排系统的主要提供者和管理者，掌握着大中型农田水利工程和产权尚未下放的排灌站、水坝等基础设施的供给决策权和剩余控制权。

（四）农民参与式治理模式

该模式是指无论组建合作社参与还是个体参与水利建设管理，都是在基层政府或灌区水管单位的分级指导、控制、审批下进行的，农民用水组织更像是政府管理灌溉末级渠系的代理人，政府行政力量实质上掌控着农田水利建设管理的决策权和剩余控制权；用水农户虽然拥有部分灌排设施的经营权、管理权、建设权，乃至所有权，但是其财产权利、决策参与权和工程投资剩余控制权的产权强度都比较弱，容易受到政府乃至村集体的侵扰。比如，在国家给予行政手段的水资源赋权体系中，农民组织对水价制定并未有多大参与权和决策权，作为其主要收入来源的水费收取和剩余控制权得不到有效保障。

（五）村社自主治理模式

该模式下是指彼此依赖的农民群体通过对话与协商形成集体行动共识，通过"自我组织、自我达成协议并执行"来实现共同目标的社群自主治理模式。在对地方农田水利资源的治理过程中，虽然有政府、市场、社区等多个权力中心同时进行农田水利供给活动，但集体行动应当尽可能在农民社群治理层次上得到解决，农民组织拥有所辖区域的农田水利建设管理决策权和剩余控制权，其他组织或更高的治理层次主要承担辅助性功能。

（六）政府社会协同治理模式

这种模式适合于政府与社会在应对社会生态系统较为复杂，需要充分发挥政府机制、市场机制和社会机制各自比较优势的条件下，基于社会生态系统的复杂性、各子系统的独特属性和交互影响结果的不确定性，强调社会生态系统的直接利益相关者、相关行动者之间协商对话，不断学习并改变以适应社会生态系统的变化，增强治理的适应性和生态恢复力，以促进社会生态系统有序发展的治理模式。该模式中，政府与社会组织通过磋商解决共同的水利事务，由于共同协商达成"一致性共识"，某些决策实体主动或被迫让渡一部分剩余控制权，以保障整个系统的剩余控制权的存续和总体福利最大化实现，保持农田水利社会生态系统的持续稳定发展。

第四节　农田水利供给制度创新的内在机理

一、农田水利供给制度有效性分析框架

农田水利供给制度建设作为一种资源的聚合及配置，不仅是治理问题，亦是权力的建构问题。农田水利作为人—自然耦合的产物，其子系统之间存在着相互影响而又相互合作的关系，农田水利系统中资源子系统的变化不仅仅是孤立的自然演变，而是与其他子系统的变量相互作用的结果，资源子系统的变化会冲击治理子系统和使用者子系统，反过来，也受后者的影响。农田水利供给制度创新，需要将农田水利的资源系统、治理系统、使用者、制度结构、资源产出（社会、经济、生态和制度绩效）等众多变量整合在一个包容的"社会—生态"系统（SES）里，从发挥政府、社会和市场的比较优势视角出发，阐释政府、社会、市场组织在农田水利供给中的行为能力、分工互构的内在逻辑，构建农田水利供给制度创新的"社会—生态"系统耦合分析框架。

农田水利社会生态系统是社会、经济与政治背景和关联生态系统构成的宏观环境系统的组成部分，既受到宏观环境系统各要素的影响，又对其产生反作用。在外部宏观环境和内部微观变量的共同作用下，农田水利社会生态系统必须具有自我学习、自我适应、主动恢复、动态平衡的功能。根据社会—生态系统分析方法，农田水利供给绩效和产出水平取决于特定时空状态下农田水利系统治理结构，以及由此决定的社会生态系统各子系统应对干扰的互动方式和恢复力。所谓恢复力是指个人、社会组织或社会—生态系统适应压力或扰动的能力，自组织并学习以维持或改善系统必要的结构和运作方式（Speranza C. I.，et al.，2014）。恢复力能在动态变化中保持其原有的基本功能、结构、特性和反馈作用，如果系统已经陷入到非理想状态，则强调改善系统恢复力，促使其向理想的体制转变，并加强该体制的恢复力。农田水利治理系统的社会恢复力主要包括资源利用方式、治权实现方式、治理体制机制等，农田水利资源系统的生态恢复力主要包括多态水共生、资源产出规模、资源更新速率、功能价值实现等。

农田水利系统的供给绩效作为系统吸收干扰和变化重组新的信息，会反馈给各子系统，促使各子系统改变资源流动范围和分配边界，调整资源提取或提

供行为，促进或者抑制既有制度规则或治理结构的运行，诱致制度规则、治理结构的适应性调整与优化。农田水利社会生态系统的复杂性和不确定性以及基于多元主体的利益冲突引发的控制难度，要求农田水利治理必须考虑不同的利益相关者之间的协商对话，并给出一系列符合社会—生态系统动态发展的不断学习、不断增强治理弹性的多中心的制度策略，以实现农田水利系统的"社会面"子系统与"生态面"子系统有序互动，提高应对干扰的适应能力和系统恢复力，从而维持农田水利的持续有效运行。图8-4展示了农田水利供给制度有效性分析框架。

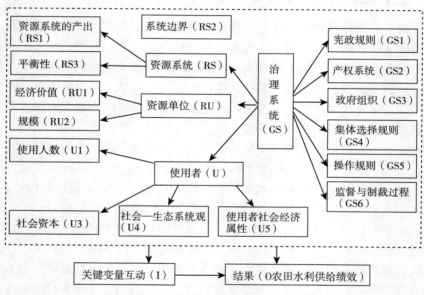

图8-4　农田水利供给制度有效性分析框架

如果农田水利系统陷入供给不足、功能衰退、效率低下等非理想状态，则需要改善系统恢复力，进而需要加强其治理系统的恢复力。理解和评估恢复力通常有缓冲能力（Buffer Capacity）、自组织（Self-Organization）和学习能力（Capacity of Learning）三个维度。缓冲能力可描述为系统保持基本结构和功能条件下可承受（吸收）的变化量（干扰）；自组织是指通过社会结构（自上而下的过程）和人的行为（自下而上的过程）重建社会规则、规范、价值和组织，社会—生态系统中的自组织多强调人类社会面对扰动与变化的行为调整与适应能力；学习能力强调获取知识、技能、经验，并将其转化为行动的能力，一般包括对环境变化的认知、共同的社会愿景、学习机会、知识共享与转化、社会记忆增强等。

从本质上讲，这些因素都有赖于治理系统、使用者与资源系统和资源单位的信息沟通与反馈互动的正式和非正式制度的激励约束，以维持农田水利系统的"社会面"与"生态面"的动态调适。制度作为社会群体内部用于解决某类协调问题的一套行为规则，它以宪政规则为统帅，以社会成员的价值观和道德伦理传统为基础，内在一致性地支撑制度系统功能的发挥，离开这种自成一体的制度系统，单项的制度规则既不能发挥预期的功能，也难以付诸实施。制度作为具有社群共有信念的自我维系的规则体系，以一种自我实施的方式制约着参与人的策略互动，反过来又被他们在连续变化的环境下的实际决策不断再生产出来（青木昌彦，2001）。

这种制度自我实施和再生产能力，直接影响着国家政策能否转化为可执行、可信任的制度，进而影响着农田水利治理结构交易成本的高低、资源相对价格的改变、潜在利润的出现和治水制度变迁的进程。因而在 SES 框架中适应性治理关键影响变量之外的经济、社会和政治背景、资源利用历史等其他一些变量，可能比既有的认知更为重要（王亚华，2018）。对于经济社会快速转型的中国而言，政策制度化、顶层设计地方化、产权强度、产权实现形式、实现机制、沟通协调机制、组织学习机制等制度性因素显然具有特别的重要性。

二、农田水利供给制度创新有效性的决定逻辑

农田水利活动是人类兴水利除水害、改善农业用水条件，改善农田生态环境的一种社会实践活动。农田水利作为与生态环境系统相耦合形成的一种"资产"，与生态环境系统相似，其最大的价值在于为社会经济系统提供了多方位的支撑，为人类提供多样化生态产品和生态服务，其经济社会功能和价值是在人的认识和实践活动中生成的，并通过人化自然和自然化人得以体现。表面上看，农田水利供给问题是农田水利工程建设、管理和水资源提取问题，实质是人与自然关系问题，既包括一种人与生态自然的物质、能量和信息交换的自然关系，还包括以自然为"中介"的人与人之间的利益关系、社会关系。

随着经济社会发展、水资源稀缺性的增强，人们对农田水利多功能价值的需求日益丰富，对灌溉供水、防涝排水、防洪泄水、水环境和水生态安全用水的需求强度和需求层次会不断转型升级，从而决定了农田水利发展目标与功能价值内涵需要不断拓展，从而要求农田水利的治理系统应具有响应农田水利资源系统变化及其功能实现需要的信息反馈和适应性治理能力。国家、村社、农户和市场组织各自的权利空间、知识结构、信息渠道和行为能力具有不同的比较优势，但其比较优势发挥的最终效应，还取决于外部环境条件。任何一个治理主体的任何弱小的力量都可能发挥极端关键的作用，并非力量最为强大的治理主体就能发挥最为重要的作用，不能根据治理主体力量的强弱对其治理能力进行排序。这样理解，就会发现，所谓国家集权治理模式、市场化分散治理模

式、参与式治理模式、村社自主治理的治理模式，都存在严重的缺陷。

农田水利供给制度创新的基本出发点是让公共权力回归于社会和基层民众，依据各自的分工优势，形成互促互鉴、行为协同的水利共同体。通过构建相关主体沟通对话、民主协商、适应性学习、网络化互动的公共平台，不断完善系统内各要素之间的协调机制和互动方式，发挥相互之间的协同作用，适应社会生态系统的变化，形成协同效应。政府、市场、社会构成多层次、多权威中心的治理体系，每一个层级都有一些自治权，多元治理主体合作、协商形成有序秩序，通过竞争和协作给予公民更多的选择权和更好的公共服务。不同的决策实体由于面临不同的信息结构，其行使同一种决策的有效性会有不同；某些决策在某些层面进行，可以有净利润，因而将与产权或管护方式相关的决策赋予不同层面的不同实体，可以使农田水利治理决策的交易成本最小化、供给绩效最优化。

在农田水利供给体系中，每一种供给制度的相对重要性随着发展阶段与水平的不同而不断变化，但在某一时点下，政府对协调系统要素之间互动方式或反馈机制的建构对于系统稳态实现跃迁起着至关重要的作用。根据嵌套性制度分析框架，协同治理需要采用分阶段、分级别、分层次的多样性制度设置，从而加强政府、市场、社会组织之间的协同共治，三者既各司其职又协同治理，其中政府起主导作用，市场起决定性作用，社会组织起自组织作用[1]。

农田水利供给制度创新中，政府主导、社会协调和市场激励是其运行的根本前提，而自主治理则是其有效运行的基础。通过社会分权和充分赋权，赋予农民和市场组织独立的水利产权和自主经营管理权力，可形成政府社会合力兴水治水的协同效应，促进人水和谐共生。政府与社会力量通过价值认同、资源交换、民主协商、互惠合作等方式来协调权利和互动关系，平等参与农田水利供给决策的制定、执行与监督，建立起国家、利益集团、乡村社会之间的协同互动网络，自主创立治理规则，自主参与治理过程。超越政府过程的社会参与方式，能有效克服单靠市场或政府来实现水利供给的不足，提高农田水利供给质量和效率（图8-5）。

因此，在农田水利供给过程中，一要发挥政府应有的宏观调控作用，通过各项法律法规以及农业政策的制定来提高全社会的资源配置效率；二要发挥市场配置资源的基础性作用；三要强化社会组织的自组织作用，因其具有自愿

---

[1] 协同学创始人哈肯（1988）关于自组织的经典定义：如果系统在获得空间的、时间的或功能的结构过程中没有外界的干扰，则系统是自组织的。他还给用一个实例来解释："比如说有一群工人，如果没有外部命令，而是靠某种相互默契，工人们协同工作，各尽职责来生产产品，我们把这种过程称为自组织。"

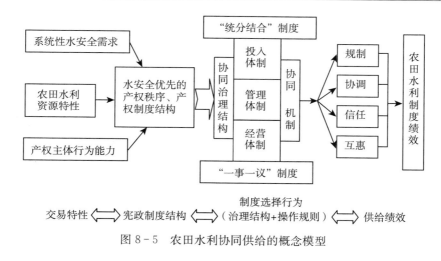

图 8-5 农田水利协同供给的概念模型

性、非营利性，可以弥补政府、市场的双重不足，一些建设任务交给社会组织会更加高效。政府调控、市场交易和社群自治的作用相辅相成，缺一不可。到底是市场作用多一些还是政府作用多一些，需要根据农田水利的社会系统与生态系统的经济技术特性的具体情景来相机抉择。

农田水利供给绩效既取决于全社会水安全需求及其决策的制度规则体系，也取决于水利系统赖以存续的自然生态条件。农田水利制度过程和实施结果在不同程度上受制于下列四类的情景变量：一是水利资源特性；二是嵌入行动者的系统性水安全需求；三是创造诱因和限制特定行动的规则；四是产权主体行为能力与其他个体乃至水利系统自然信息的互动。农田水利供给制度针对上述激励约束做出回应，并带来不同的策略性互动结果，从而决定农田水利供给绩效。同一套制度规则，在不同的自然因素约束条件下，可能会产生不同的行动激励，并进而产生不同的治理效果。只有当制度规则与特定的自然生态环境相匹配时，灌溉水提供和提取的非合作博弈才能转变为均衡的合作博弈。要评价农田水利系统供给绩效，需要理解农田水利系统引发的提取和提供方式问题的行动情景，考察农田水利系统运行的宏观环境因素和微观互动机制及其治水秩序。

根据对行动场景中行动和结果具有累计影响力的规则嵌套关系，可以将农田水利供给制度划分为操作层、治理结构层和宪政层制度三个层级。农田水利的宪政层制度，通常是由国家的中央部门制定，它规定了下一层决策者的行动空间；治理结构位于中间层，由决策、提供、生产和运营某项任务的全部参与者和一定的参与机制构成（包括地方政府、村集体、农民组织、私人组织和农户等），负责制定集体选择层次参与者的行动规则与操作层的规则；操作层的制度是由治理结构层的参与者制定，直接作用于个体行动者。从三个层级之间的权力关系看，中央政府是受益农户的委托人，中央政府部门作为最高权力实施者和监督者，有权对治理结构层的参与者颁布命令，具有行政命令乃至法治强制力；而治理结构层的参与者与受益户之间应该是平等关系，不存在等级关系。

农田水利协同供给制度就是充分尊重农田水利社会生态系统的利益相关者的主体权益，通过构建相关主体沟通对话、民主协商、适应性学习、网络化互动的公共平台，不断完善系统内各要素之间的协调机制和互动方式，注重发挥相互之间的协同作用，适应社会生态系统的变化，形成协同效应，提高治理的适应性和生态恢复力，促进农田水利系统持续高效发展。

第五节　农田水利协同供给制度创新的理论与实践逻辑

一、理论逻辑

协同治理是对管理方式固化、集权控制高成本、政策执行低效乃至扭曲的回应。农田水利作为人—自然耦合的产物，其子系统之间存在着相互影响、相互合作的关系，农田水利系统中资源子系统的变化不仅仅是孤立的自然演变，而且是与其他子系统的变量相互作用的结果，资源子系统的变化会冲击治理子系统和使用者子系统，反过来，也受后者的影响。协同学发现的复杂系统中子系统之间产生的协同作用和协同效应的规律，对于处理农田水利社会—生态系统内子系统之间的关系具有较好的借鉴意义。

（一）制度嵌套耦合分析

根据奥斯特罗姆提出的制度嵌套理论和查林（Challen、Ray，2000）提出的制度科层概念模型，规则在各种不同层次上相互嵌套；若要规范某一层次的行为而改变规则，需要在更高层次的"固定"规则的限制之下进行，从而保证按规则行事的人们可得的收益预期更稳定。

农田水利供给制度具有以下分层结构特征：中央、地方政府、乡村组织和农民等不同的决策实体，由于各自具有不同的资源和信息结构，他们行使同一种决策的有效性会有所不同。如果某些决策在中央、地方政府、村组或农户的层面进行，能够有净利润，则将与产权或提供方式相关的决策赋予相应的行动主体，可以使农田水利供给的交易成本最小或供给绩效最大。根据对行动场景中行动和结果具有累计影响力的规则嵌套关系，可以将农田水利供给制度划分为操作层、治理结构层和宪政层制度三个层级。第一，操作层制度，是指直接影响农田水利供给活动参与者做出日常决策的边界规则、奖惩规则等操作性规章制度。第二，治理结构层制度，是指决定操作活动参与者的资质、改变操作层制度所使用的具体规则等，能够对操作活动与结果造成影响的集体选择层面的制度。第三，宪政层次制度，是指决定集体选择活动参与者资质、设计集体选择规则所使用的程序或法律，会对集体选择规则造成本质性影响，并进而影响操作层规则与结果的最高层次的制度（图 8 - 6）。

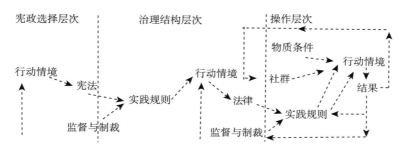

图 8 - 6　多层嵌套性制度分析框架

资料来源：埃莉诺·奥斯特罗姆．公共事务治理之道：集体行动制度的演进［M］．上海：生活·读书·新知三联书店，2000．

需要注意的是，农田水利治理困境的层次越高，要解决这个问题的难度就越大。在每个制度层次上，都可能有一个或更多的行动场景。比如，农田水利协同治理行动困境不仅发生在操作层次上，也经常发生在集体选择与宪政选择层次上。

（二）多种属性和谐共生

农田水利资源系统多层级衔接配套和资源单元赋存状态，是决定农田水利供给绩效的生态性因素。农田水利资源单元是由乡村河流、湖泊、水库、坑塘、堰坝、湿地、地下水，以及无机环境相互作用构成的一个动态、复杂的功能单元。农田水利系统维持在可自我更新的良性循环状态，是其自然功能（含生态功能）、社会经济功能均衡发挥的前提条件，是相关区域经济社会可持续发展的根本性支撑。水库、渠系等蓄水与输水设施拥有良好的水循环体系、水沙通道、水质和水生态环境，是灌溉系统输水效率、水流自净能力和生态功能发挥的物质基础，也是灌溉系统自然功能和社会功能均衡发挥情况下自然功能的表现状态。不能忽视的是，在灌溉系统自然功能用水和人类生产生活用水基本得到保障的情况下，农田水利系统的护堤林带、滩地乔木穿带、灌木穿带、水生植物带，有利于清淤清障、有效遏制沙尘、改善水质、美化环境、恢复和维护河道生态，使灌溉渠系成为水清、草绿、林茂的绿色生态通道，有利于增强其水资源更新能力、循环再生能力和流域防洪能力，有利于其提供自然优美环境和增强生态服务能力，更是保证该系统健康运行的重要标志。

水库、池塘、地下水流域等水利资源单元有两个重要特征引致其持续供给难题。一方面，排他难。排除众多的抽水者，是非常困难的，且成本很高，容易引起纠纷。另一方面，竞争消费的负外部性。当从资源单元抽取的水超过补给量时，抽水者相互引起了提取的外部性问题。水位下降就意味着抽水的距离加长，较长的抽水距离使得抽水者的成本增加，若水位下降到一定深度，水塘、机井就会干枯，人们必须再往深处挖塘或另挖水井，抽水者的成本将会更高。在水源缺乏地区，由此引发的问题甚至更严重，比如地表土地下沉或裂开，破坏地表结构，危机居民生活，这在一些地方已经出现。在沿海流域，地下水位降低至海平面以下，将出现海水倒灌并降低淡水质量，使得淡水不能再使用于许多重要用途，包括人类的消费。如果水不可利用，甚至不安全，那么人类、动植物的健康以及巨大的经济财产都会处于危险之中。当地下水资源枯竭或污染，至少意味着人们要依靠从外地调入水资源，而输入水资源的成本更高，供给数量和质量更不稳定，也会使当地陷入经济和生态困境。

农田水利系统的经济功能过度开发往往危害河流水系的健康生命，导致其自然功能和社会功能衰退，进而严重制约经济社会可持续发展。

（三）经济社会规则交互强化

在农田水利系统的社会面和生态面的微观变量之外，农田水利系统所处的经济、社会与政治宏观体制环境，同样会对行动者的行为产生不同的激励，进而出现不同的水利供给结果和成效。这不仅包括使用者是否拥有互动沟通的平台，是否拥有开放型的公共舆论空间等社会体制环境因素，还包括是否有法定的对资源的所有权或其他使用权，市场机制的完善程度和可运行性，政策是否具有稳定性和适用性等政治经济体制环境因素。比如，政府对民间用水组织在水利建设管理投入的筹资机制、组织机制、分水规则、水费收取、惩罚机制等自治规则的认可和支持措施，以及社会纽带、民间权威、价值信仰等社会资源的运用，将使自我组织真正地社区化，并为之提供自我监督和制裁的行动情境。

二、实践逻辑

当前我国农村农田水利产权制度正在经历着以社会政治属性为基础的水利产权秩序向以经济属性为基础的水利产权秩序的转型：一是秩序系统从人治走向法治，二是经济赋权从政府主导转向市场支配，三是社会赋权从国家至上走向社会分权，四是政治赋权建设从控制走向开放。这种转型带来了三种水利产权属性的并存与对垒，构成了当前农田水利投入难、组织难、管理难的深层次原因。为改变当前中国农村基础设施供给不足的局面，应该将宪政制度创新、治理体制和基层制度创新结合起来。基于农田水利产权属性、交易特性和水利参与者分工优势，依据产权属性与产权实现机制匹配的交易成本最小化原则，构建政府社会协同的农田水利供给制度，以治理体制改革创新带动农田水利供给制度体系的全面创新，为利益相关者动力协同、利益协同和优势互补提供激励相容的制度保障。

政府社会协同治理是改革传统单一公共管理主体范式"失灵"和破解公共行政碎片化现实困境的产物。建立政府社会协同的农田水利制度体系，有利于克服国家、市场和乡村社会各自治水能力的有限性，激发农民和社会组织参与农田水利设施供给的动力和活力，让互相独立的多元决策中心自主性地在竞争性关系中签订合约，依据各自的分工优势确定各自在农田水利合作性供给中的地位和作用。随着协同治理体系内相关主体的互动、反馈和信任关系的持续加强，关系型规范会在社会生态系统的协同平台内发展并建立起来。此时关系供给制度的作用就会不断得到强化，逐步形成信任、互惠、互补的农田水利供给新秩序，有利于利益相关者采取有效集体行动以维持农田水利社会生态系统的可持续性，有利于农田水利多方面功能的充分发挥。

政府社会协同治理是充分尊重利益相关方的参与权利、主张分权决策的治理模式，是建立在市场原则、公共利益认同之上的一种分工合作。该制度强调在政府主导农田水利改革发展、财政投入稳定增长和"一事一议"财政奖补制度框架下，政府、农民、社会组织、市场组织等各方平等参与，注重信息交流、民主协商、科学分工、有序协作，通过多元主体有效合作，寻求合理的一系列有效战略安排，充分发挥相关产权主体的分工优势和专业化功能，实现农田水利"最后一公里"问题的解决，促进农田水利多维价值功能的和谐共生。因而，构建政府社会协同参与的农田水利供给制度是提高其供给绩效的根本。

本质上社会分工是行为主体间产权细分及其安排，产权分离达成个人知识与权力行使之间的匹配，是发挥比较优势的有效途径。就农田水利治理而言，其工程和资源单元的产权目前主要分为所有权、占用权、经营权、转让权，若能将其经营权进一步细化为决策权、管理权和建设管护操作权，使"三权合一"的农田水利经营主体，分解为农田水利提供决策者、运营管理者、建设管护操作者的三重分离，并将不同的权能单元匹配给异质性比较优势的行为主体，从而拓展农田水利供给的分工和分业治理。

农田水利工程建设、管护、维修、提水、排水等生产操作权的交易，使得农田水利提供的不同环节，也能成为可经营的服务项目，发育出农田水利的生产性服务市场，促进农田水利提供和提取操作流程的工序分工，有助于形成农田水利的委托代理市场，衍生出农田水利职业经理人市场，引入企业家运营管理能力，解决农田水利管理能力和管理责任缺失造成的管理低效问题，提高工程建设管护和灌溉排水等生产操作活动的质量，并因专业化、智能化技术要素的引入，降低生产服务成本，提高农田水利建设管护和水资源服务效率，促进农田水利管理提质增效。

目前中国农民用水户协会负责人大多由村委、村民组负责人兼任的原因，就在于多数用水户协会依行政村边界组建与按水文边界组建相比，组织和协调成本更低，更便利。直接借用行政村的组织资源和政治资源，可以更容易向上级争取财政支持、项目资金，并提高协会的权威性和资源调动能力。当然，随着用水户协会组织动员能力、学习创新能力和制度建设能力的不断增强，社群自治和市场机制将成为用水户协会良性发展的长效机制。这也预示着在市场化转型期，政府参与和政府政策对于农民用水户协会的产生、存续和发展具有重要作用，甚至是主导性作用。这表明国家提倡的"政府主导、社会支持、受益主体参与"的农田水利改革发展工作机制是符合中国现实国情的。

第九章　农田水利供给制度创新路径与政策建议

　　社区这一主题是新型政治的根本所在，社区建设不仅意味着可以重新找回已经失去的地方团结形式，而且还是一种促进街道城镇和更大范围的地方区域的社会和物质复苏的可行办法。

——安东尼·吉登斯

第一节　农田水利供给制度创新目标

一、总体目标

　　中国迈进"满足人们追求美好生活"新时代的现阶段，农田水利已经成为农业发展、乡村振兴和农民富裕的战略性基础设施。坚持"节水优先、空间均衡、系统治理、两手发力"新时代治水方针，统筹乡村水生态保护与经济社会发展之间的关系，综合运用经济、行政、社会文化等手段，建立人水和谐共生导向的农田水利发展方式，成为农田水利制度建设的重点。而制度建设的关键在于让公共权力回归于社会和基层民众，通过向社会分权和充分赋权，让乡村内部自主性力量在农田水利治理中发挥基础性作用和更好地发挥政府的主导作用。因此，在乡村社会自主治水能力亟待提高的现阶段，农田水利供给制度创新构建的基本目标是通过程序、规则、体制、机制的科学设计和实施，健全政府社会协调兴水治水的制度激励，以制度系统化建设促进制度优势转化为治水效能。

二、基本目标

（一）构建权能匹配的宪政制度体系

　　农田水利供给主体权能匹配、权责对等，是保障多元主体动力协同、利益协同的制度前提。现阶段，农田水利发展的主要矛盾已经从兴利除害需求与工程能力不足的矛盾转为破解人水和谐需求与水利支撑能力不足的矛盾，需要立足《农田水利条例》关于农田水利的公益性定位，明确农田水利的公益事业属性，确立纵横向权能并重的农田水利产权秩序设计原则，构建权能匹配的产权治理结构。所谓纵横向权属并重是指，既要重视产权的纵向独立性组合，又要强调产权的横向清晰度界定，优化农田水利的产权治理形态和治理结构。其中，纵向"排他性产权"权能明晰反映产权技能在国家与社会之间配置状况，横向"排他性产权"权能明晰反映产权权能在社会主体间的分置状况。进而，通过健全农田水利公益事业发展政策和水利资源用益物权相关法律法规，明晰农田水利工程和水资源产权的受益主体（集体和个人）的产权权能和适用条件，提高治水主体权能协调度，为构建"节水优先、空间均衡、系统治理、两手发力"的农田水利供给制度提供宪政层面的权益制度保障。

（二）建立权责一致的多级政府协同主导制度

现阶段农田水利发展事关经济安全、生态安全和国家安全，需要站在国家战略高度，重新界定农田水利建设管理投入主体，将主要责任主体上升到国家和省级政府，明确中央统筹、省负总责、市县落实的分级负责、分层治理的政府主导制度。中央和地方政府要承担农田水利工程建设全部投入和管护物资设备投入的主体责任，并对农户合作兴修水利设施予以财政补助。建议在中央农村工作领导小组办公室（简称中央农办）专门设立以农田水利为核心的农村公共事业改革发展委员会，作为中央统管机构，统筹管理农田水利改革发展的各项工作，统筹行使，规范农田水利治理过程中公共权力运行和维护公共秩序的一系列制度和程序。为防止"多龙治水"和财政碎片化问题，要加强"政府领导、农业农村部门牵头、部门协作、上下联动"的政府合作协调机制建设，统筹田、土、水、路、林、电综合配套建设和建后管护等事务，加强农田水利发展的组织领导、业务指导、技术服务和督促工作责任，有效履行农田水利的建设投资者、管护支持者、经营监督者和制度创新推动者等角色职能。

（三）健全"三级联动"的基层水利组织领导制度

历史经验表明，县、乡、村是农田水利供给的重要组织资源和协调管理主体。在明晰各类灌排工程和水资源的产权主体基础上，按照权利对等、权能匹配原则，强化地方政府尤其是县级政府、灌溉管理机构、乡镇水利站在农田水利发展规划、发展投入、工程管理、基层用水合作组织建设等方面的主体责任，以及为农民自主兴修水利提供权益保障、财力支持、业务指导等主要支持者的责任和义务。加快构建权责明确、管理有序、资源共享、运转协调、监管到位的"三级联动"基层治水管理体系，构建开放包容、权责明确、利益协同、共建共享的农田水利共同体，夯实政府社会协调兴水治水合力的基层组织领导体系。

（四）建立"统分结合"的合作供给制度

"统分结合"的农村基本经营制度作为中国农村改革的重要制度资源，也是农田水利供给制度建设的重要制度环境，理当为农田水利协同治理提供本源意义上的制度支撑。通过法律赋权体系，加快构建"农民综合合作""村社合一"等"统分结合"的农田水利供给体制。明确农民用水合作组织、新型农业经营主体等农民组织作为农村集体水利产权法定代理人资格，赋予其村集体水利产权（工程产权和农业水权）经营管理权（使用权、收益权、转让权、入股权、抵押权等权利束）。在法律上清晰界定这些产权的权能、使用规范和实现机制，使其成为农村集体农田水利资源的新型集体经济组织，享有独立参与社会化分工和交易的民事权利，使其成为村社水利集体行动的有效载体。借此，以农户自愿联合为基础，开展与其他主体的合作，不断创新农田水利经营体系，凝聚社会兴水治水合力。

第二节　农田水利供给制度创新的推进路径

本书提出的农田水利供给制度创新，旨在构造一种政府、市场和社会多中心协同的农田水利供给逻辑，实现从行政性组织走向契约性合作。不同于市场化理论和行政集权的供给逻辑，农田水利供给制度创新，强调农田水利的有效供给和持续发展是一个多元主体的合作、协同过程，是统一与均衡国家治理与社会治理、集权治理与分权治理的过程。根据农田水利社会生态系统的嵌套分层结构特征，协同治水制度可以从宪政制度、集体选择制度和操作制度三个层次来建构。

一、以分权赋能优化宪政制度结构

（一）设立中央统管机构，健全政府协同推动制度

在今后相当长一段时期内，政府主导农田水利改革发展、履行第一主体责任是时代的需要和历史的必然。为此，需要建立健全政府主导农田水利发展的制度体系，中央政府在宪政制度建设中的作用尤为重要。要充分利用十九届三中全会审议通过的《深化党和国家机构改革方案》关于国家机构与职能改革的契机，在中央农办专门设立农村公共事业改革发展委员会，在农业农村部设立专门执行机构，统筹管理农田水利发展的各项工作，按照优化、协同、高效原则（即"科学合理、权责一致""有统有分、有主有次""履职到位、流程通畅"），将分散在水利部、自然资源部、财政部、发改委、交通部、扶贫办等部门的相关职能和权力，集中到农业农村部农田水利专门管理机构，已有的管理部门从事辅助工作。农业农村主管部门要在同级人民政府的领导下，承担起推动农田水利发展规划和法规政策的制定者和责任者、农民权益和农民组织的保护者和统筹国家与农民、城乡用水安全需求的渠道和平台责任。

（二）健全建设管理投入制度，强化各级政府投资责任

现阶段农田水利对农民收入增长的贡献率日益下降，而且其防洪、除涝、节水、保生态的功能具有极强的公益性与公共性，不仅事关农业农村发展，而且事关经济社会发展全局，事关经济安全、生态安全、国家安全，其建设管理理应回归公益性。①重新界定建设管理投入事权，责任主体依次升级。中央和地方政府要承担农田水利工程建设全部投入和管护物资设备投入的主体责任，并对农户合作兴修水利设施予以财政补助，为农田水利事业健康发展提供必要的资金投入和组织建设投入；村组和农户主要负责田间小型灌排设施的管护，农户合作兴修水利设施可以申请财政补助和政策性贷款。②建立多元化筹资渠道，在当前财税体制和"一事一议"制度环境下，基层政府和基层组织财力薄弱，无力解决农田水利投资和基层能力建设投入问题，需要依靠中央政府统筹农业开发、水利水电、高标准农田、水土保持、生态建设、乡村环境保护等发展资金，通过纵向和横向转移支付措施和基金项目支持等方式，健全财政投入增长机制，承担其建设投资主体责任，解决好农田水利投入不足和投资回报失衡问题。

（三）明晰村集体水利产权权能，强化村社合作治水动力激励

产权制度是产权在具体实施时所采用的社会契约形式，产权权力的分割，应当与参与者的产权行为能力相匹配，是产权价值有效实现的关键。为促进农村集体水利产权制度落到实处，并发挥应有的激励约束功能，可通过法律赋权体系，明确各类集体经济组织的水利资产经营权，并支持地方政府在实践探索的基础上，进一步明晰村集体水利产权的物权性、稳定性、流转性、资本性四方面特性。其中，物权性是产权的首要特性，即权利人依法占有、使用和收益等物权权能，但不含处分权能，在符合用途管制条件下，所有权人不得任意收回或调整；稳定性，即产权的长期性，是产权持有价值的保障；流转性是产权的重要价值特性，即在法律规定范围内可以流转其全部权利，权利人拥有完整的收益权；资本性是产权作为生产要素所具有的重要属性，确保集体水权可以作为入股、抵押或出资、合作的条件，发挥其在生产过程中的资本功能。在法律上清晰界定这些产权的权能、使用规范和实现机制，赋予用水协会等新型集体经济经营主体以独立承担民事责任的地位，培育其参与社会化分工的自由缔约和交易权力，使其成为村社水利集体行动的有效载体。

（四）赋予农民合作组织法人地位，促进供给制度地方化

农民用水合作组织，作为农民自治性的水利服务机构，要实现良性运行，不仅需要政府民政或司法部门的登记和授权以获得合法性，具有法人地位和社会地位；还需要通过产权制度改革，将灌溉工程设施的使用权、管理权、收益权和抵押权赋予合作组织，享有辖区内灌排工程和水资源产权管理主体的自主

权，成为真正的水利产权主体。政府、水管机构、乡村组织的作用仅限于支持地位而非参与管理和干预。大型灌区多个 WUA 联合形成农民用水联合会，有助于灌区水管单位在灌排工程衔接、输配水设施管理和征收水费上摆脱"一对多"的困境。

二、以治理结构创新提升制度效能

（一）构建立体式协同管理体制，夯实协同治水组织基础

制度既包括实体性和程序化规则，还包括相应的体制和机制。建构立体式农田水利管理体制，就是政府、灌区、村社和农民协同参与的"集权与分权""统一与分散"关系的协调过程。一方面，要加强政府主导制度的法治化、系统化、协同化建设，统筹制定各级政府在农田水利建设管理制度、水利产权交易法规、财政投入政策、金融保险支持政策、发展基金管理、社会投资支农政策和补贴分配规则。另一方面，要切实加强农田水利建设的组织领导、指导、技术服务和督促工作责任，增强乡村生产、生活和生态建设中的水利综合保障能力。更重要的是，要强调农民在农田水利供给过程中的主体地位和自主权，使财政资源和社会资本按照扁平化、网络化的权力机制向基层配置，给地方治理体制层面的制度创新预留空间，赋权基层政府和农民组织根据当地水利资源开发的规模、空间异质性、经济与生态发展目标等因素来选择适宜的供给模式、治理结构和协同供给机制，为不同的交易寻找最合适的治理结构来实现效率最大化。

（二）健全"一事一议"财政奖补制度，构建政府社会共商共治平台

村民"一事一议"财政奖补制度，是具有中国特色的村民与政府协商对话、社会资源与公共财政有机对接的制度设计。随着政府权力在农田水利供给中由"行政型整合"向"契约型整合"转变，农民对设施供给参与逐渐由强制型、诱致型向自发型发展，为农民获取水利服务的话语权、民主决策权和民主管理权提供了权力行使渠道，也为政府、农民、市场组织和社会力量协商参与、分工协作创造了制度化的共商共建共享平台。目前，由于议事单位、参会代表、决策程序、议事成本、实施成本等原因，导致政策执行过程中出现供给偏离需求方的诉求、"事难议、议难决、决难行"等执行困境。为此，需要坚持赋予用水农户议事主体权、控制行政裁定权的"一事一议"筹资筹劳原则，从健全农户权益表达机制、农民在场审批机制、供给流程监管机制、建设绩效评估机制等方面，完善"一事一议"制度与财政奖补有机衔接机制，挖掘该制度的独特优势及制度潜力。今后要通过乡村"一事一议"财政奖补常态化的项目申请、审批、验收等协商互动的方式，调动和整合相关主体的资源，增强其协同效应，降低治理成本，汇聚政府社会协同治水合力，提高治水绩效，夯实

政府社会协同治理体系的基础。

（三）构建"三级联社、户为基础"的"统分结合"经营制度

现阶段，在村社自组织治理资源匮乏的中国农村，随着村民诉求多元化，利益协调难度加大，单家独户治水的内在缺陷越来越明显，而建制村治水单元偏大，村民关注度、共识度低，迫切需要构建"三级联社、户为基础"的"统分结合"合作经营体系，创新集体产权实现形式。通过集体水利产权转移、自建工程产权确认等赋权方式和产权实现机制创新，来明晰各类新型农业经营主体参与农田水利供给的权利和责任，增强其动员农民自主合作治水的组织协调权力和能力，以此为多元化、社会化的基层农田水利服务体系建设提供强有力的制度支持。

因此，应该将现行的在建制村组建农民用水协会下沉至村民小组，强化村民小组治水单元地位，夯实农民合作治水组织基础，促进农田水利供给的"产权、财权、事权和治权"有机统一；进而，构建乡镇、行政村、村民组三级联动的用水协会联合社，形成"三级联社、组为基础"的农田水利合作经营体系。这样不仅可以扩大农民合作治水的物理空间和种类范围，提高治水的范围经济和规模经济，以取得不同水利工程衔接互济、功能倍增的协同效应；而且有利于在"统分结合"经营体系内，形成市场与非市场机制衔接的复合性产权供给制度，提高产权制度的激励约束功能，以此激发农民合作治水潜能。

三、以基层治理体系建设提升操作规则供给能力

（一）明晰用水组织治权边界，增强农民合作参与能力

农村集体经济组织是连接国家、农民和村庄的载体，集体水利产权制度改革会改变农民与农民、农民与村庄、农民与国家的关系。明晰集体水利资源的位置、范围、边界和受益群体的组织边界，是实现农民自主治理的制度保障。当前，应以深入推进农村集体产权制度改革为抓手，通过精准确权让历史遗留和各级财政投资形成的水利工程成为完整的设施资产和水权资产，在准确核定成员资格和量化股权的基础上，按照水源和水利工程覆盖区域内的受益户群体的集体所有权证，将资产价值同时移交给用水户协会、经济合作社等新型集体经济组织，推动集体水利资源"虚权"变"实权""实权变资产""资产变资金"，以有效赋权提升集体经济活力。在此过程中要广泛发动群众参与到村社水利资产清产核资、边界划定、确权到户、精准颁证、资产股权登记的全过程，让农民参与产权界定过程可以逐步培养民主协商精神、公共参与和法制意识，夯实农民自主发展的产权基础，增强农民自主设计产权保护、产权运用、合作发展机制的自治能力和自我实施能力。

（二）构建"三级联社，村为基础"基层水利联社，保障农民参与权益

有效的治水单元是保障农民参与权益、促进协同治水的组织基础。协同治理是多元主体互动、协商解决公共事务的持续过程，其基础是权力与能力相匹配。由于农田水利供给具有规模经济性和系统有效性，农田水利协同治理包含使用者的多元性、资源系统的多层次性等含义。比如灌溉排水系统的生产和使用特征是多样化的，规模经济并非都存在；小农户、规模户、兼业农户、家庭农场等不同农业经营主体的偏好存在异质性和集群性等特征，水利资源优化配置在大规模尺度更容易实现。

根据当前农村有效力的灌溉单元现状，以村民小组为水利自治单位，组建"三级联社、组为基础的"基层用水合作联合社，有利于统筹农民自主治理与治水规模经济的关系，可以使不同规模公共服务消费和规模经济成为可能。一方面，以村组为治水单元可以实现农田水利产权行使单元与治水组织单元在规模和能力上的相互对称，即治权与产权的对称性配置；用水户才会在共同利益激励下采取互惠的集体行动去最大化地实现水利产权价值。在村民小组内，治理单位与产权单位达成了一致，使得不同产权主体的产权利益关系得以协调，主体间的利益结构与空间规模均相互吻合，彼此成为集体产权及其利益的相关者，关注组织利益并参与筹资筹劳机制、运营管护模式、用水秩序管理、成本分摊机制、监督执行机制等组织事务管理，治水参与度就会提高，从而有利于农民自主供给制度的民主构建和自主实施。另一方面，以村民组为单元自主治理村域内或者跨村组的较小规模灌溉系统，更有利于形成规模效应，产生可观的合作剩余，提高自主治理组织的财政自立能力和成长能力。

（三）健全组织建设与运行规则，提高农民自主治理效能

以农民用水合作社为主的新型集体经济组织是农民自主治理农田水利的组织化载体，其良性运转不仅需要明晰的产权和政府的赋权，而且需要具有运用资源的组织动员能力和社会资本培育机制，增强其在农田水利建设管理中的参与能力、参与深度和自生能力。当前集体行动规则建构的重点主要包括三个方面：一是位置规则，应健全静态或动态管理的成员身份确认程序、标准、管理办法、登记备案等指导性规范，以及进入组织管理人员位置必备的资质条件。二是议事规则，成员之间的沟通、交流、协商及目标和利益分享是形成集体共识、增强互惠信任和合作能力的关键，通过定期举办会员大会、小组成员议事会、水费收缴及财务公开审议会、成员间纠纷解裁决会，健全成员议事参与、协商决策、监督执行的参与激励约束规则，重塑农民的主体意识，增加农民人力资本，提高其农田水利合作自治能力。三是参与规则，公共事务参与既是权力的再分配过程，同时也是赋权于农民的过程。农民在村社水利资源的决策、实施、监督、利益分配等方面拥有知情权、参与权和获益权，是合作组织持续

发展的根本，可以根据乡村社会网络现状，将村民"一事一议"制度的议事单位具体到村民组，提高农民的参与机会和参与能力。

第三节　对策建议

一、构建人水和谐共生的水利文化

新时代农田水利供给制度创新中，要坚持"绿水青山就是金山银山"的价值理念，树立"山水林田湖草"命运共同体的世界观，从"法律规制＋政策引导＋文化塑造"全方位，改变征服自然转向调整人的行为和纠正人的错误行为，多措并举构建人水和谐共生的社会主义水利文化。

（1）法律规制上，要按照"已经制定的法律得到普遍遵守，而人们普遍遵守的又是良好的法律"的法治精神，推进水利法治建设，实现水利良治。为此，既要按照落实"十六字"治水方针和水利行业强监管的要求，不断健全和完善水利法律法规，不断提高立法质量，形成水事良法；更要切实强化水行政执法，保障水事良法得到普遍遵守。

（2）政策引导上，要综合运用产业、投入、税收、价格等政策，有效驱动和调整人的行为。例如，通过制定产业政策，对原有的产业结构加以调整，形成经济社会发展与水资源承载能力相协调的格局；通过水利投入政策，引导水利资金向中西部地区、贫困地区等聚集；通过水资源费改税和水价等政策，发挥市场作用，促进水资源的节约和保护等。

（3）文化塑造上，一方面要在传承原有"献身、负责、求实"的水利行业精神基础上，按照水利改革发展的新形势和新要求，从反映对党忠诚、清正廉洁、勇于担当、科学治水、求真务实、改革创新等方面，打造新时代水利行业新精神；另一方面要加强宣传教育，形成全社会爱水节水护水的良好氛围。

二、构建权责一致的宪政规则

（一）构建"节水优先、纵横向产权权属并重"的产权制度

农田水利产权既是一种权利，也是一种资源，要汇聚政府与社会协同兴水治水合力，首先要构建纵横向权能并重的产权秩序及其实现形式，强化政府社会协同治水的产权激励。节水优先方面，要着眼于人水和谐和国家水安全全局，从制度标准完善、评价机制建立、监督管理强化等方面，使水资源节约集约利用成为农田水利规划和建设的前提。纵横向权属并重是指既要加强国家、村集体、农户等社会主体之间相对独立的纵向产权分置（所有权、支配权和用益权等）制度建设，又要加强农田水利供给过程及相关环节的参与者之间相对明晰的产权分置制度建设。在坚持农田水利工程产权和农业水权国家所有、集

体所有或团体所有的前提下，促进所有权、承包权、经营权三权分置，经营权和用益权流转，促使社会各方在沟通对话、共同协商、主动调整、自我管理的环境下，找到私有产权和公有产权共存的供给制度。

（二）构建分级负责的政府协作制度，落实政府主体责任

为统筹山水林田湖草系统治理、建设农田水利基础设施网络体系，必须建立纵向权责和横向权责有机结合的政府协作制度。纵向权责方面，要建立中央统筹、分级负责的协作制度，即中央统筹全国农田水利产权秩序、相关主体权益和发展投入支持等法规政策建设，省级政府负责农田水利网络规划和建设，市县级政府负责编制地方农田水利发展规划方案及建设管理项目的组织领导和制度落实。横向权责方面，各级政府要建立健全农业农村部门统筹推动、多部门协作的分工协作制度，统筹田、土、水、路、林、电综合配套建设和建后管护等事务，加强农田水利发展的组织领导、业务指导、技术服务和督促工作责任，有效提高农田水生态恢复力，增强农田水利的综合服务保障能力。同时，要明确地方政府（尤其是县级政府）负责制定新型集体经济组织或新型农业经营主体对村级水利和末级渠系工程的使用权、经营权、管理权、收益权和小型工程的所有权等权能规则，使之获得真实的大型灌排工程使用和管护规则制定权和管理参与权，以及民办水利的自主决策权、自主管理和自由支配权。村组和农户主要负责田间小型灌排设施管护或合作兴修水利设施，政府要负责为其申请财政补助和政策性贷款提供支持。

（三）构建"村、组、户三级所有"集体水利产权结构，强化产权激励

农田水利产权结构是水利产权内的权能之间相互连接耦合的关系格局，决定着水利的结构性生产边界，产权细分使技术边界以内产权运作成本最小而产出最大，是提高产权权力运行效率的客观要求。集体水利产权无论是公有私营还是私有私营，都不能有效解决产权实现机制不完善带来的问题。要破解产权激励不足问题，首先要将集体水利"乡镇、村和村民小组三级所有"的产权界区缩小至"村、组、户三级所有"产权结构，即村集体享有所有权、村民小组享有支配权、农户享有使用权或称承包经营权。三者之间权能相互制衡使集体水利经营的权责任明确、权能对称，以解决产权主体缺位和产权虚置问题，最终提高产权运作效能。因为在三级所有格局中，乡级组织范围过大，监督管理费用高；村民委员会是全体村民选举产生的村民自治组织，是最具农民意愿代表性和社会权威性的乡村非政府公共组织，而且，村委具有较健全的领导体制和组织架构，有能力行使集体水利所有权的职责。而村民小组虽然还不是经济组织，也不具有行政权力，难以成为集体水利产权的拥有主体。根据村委、村民组和农户的行为能力在"统分结合"水利经营体系中进行制度性权能分工，实现产权明晰、权责一致、权能匹配，最终提高水利产权运

行效能。广东清远、湖北秭归等地挖掘自然村这一传统社会资源凝聚力，在村民组实行村民自治的"微自治"，促进农田水利"小集体、大治理"的有效实现，便是例证。

（四）健全合作社能力提升的财力保障机制

（1）健全农田整治投资保障机制。中国应尽快建立健全田园建设投资保障的法律法规，对农民综合合作给予大量的财政投入和信贷支持，逐步确立符合中国国情的新增建设用地出让金和有偿使用费、新增粮食产能规划田间工程资金、现代农业生产发展资金、社会资本的多元融资渠道，并根据相关项目分级分类的不同，确立差异化的农田基本建设资金运营机制和分级分类建设成本分担机制，以确保有限资金的最大运营绩效。比如，村庄以上的公益性工程资金来源可以中央财政投入为主、地方财政配套投入为辅，并以制度性金融、社会资本和合作组织自筹资金为补充。村级工程资金来源可以地方财政投入为主、中央财政配套投入和合作组织自筹资金为辅，以制度性金融和社会资本为补充。

（2）设立农民综合合作财政转移支付制度。中国应整合现有农业"三项补贴"（农作物良种补贴、种粮直补、农资综合补贴）、小农水建设补贴、高标准农田建设补贴等农业专项补贴，设立综合性田园整治支持保护补贴，集中用于支持水土综合治理、耕地地力保护和粮食适度规模经营。这部分资金由地方政府根据本地农业农村发展需要开设一些专项支持项目，如在粮食直补政策中开设种粮耕地流转支持项目，重点扶持种粮大户参与农地流转；与农民工返乡创业相结合，建立高素质农民培养、农业职业经理人、农业企业家培育项目，推进农地规模经营和组织化发展等。

三、构建政府社会协同供给的治理体制

（一）加强"三级联动"管理体制建设，健全政府主导体制

理顺权力配置体制。明晰各级政府的主体责任，促进多层级政府之间既有明确分工，又相互配合，形成合力。结合当前国家推行的"河长制""湖长制"等地方政府负责河湖水网安全的制度建设期，将各级政府承担的农田水利组织管理事务融入"河湖水长制"，建立县乡村"三级联动"的农田水利组织管理体系。明确三级组织在农田水利发展规划、建设投入、产权管理、水生态保护、基层水利服务组织建设等方面的主体责任，以及为农民自主兴修水利提供权益保障、财力支持、业务指导等主要支持者责任和义务。尤其要加强乡镇水利站作为县水利部门的派出机构对乡（镇）辖区内水资源保护、农田水利建设规划、项目选址、组织实施、工程管理、技术指导服务等职责。要利用2018年启动的国家机构职能调整的机遇，建立农业农村部门统筹协调的立体式协同

管理体制。政府要担负起农村水土资源开发收益反哺农村、城乡水土资源系统治理、城乡基础设施一体化建设的主导者职责；从而，使农田水利管理机构设置更加科学、职能更加优化、权责更加协同、监督监管更加有力、运行更加高效，避免政出多门、责任不明、推诿扯皮，确保农村水利管理体制的优化和支持政策的协同高效。

（二）建立权能一致的分级投入机制

农田水利已经成为农田生态改善和农村环境治理的关键环节，农田水利的公益性和基础性地位日益突出，完全依靠市场机制难以解决投入不足和管理不善的问题，政府应该在农田水利提供和管理中发挥主导作用。根据财权与事权匹配原则，应以法律形式明确中央和地方农田水利事权划分，明确政策指导、建设投入、建设管理等方面的具体责任。根据农田水利工程规模、水利服务的具体特性，按照不同层级政府的行动能力和比较优势，将决策、执行、管理、监督和投入的责任和权利在多级政府间合理配置，健全责权分解和责权对称的供给责任分担机制。中央应从农业安全和粮食安全高度继续加强对农田水利发展的统一指导，在农田水利全国政策、标准、规划制定、跨省统筹协调和资金投入中起主导作用；地方政府在农田水利工程的建设和运行管理等方面承担主要责任。

（三）强化政府的管理主体责任，健全政府监管职责

政府要在农田水利管理中发挥主要支持者地位，贯彻"先建机制、后建工程"的治理理念，通过政策及资金支持基层政府和农民用水合作组织，强化政府在农田水利管理中的主导地位和支持职能。同时，要明确政府在农田水利建设、管理和使用过程中的项目合规性、工程质量、环境影响和行业监管等监督主体地位，支持农民及第三方力量（社会公益组织、新闻媒体等）对项目单位的监督评价，促进政府监管的社会化，使政府真正发挥公开、公平、公正的监督和指导功能。

四、强化政府的投入与管理主体责任

（一）强化政府投入主导作用，拓宽投融资支持渠道

首先，各级政府要将农田水利建设和管理资金纳入各级政府的财政预算，建立财政投入稳定增长机制；其次，中央政府要统筹农业开发、水利水电、高标准农田、水土保持、生态建设、乡村环境保护等发展资金，通过纵向和横向转移支付措施和基金项目等方式，支持地方政府形成配套投入能力。地方政府在加大农田水利财政预算规模的同时，可以通过设立水利发展基金、地方融资平台等措施拓宽融资渠道，并通过推进水利产权改革、PPP模式和相关税收优惠政策，吸引社会资金参与投资。基层政府和基层组织财力薄弱，要承担起

农田水利建设管理计划制定、组织实施、建管制度落实指导和村社水利组织能力建设投入等职责。同时，积极探索以工程所有权或使用权抵押融资、水利股权投资、贴息贷款、农业普惠金融、普惠保险等解决农村水利建设和运行维护经费问题，促进农田水利资源变资产、资金变股金，盘活水利资产、用好增量资源。

（二）强化政府投入主体责任，加大投资力度和范围

根据中国当前的财政分权状况，中央政府在农田水利指导和投入中应发挥决定性作用。明确政府在农田水利建设资金筹集和投入的主体责任，强化政府财政在农田水利投资中的主渠道地位。各级政府都应通过各类政策和资金引导，采取政府直接投资项目与政府社会合作项目（PPP）相结合的方式，大力开展具有基础性、前瞻性和引导性的重要农田水利基础设施建设和管理，牢牢把握农田水利发展方向和建设重点，促进农田水利社会生态系统的健康有序发展。

（三）建立常态化财政奖补制度，稳定民办水利投资预期

改革实践表明，"一事一议"财政奖补制度具有一定的制度优势，而其奖补力度的稳定增长性是其效率潜能发挥的条件。在加大乡村振兴水利支撑能力建设的过程中，要用足用好国际通行的"黄箱""绿箱"政策，将现有高标准农田建设专项资金、耕地保护开发资金、乡村水环境保护资金、水利发展基金等渠道资金，以及农业支持保护补贴、食品安全生产补贴、粮食援助补贴、自然灾害救济补贴、政府物资储备、城市和工业的反哺资金、长期低息贷款等财政奖励与补助专项资金统筹整合，设立农田水利绿色发展"一事一议"财政奖补专项基金，建立农田水利发展基金项目常态化申报制度，以项目为依托，集中用于支持水土综合治理、高效节水灌溉、水生态保护、耕地和生态修复等，支持乡村通过"一事一议"方式开展农田水利建设和农民合作能力建设。

五、构建激励相容的基层治理体系

（一）培育团体水权交易主体，强化村社协同治水激励

培育乡村团体水权交易主体是使市场在资源配置中起决定性作用和更好发挥政府作用的法治前提，也是实现农田水利市场化供给和多中心协同治理的前提。在中国农村集体经济组织和用水户协会活力不足的现实条件下，要明晰新型水利合作组织（农民用水协会、农民合作组织、村民组、村级集体经济组织、行业协会等）所辖耕地范围内共有水利产权统一经营权，赋予其统筹协调辖区内农田水利工程和农业水权等团体水利产权的交易主体资格。为此，要将各级财政投资形成的农田水利工程，实行所有权证、资产价值同时移交，配套

建立农田水利"两权"抵押融资机制，推动"虚权"变"实权"。赋予农民平等参与、民主决策、民主监督等权利，推动受益农户、专业合作社、受益企业等为管护主体的多种管理权、经营权流转形式创新，实现"资源变资产""资产变资金"，增强产权持有者协同兴水治水的产权激励和内生动力。

（二）重塑农田水利共同体，健全协同治水社会机制

在实施乡村振兴战略的新时代，农田水利如何更加包容地统合农村居民多元化和异质性需求，构建农田水利共同体，促进农民从身份、利益到情感的回归，是激发乡村自主治水活力的关键。为此，要发挥政府、村委会、社会组织、乡贤等组织型公共空间的重要作用，发挥好乡村传统尚水文化、乡规民约、用水规则、水利空间等要素在促进村民社会交往、文化认同、互惠信任、增进乡村社会资本的平台作用，使之成为激发农民参与村庄事务积极性，提高农民组织化，建立健全农田水利共商共建共享社会供给制度。同时，为增强新型水利合作组织财政自生能力，政府可以帮助和推动水利合作组织开展多种经营，如山水资源开发、池塘养殖、高效节水设施建造、耕地修复、水土保持、生态保育、人居环境整治、节水灌溉技术研究与交流工作等，充分调动协会成员的参与积极性，促进协会资金的循环应用和可持续发展。

（三）建立契约化灌区供水服务体系，提供供水效率

根据新一轮党政机构改革和事业单位分类改革精神，灌区应加快"事企分开"分类改革，将负责灌排工程管理和水资源开发、利用的专门管理机构转变成供水公司；在灌区内由农户以村民小组或村为单位组建 WUA（用水户协会），组织农民参与末级渠系灌溉管理。供水公司与 WUA 建立契约性灌溉服务关系。

灌区供水公司由事业单位转变为国有企业或混合所有制——具有独立法人资格的公益性经营实体，经过水利行政部门授权取得灌区水资源和水利工程使用权，负责灌排工程建设、管理、维护及工程设施更新改造或续建计划的实施，并负责向灌区农户提供水情监测、水量分配、水费计收等灌溉供水服务；负责灌区工程建设和运行管理，对投资兴建的灌溉工程拥有产权。为保障 WUA 灌溉用水需求，供水公司制定水资源开发、调蓄、分水计划和水价标准时，要保证公开、透明，组织专题论证大会，并给予 WUA 与农户决策者席位，接受 WUA 的建议。同时，协调和指导本灌区用水协会及其联合会的工作。

由农户以村民小组或村为单位组建 WUA，作为农户灌溉权益代理人，组织农民用水者共同管理渠域内工程管护和分水配水事务。承担协调供水公司和农户之间关系的中间服务组织职责，发挥大小水利工程衔接、蓄水配水工程配套、灌溉信息沟通和传递，从供水单位购买灌溉水量，并将其分配给农民用水

户。同时，有权对灌溉供水公司管理人员的工作绩效进行评定，确保农户灌溉用水权益。

（四）建立协商定价机制，增强农民自主节水激励

农业水价调整，一头连着农民和粮食安全，一头连着水资源和水安全。农业水价改革应坚持"节水优先、两手发力"的原则，鼓励用水户、用水协会与供水单位以水价与供水质量相匹配的定价原则，统筹供水运行成本、水资源稀缺程度、农业综合盈利能力、地方财力及用户承受能力等因素关系，实行农户自我管理、自行维护、自主定价的民主协商定价机制。同时，各级政府要本着优先解决农业灌溉"最后一公里"、优先补偿末级渠系运行维护费用的原则，逐步建立农业用水终端水价与骨干工程供水价格联动机制。同时，要健全水价政策民主议定制度，赋予农民用水组织和农民代表参与水价政策修订、监督水价执行、审计水费用途等权利，提高农民依法用水、自主节水的内在动力。

六、赋予农民合作组织综合发展权

（一）赋予合作社水土综合治理权利

中国应抓住当前《农民专业合作社法》修法之机，立法支持农民用水合作社拓展事业领域，与土地合作社联合组建乡村土地合作社，赋予其以"农田基本建设"为核心的村域（或小流域）内水土资源经营管理权利，支持其对农村水土资源、供排水资产等实现一体化整治、修复、管护和保护性开发利用。国外一些农民用水合作组织持续发展能力的形成，不仅源于政府的高额补贴，更在于各级政府赋予以农民水利合作组织为核心的村社组织承担农田灌溉排水设施、田间道路、桥涵等基础设施建设管理任务，而且还享有土地整治、耕地生态修复和农村环境治理等建设管理权力。这样既可发挥农民合作社的本地优势，提高农村水土资源和水利工程运行管理的效益，还能让农民分享水土资源多功能价值增值的成果，改善农民收入来源结构，让农民成为体面的职业。

（二）赋予合作社区域性农村基本设施建设管理权

立法明确田园整治合作社负责村域农田建设管护为核心的"山水田林路"综合经营权。在建管合一的土地改良事业运营机制下，农户能够通过组建总代会、监督理事会来行使土地改良区的各项基础设施建设管理事务。农田水利建设内容应随农业发展阶段和形势需要有所调整，不同时期侧重点不同。当前中国农业进入"高产优质高效安全"系统化推进阶段，应按照建设社会主义新农村的要求，将村庄公共基础设施建设管理权力赋予田园整治合作社。为确保农民的决策与实施参与权，可结合"一事一议"制度，以村民半数参加或 2/3 以上农户代表参加且人员过半数通过为原则，成立田园整治合作社代表大会，并

经地方政府相关职能部门审批通过，选举产生理事会和监事会，在理事会下设事业部，具体负责村庄水土整治、生产生活设施和生态环境建设管理，将乡村生态文明建设、农业技术推广与农民文化、技术素养的培育结合起来，全面提高农民群众的生产技能和综合素质。

（三）扩大农民用水组织的治权范围，增强内生发展能力

农民参与是赋权于民的过程，也是权力再分配的过程。农田水利工程产权与农业水权权属及其产权强度是我国农民组织化参与农田水利治理的制度保障，也是农田水利制度的核心。在当前农田水利工程产权和农业水权（以下简称水利产权）确权到户的前提下，单户独立运营水权和水利资产的条件还不成熟，需要在明晰新型农民组织（用水户协会、农民合作组织、村民组、村级集体经济组织、行业协会等）所属成员管辖耕地范围内集体水利产权统一经营主体的基础上，进一步扩权赋能，赋予其承接辖区内农田水利工程、饮水工程、水环境整治、水土保护、土地整理等工程设施建设权和经营管理权，以及现代农艺、灌溉试验、灌溉技术等试验推广参与权，使其逐步成长为负责所辖地域水资源涵养、分水、配水、水权交易、水环境保护、水生态治理等集体事务的公益性法人实体，提高其资源性资产持有的范围经济性和规模经济性。借此增强其涵养资源、经营资产、价值创造的行动能力，拓展其参与乡村公共事务治理的行动空间和社会网络，最终增强其动员乡村社会力量协同治水的资源配置能力、组织协同能力和制度建设能力。从而，促使新型农民组织成长为农民共商共建共享的农田水利共同体，汇聚乡村社会协同兴水治水的强大合力。2016年中央发布《关于稳步推进农村集体产权制度改革的意见》，提出"探索明晰农村集体经济组织和村民委员会的职能关系"，并鼓励地方探索"政经分离"的集体经济实现形式，在基层党组织和村民委员会之外建立独立运行的集体经济法人组织。这表明国家政策设计者已经意识到集体产权制度改革与基层治理改革的协同性关系。

七、建立农民综合合作支持体制

（一）设立田园整治事业统一管理机构

借鉴日本土地改良事业团体联合会统一管理土地改良事业的协作管理体制经验，我国可以在中央、省、市县农村工作委员总协调下由全国各级科学技术协会牵头，会同水利、农业、国土、环境等部门，组建全国和地方田园整治事业团体联合会，将现有的水利投资公司、水土保持所、土壤肥料所、灌溉试验站所、水利科学院、农业科学院、农技推广机构整合到田园整治事业团体联合会中，为乡村田园整治合作社提供基础性技术知识普及、定向支援、实践性技术知识提供、技术改良服务、重点政策支持、经营能力提高与先进技术导入等

经营管理和技术服务。

（二）构建高素质农民培养协作体系

高素质农民正在成为现代农业建设的主导力量。日本土地改良区的工作人员大都接受过土地改良技术和经营管理技能的教育和培训，并持证上岗。我国应加快构建以田园整治事业团体联合会为主导，统筹利用农广校、涉农院校、农业科研院所、农技推广机构等各类公益性培训资源，深化产教融合、校企合作，发挥农业职业教育集团的作用，通过政府购买服务、市场化运作等方式整合资源建立高素质农民实习实训基地和创业孵化基地，引导农民合作社建立农民田间学校，为高素质农民提供就近就地学习、教学观摩、实习实践和创业孵化场所，构建"一主多元"多部门密切联系、分工协作的高素质农民培养协作体系。

参 考 文 献

埃莉诺·奥斯特罗姆，2000. 公共事物的治理之道——集体行动制度的演进 [M]. 余逊达，陈旭东，译. 上海：生活·读书·新知三联书店.

埃莉诺·奥斯特罗姆，2000. 制度激励与可持续发展：基础设施政策透视 [M]. 上海：生活·读书·新知三联书店.

埃莉诺·奥斯特罗姆，2003. 社会资本：流行的狂热抑或基本的概念？[J]. 经济社会体制比较（2）.

埃莉诺·奥斯特罗姆，2013. 共同合作：集体行为、公共资源与实践中的多元方法 [M]. 北京：中国人民大学出版社.

埃莉诺·奥斯特罗姆，2015. 公共资源的未来：超越市场失灵和政府管制 [M]. 北京：中国人民大学出版社.

埃莉诺·奥斯特罗姆，2015. 规则、博弈与公共池塘资源 [M]. 西安：陕西人民出版社.

蔡晶晶，2013. 社会——生态系统视野下的集体林权制度改革：一个新的政策框架 [J]. 学术月刊（12）.

常云坤，2001. 黄河断流与黄河水权制度研究 [M]. 北京：中国社会科学出版社.

钞晓鸿，2006. 灌溉、环境与水利共同体：基于清代关中中部的分析 [J]. 中国社会科学（4）.

陈柏峰，林辉煌，2011. 农田水利的"反公地悲剧"研究——以湖北高阳为例 [J]. 人文杂志（6）：144-153.

陈华，2011. 吸纳与合作——非政府组织与中国社会管理 [M]. 北京：社会科学文献出版社.

陈雷，2016. 在2016年全国农田水利改革现场会上的讲话 [ED/OL]. 01-05. http：//www.jsgg.com.cn/Index/Display.asp? NewsID＝20714.

陈茂山，2019. 新时代治水总纲：调整人的行为和纠正人的错误行为 [J]. 水利经济（10）.

道格拉斯·C. 诺思，1994. 制度、制度变迁与经济绩效 [M]. 上海：生活·读书·新知三联书店.

邓大才，2018. 通向权利的阶梯：产权过程与国家治理 [J]. 中国社会科学（4）.

傅筑夫，1981. 中国封建社会经济史 [M]. 北京：人民出版社.

耿羽，2011. "输入式供给"：当前农村公共物品的运作模式 [J]. 经济与管理研究（12）：39-47.

郭珍，2019. 项目资源分配与村庄小型农田水利设施供给差异 [J]. 郑州大学学报（哲学社会科学版）（6）.

哈耶克，2000. 致命的自负［M］. 冯克利，译. 北京：中国社会科学出版社.

韩洪云，赵连阁，2002. 灌区农户合作行为的博弈分析［J］. 中国农村观察（4）.

韩洪云，2004. 灌区农户"水改旱"行为的实证分析［J］. 中国农村经济（9）.

韩洪云，赵连阁，2001. 节水农业经经济分析［M］. 北京：中国农业出版社.

韩俊，等，2011. 我国小型农田水利建设和管理机制：一个政策框架［J］. 改革（8）.

韩俊魁，2007. 境外在华对草根组织的培育：基于个案的资源依赖理论解释［C］. 清华大学研究所.

行龙，2000. 明清以来山西水资源匮乏及水案初步研究［J］. 科学技术哲学研究（6）.

行龙，2005. 晋水流域36村水利祭祀系统个案研究［J］. 史林（4）.

行龙，2008. "水利社会史"探源：兼论以水为中心的山西社会［J］. 山西大学学报（哲学社会科学版）（1）.

何大韧，刘宗华，王秉洪，2010. 复杂系统与复杂网络［M］. 北京：高等教育出版社：147-158.

贺雪峰，郭亮，2010. 农田水利的利益主体及其成本收益分析——以湖北省沙洋县农田水利调查为基础［J］. 管理世界（7）.

贺雪峰，罗兴佐，等，2003. 农田水利与农地制度创新：以荆门市划片承包调查为例［J］. 管理世界（9）.

贺雪峰，2000. 村庄精英与社区记忆：理解村庄性质的二维框架［J］. 社会科学辑刊（4）：37-38.

贺雪峰，2010. 地权的逻辑：中国农村土地制度向何处去［M］. 北京：中国政法大学出版社.

贺雪峰，2010. 农民用水户协会为何水土不服［J］. 中国乡村发现（1）.

赫尔曼·哈肯，2005. 协同学：大自然成功的奥秘［M］. 上海：上海译文出版社.

洪大用，2016. 以更高水平社会进步引领经济新发展［J］. 求是（7）.

胡鞍钢，鄢一龙，2016. 中国国情与发展［M］. 北京：清华大学出版社.

胡鞍钢，1989. 人口与发展：中国人口经济问题的系统研究［M］. 浙江：浙江人民出版社.

胡继连，葛颜祥，周玉玺，2005. 水权市场与农用水资源配置研究：兼论水利设施产权及农田灌溉的组织制度［M］. 北京：中国农业出版社.

胡继连，周玉玺，谭海鸥，2003. 小型农田水利产业组织问题研究［J］. 山东社会科学（2）.

胡学家，2006. 发展农民用水户协会的思考［J］. 中国农村水利水电（5）.

黄才安，2001. 广西农村小型水利体制改革初探［J］. 广西水利水电（3）.

黄彬彬，2014. 农民参加用水者协会意愿的影响因素实证分析［J］. 南昌工程学院学报（3）.

黄璜，2010. 基于"信任"与"网络"的合作演化［J］. 软科学（2）.

黄璜，2010. 基于社会资本的合作演化研究——"基于主体建模"方法的博弈推演［J］. 中国软科学（9）.

黄璜，2010. 社会科学研究中"基于主体建模"方法评述［J］. 国外社会科学（5）.

黄珺，顾海英，朱国玮，2005. 中国农户合作行为的博弈分析和现实阐释 ［J］. 中国软科学（12）.

黄鹏进，2018. 产权秩序转型：农村集体土地纠纷的一个宏观解释 ［J］. 南京农业大学学报（社会科学版）(1).

黄少安，宫明波，2009. 委托——代理与农村供水系统制度创新——以山东省临朐县农村供水协会为例 ［J］. 理论学刊（4）.

黄玮强，庄新田，2012. 复杂社会网络视角下的创新合作与创新扩散 ［M］. 北京：中国经济出版社.

黄相辉，2008. 中国农民合作组织发展的若干理论与实践问题 ［J］. 中国农村经济（11）.

黄宗智，2000. 长江三角洲小农家庭与乡村发展 ［M］. 北京：中华书局.

黄祖，徐旭初，2006. 基于能力和关系的合作治理——对浙江省农民专业合作社治理结构的解释 ［J］. 浙江社会科学（1）.

黄祖辉，徐旭初，冯冠胜，2002. 农民专业合作组织发展的影响因素分析：对浙江省农民专业合作组织发展现状的探讨 ［J］. 中国农村经济（3）.

纪志耿，2016. 新中国成立初期党领导农田水利建设的历史进程及其经验 ［J］. 经济研究导刊（2）：19-20.

冀朝鼎，1981. 中国历史上的基本经济区与水利事业的发展 ［M］. 北京：中国社会科学出版社.

江宜航，王永群，2010. 千疮百孔的小型农田水利体系 ［J］. 中国经济时报（2）.

焦长权，2010. 政权“悬浮”与市场“困局”：一种农民上访行为的解释框架——基于鄂中G镇农民农田水利上访行为的分析 ［J］. 开放时代（6）.

杰瑞·斯托克，2007. 地方治理研究：范式、理论与启示 ［J］. 浙江大学学报（人文社会科学版）(2).

金恒镳，2008. 台湾人工林的适应性管理 ［J］. 生态系统研究与管理简报（5）.

金应忠. 2019. 再论共生理论——关于当代国际关系的哲学思维 ［J］. 国际观察（1）：15-16.

卡尔·波兰尼，2013. 巨变：当代政治与经济的起源 ［M］. 黄树民，译. 北京，社会科学文献出版社：25.

孔祥智，李保江，1999. 城镇化影响农业可持续发展的机理分析 ［J］. 人文杂志（5）.

孔祥智，史冰清，2008. 农户参加用水者协会意愿的影响因素分析 ［J］. 中国农村经济（10）.

孔祥智，涂圣伟，2006. 新农村建设中农户对公共物品的需求偏好及影响因素研究——以农田水利设施为例 ［J］. 农业经济问题（10）.

李德丽，2014. 用水户加入农民用水合作组织的意愿及影响因素分析 ［J］. 中国农学通报（14）.

李瑞昌，2004. 政策网络：经验事实还是理论创新 ［J］. 中共浙江省委党校学报（1）.

李彦霞，2013. 农田水利工程与生态系统的协调发展 ［J］. 农业工程（5）.

李友生，高虹，任庆恩，2004. 参与式灌溉管理与我国灌溉管理体制改革 ［J］. 南京农业大学学报（4）.

李政蓉，郭喜．2021. 公共服务协同供给机制动态化：一个分析框架［J］. 中国行政管理
（3）.

李中秋，2015. 巴泽尔产权界定的逻辑思路［J］. 河北经贸大学学报（9）.

李祖佩，2015. 项目制基层实践困境及其解释——国家自主性的视角［J］. 政治学研究
（5）.

连洪泉，周业安，2015. 异质性和公共合作：调查和实验数据［J］. 经济学动态（9）.

联合国千年生态系统评估理事会，2007. 入不敷出——自然资产与人类福祉［M］. 赵士
洞，等，译. 北京：中国环境科学出版社．

刘芳，史晋川，2009. 组织关系视角下的农民合作组织行政科层化问题研究：以用水协会
的构建和发展为例［J］. 农业经济问题（9）.

刘芳，等，2010. 参与式灌溉管理模式科层化问题分析［J］. 水利学报（2）.

刘芳．2009. 参与式灌溉管理模式的实施机制及其发展问题分析［J］. 中国农村水利水电
（9）.

刘凤丽，彭世彰，2004. 灌区参与式管理模式探讨［J］. 水利水电科技进展（2）.

刘辉，周长艳，2016. 山地丘陵区农田水利产权治理模式及创新分析——基于湖南省张家
界市的调查［J］. 农村经济（4）.

刘建平，刘文高，2007. 农村公共产品的项目式供给：基于社会资本的视角［J］. 中国行
政管理（1）：52-55.

刘静，钱克明，张陆彪，等，2008. 中国中部用水者协会对农农户生产的影响［J］. 经济
学（季刊）（2）.

刘军，2004. 社会网络分析导论［M］. 北京：中国社会科学出版社．

刘伟忠，2012. 协同治理的价值及其挑战［J］. 江苏行政学院学报（5）：113-117.

刘欣，2007. 农村水利公共设施的供给与需求分析［J］. 中国农村水利水电（7）.

刘肇玮，朱树人，袁宏源，2004. 中国水利百科全书 灌溉于排水分册［M］. 北京：中国
水利水电出版社：171-172.

陆文聪，叶建，2004. 粮食政策市场化改革与浙江农作物生产反应：价格、风险和订购
［J］. 浙江大学学报（3）.

罗伯特·D. 帕特南，2005. 使民主运转起来［J］. 王列，赖海榕，译. 中国行政管理（4）.

罗伯特·阿格拉诺夫，迈克尔·麦圭尔，2007. 协作性公共管理：地方政府新战略［M］.
李玲玲，等，译. 北京：北京大学出版社．

罗伯特·阿克塞尔罗德，2008. 合作的复杂性：基于参与者竞争与合作的模型［M］. 上
海：上海人民出版社 2008.

罗伯特·阿克塞尔罗德. 合作的进化［M］. 上海：上海世纪出版集团：3.

罗家德，2005. 社会网络分析讲义［M］. 北京：社会科学文献出版社．

罗兴佐，贺雪峰，2004. 农田水利的社会基础［J］. 开放时代（2）.

罗兴佐，2005. 税费改革后的为农田水利：困境与对策［J］. 调研世界（11）.

罗兴佐. 2006."渠成"为何不能"水到"——大碑湾泵站"卖水难"解析［J］. 中国改革

（4）.

罗兴佐，2006. 治水：国家介入与农民合作——荆门五村农田水利研究［M］. 武汉：湖北
　　人民出版社.

罗兴佐，2008. 农民合作灌溉的瓦解与近年我国的农业旱灾［J］. 水利发展研究（5）.

马克斯·韦伯，1981. 世界经济通史［M］. 姚曾，译. 上海译文出版社：272.

马培衢，刘伟章，2006. 集体行动逻辑与灌区农户灌溉行为分析——基于中国漳河灌区微
　　观数据的研究［J］. 财经研究（12）.

迈克尔·麦金尼斯，2000. 多中心体制与地方公共经济［M］. 毛寿龙，译. 上海：生活·
　　读书·新知三联书店.

曼瑟尔·奥尔森，2011. 集体行动的逻辑［M］. 上海：生活·读书·新知三联书店.

孟戈，邱元锋，2009. 福建省大中型灌区水权界定及交易研究［J］. 水利经济（5）.

苗珊珊，2014. 社会资本多维异质性视角下农户小型水利设施合作参与行为研究［J］. 中
　　国人口资源与环境（12）.

穆瑞杰，朱春奎，2005. 复杂性网络治理研究［J］. 河南社会科学（3）.

穆贤清，等，2004. 我国农户参与灌溉管理的产权制度保障［J］. 经济理论与经济管理
　　（12）.

农业农村部党组，2018. 在全面深化改革中推动乡村振兴［J］. 求是（20）.

皮埃尔·卡蓝默，2005. 破碎的民主——试论治理的革命［M］. 高凌瀚，译. 上海：生
　　活·读书·新知三联书店：101 - 102.

钱杭，2008. 共同体理论视野下的湘湖水利集团——兼论"库域型"水利社会［J］. 中国
　　社会科学（2）.

青木昌彦，2000. 沿着均衡点演进的制度变迁［M］//科斯，诺思，威康姆森，等. 制度、
　　契约与组织. 北京：经济科学出版社.

邱枫，米加宁，梁恒，2013. 基于主体建模仿真的公共政策分析框架［J］. 东北农业大学
　　学报（社会科学版）（4）.

渠敬东，2012. 项目制：一种新的国家治理体制［J］. 中国社会科学（5）：114 - 130.

全球治理委员会，1999. 我们的全球伙伴关系［J］. 马克思主义与现实（5）：37 - 41.

萨瓦斯，2002. 民营化与公私部门的伙伴关系［M］. 周志忍，等. 译. 北京：中国人民大
　　学出版社.

山西大学中国社会史研究中心，2012. 山西水利社会史［M］. 北京：北京大学出版社.

时和兴，2012. 复杂性时代的多元公共治理［J］. 人民论坛（6）.

史定华，2011. 网络度分布理论［M］. 北京：高等教育出版社.

水利部农水司，2006. 全国农民用水户协会发展迅速［J］. 中国水利（24）.

宋洪远，吴仲斌，2009. 盈利能力、社会资源介入与产权制度改革——基于小型农田水利
　　设施建设与管理问题的研究［J］. 中国农村经济（3）：4 - 13.

宋涛，耿羽，2012. 资源输入背景下的农田水利发展［J］. 武汉理工大学学报（社会科学
　　版），25（6）：893 - 896.

孙亚范，2008. 农民专业合作经济组织利益机制及影响因素分析：基于江苏省的实证研究

[J]. 农业经济问题 (9)：48-56.

谭诗赞，2017. "项目下乡"中的共谋行为与分利秩序 [J]. 探索 (3).

田炜，邓贵仕，武佩剑，2008. 基于复杂网络与演化博弈的群体行为策略分析 [J]. 计算机应用研究 (8).

田学斌，2017. 在 2017 年全国农村水利工作会议上的讲话 [J]. 中国水利 (21).

仝志辉，2005. 农民用水户协会与农村发展 [J]. 经济社会体制比较 (4)：74-80.

托尼·麦克格鲁，2003. 走向真正的全球治理 [M] //李惠斌. 全球化与公民社会. 南宁：广西师范大学出版社：94.

万里，1998. 水利产权制度改革理论与实务 [M]. 北京：中国水利水电出版社.

汪普庆，2009. 我国蔬菜质量安全供给制度及其仿真研究 [D]. 武汉：华中农业大学.

汪小帆，李翔，陈关荣，2012. 网络科学导论 [M]. 北京：高等教育出版社.

王爱国，2011. 关于发展节水灌溉的方向与对策思考 [J]. 中国水利 (6).

王广正，1997. 论组织和国家中的公共物品 [J]. 管理世界 (1)：209-212。

王会，2010. 农民的小机井还能打多深？[J]. 老区建设 (5)：25-26.

王金霞，黄季焜，Scott Rozelie，2000. 地下水灌溉系统产权制度的创新与理论解释小型水利工程的实证研究 [J]. 经济研究 (4).

王金霞，黄季焜、Scott Rozelie，2004. 激励机制、农民参与和节水效应：黄河流域灌区水管理制度改革的实证研究 [J]. 中国软科学 (11).

王金霞，徐志刚，黄季焜，等，2005. 水资源管理制度改革、农业生产与反贫困 [J]. 经济学 (1).

王尚义，张慧芝，2006. 明清时期汾河流域生态环境演变与民间控制 [J]. 民俗研究 (3).

王晓娟，李周，2005. 灌溉用水效率及影响因素分析 [J]. 中国农村经济 (7).

王亚华，2005. 水权解释 [M]. 上海：生活·读书·新知三联书店，上海人民出版社.

王亚华，2013. 中国用水户协会改革：政策执行视角的审视 [J]. 管理世界 (6).

王亚华，2018. 诊断社会生态系统的复杂性：理解中国古代的灌溉自主治理 [J]. 清华大学学报（哲学社会科学版）(2).

卫树鹏，刘建华，2018. 咸阳三原县一水利民生工程质量令人堪忧 [ED/OL]. 陕西科技传媒. https://www.toutiao.com/i6537186923536974350/.

温铁军. 别让农民合作社成为新的形象工程 [ED/OL]. http：/1www.southen.com/opinion/commentator/jizhe/200610090730.

吴秋菊，林辉煌，2017. 重复博弈、社区能力与农田水利合作 [J]. 中国农村观察 (6)：88-101.

向青，黄季焜，2000. 地下水灌溉系统产权演变和种植业结构调整研究 [J]. 管理世界 (5).

项继权，2002. 集体经济背景下的乡村治理 [M]. 武汉：华中师范大学出版社：164.

肖波，王文志，2014. 山东一投资数千万水利项目建成就报废 [N]. 经济参考报，10-14.

萧正洪，1999. 历史时期关中地区农田灌溉中的水权问题 [J]. 中国经济史研究 (1).

徐绪松，2010. 复杂科学管理 [M]. 北京：科学出版社.

许志方，张泽良，2002. 各国用水户参与灌溉管理经验述评 [J]. 中国农村水利水电 (6).

薛莉，武华光，胡继连，2004. 农用水集体供应机制中"公地悲剧"问题分析 [J]. 山东社会科学 (9).

姚汉源，2005. 中国水利发展史 [M]. 上海：上海人民出版社.

姚洋，2004. 以市场替代农民的公共合作 [J]. 华中师范大学学报（人文社会科学版）(5).

叶兴庆，2016. 演化轨迹、困境摆脱与转变中国农业发展方式的政策选择 [J]. 改革 (6).

应星，2007. 草根动员与农民群体利益的表达机制——四个个案的比较研究 [J]. 社会学研究 (2).

俞可平，2000. 治理与善治 [M]. 北京：社会科学文献出版社：242.

郁建兴，2012. 当代中国社会建设中的协同治理——一个分析框架 [J]. 学术月刊 (8).

张兵，王翌秋，2004. 农民用水者参与灌区用水管理与节水灌溉研究——对江苏省皂河灌区自主管理排灌区模式运行的实证分析 [J]. 农业经济问题 (3).

张发，宣慧玉，2004. 重复囚徒困境博弈中社会合作的仿真 [J]. 系统工程理论方法应用 (2).

张化云，2018. 农田水利"最后一公里"加快建设. 拂晓报 [ED/OL]. http：//www. zgfxnews. com/xw/content/2018 - 12/10/content _ 215336. htm.

张军，1999. 合作团队的经济学：一个文献综述 [M]. 上海：上海财经大学出版社.

张康之，2008. 论参与治理、社会自治与合作治理 [J]. 行政论坛 (6).

张康之，2014. 论高度复杂性条件下的社会治理变革 [J]. 国家行政学院学报 (4).

张陆彪，刘静，胡定寰，2003. 农民用水户协会的绩效与问题分析 [J]. 农业经济问题 (2).

张玉芳，2018. 计划五年打通农田水利"最后一公里" [N]. 安徽日报 . 03 - 13.

章荣君 . 2016. 实现村民自治中选举民主与协商民主协同治理的探究 [J]. 湖北社会科学 (10).

赵立娟，2009. 农民用水者协会形成及有效运行的经济分析——基于内蒙古世行三期灌溉项目区的案例分析 [D]. 呼和浩特：内蒙古农业大学.

赵万里，徐铁梅，2018. 制度理性：制度变迁、行为选择与社会秩序 [J]. 经济学家 (3).

郑风田，董筱丹，温铁军，2010. 农村基础设施投资体制改革的"双重两难" [J]. 贵州社会科学 (7).

郑肇经，1984. 中国水利史 [M]. 上海：商务印书馆.

周飞舟，2012. 财政资金的专项化及其问题兼论"项目治国" [J]. 社会，32 (1)：1 - 36.

周亚，张俊峰，2005. 清末晋南乡村社会的水利管理与运行——以通利渠为例 [J]. 中国农史 (3).

A J. Park，H H. Tsang，M. Sun，and U Glasser，2012. An agent - based model and computational framework for counter - terrorism and public safety based on swarm intelligence [J]. Security Informatics (23)：1 - 23.

Gracia - Lazaro C，Ferrer A，Ruiz G，et al，2012. Heterogeneous networks do not promote cooperation when humans play a Prisoners Dilemma [J]. Proc. Natl. Acad. Sci. , 109 (32): 1922 - 1926.

Holland, 2014. Complexity: A Very Short Introduction [M]. Oxford: Oxford University Press: 26.

Marco A. Janssen, John M. Anderies, Irene Pérez, David J. Yu, 2015. The effect of information in a behavioral irrigation experiment [J]. Water Resources and Economics, 12 (10): 14 - 26.

Olsson P. C. Folke, and F. Berkes, 2004. Adaptive Co - management for Building Resilience in Social - ecological Systems [J]. Environmental Management, 34 (1): 75 - 90.

Ostrom E. , Ahn T K, 2001. A social science perspective on social capital: Social capital and collective action [D]. Workshop in Political Theory and Policy Analysis Indiana Universty.

Ostrom E, 1998. A Behavioral Approach to The Rational Choice Theory of Collective Action [J]. American Politics Science Review, 92 (1): 1 - 22.

Ostrom E, 2007. A Diagnostic Approach for Going Beyond Panaceas [J]. PNAS, 104 (39): 15181 - 11587.

Ostrom E, 2009. A General Framework for Analyzing Sustainability of Social Ecological Systems [J]. Science (325): 419 - 422.

Salmon, Timothy C, 2001. An Evaluation of Econometrics Models of Adaptive Learning [J]. Econometrica (69): 1597 - 1628.

Santos F. C. , Pacheco J. M, 2011. Risk of collective failure provides an escape from the tragedy of the commons [J]. Proc. Natl. Acad. Sci. , 108 (26): 10421 - 10425.

Sarah Wise, Andrew T. Crooks, 2012. Agent - based modeling for community resource management: Acequia - based agriculture. Computers [J]. Environment and Urban Systems, 36 (6): 562 - 572.

Scheffer, M. et al, 2001. Catastrophic shifts in ecosystems [J]. Nature (431): 591 - 596.

Schlüter, M. , and C. Pahl - Wostl, 2007. Mechanisms of resilience in common - pool resource management systems: an agent - based model of water use in a river basin [J]. Ecology and Society, 12 (2).

Schotter, A, 1981. The Economic Theory of Social Institutions [M]. Cambridge: Cambridge University Press.

Schreinemachers, P. , Berger, T, 2011. An agent - based simulation model of human - environment interactions in agricultural systems [J]. Environmental Modelling & Software, 26 (7): 845 - 859.

Sebastian Rasch, Thomas Heckelei, Roelof Johannes Oomen, 2016. Reorganizing resource use in a communal livestock production socio - ecological system in South Africa [J]. Land Use Policy (52): 221 - 231.

Shivakoti Ganesh P. and Elinor Ostrom, 2002. Improving Irrigation Governance and Management in Nepal, Oakland [M]. CA: ICS Press.

Sichman, J., Conte, R., Gilbert, N. (Eds.) 1998. Multi - Agent Systems and Agent Based Simulation [M]. Springer: 534.

Simon, C., Etienne, M, 2010. A companion modelling approach applied to Forest management planning [J]. Environmental Modelling & Software, 25 (11): 1371 - 1384.

Steven M. Manson, Tom Evans, 2007. Agent - based modeling of deforestation in southern Yucatan, Mexico, and reforestation in the Midwest United States [J]. PNAS, 104 (52): 20678 - 20683.

Svendsen, M. and Vermillion, D, 1994. Irrigation Management Transfer in the Columbia Basin: Lessons and International Implications [M]. Colombo, SriLanka.

T. Filatova, 2015. Empirical agent - based land market: Integrating adaptive economic behavior in urban land - use models [J]. Computers, Environment and Urban Systems, 54 (11): 397 - 413.

T. Schelling, 1971. Dynamic Models of Segregation [J]. Journal of Mathematical Sociology (1): 143 - 186.

Taehyon Choi, 2011. Information Sharing, Deliberation, and Collective Decision Making: A Computational Model of Collaborative Governance [D]. Doctoral Dissertation of University of Southern California.

Takuji W., Tsusaka, Kei Kajisa, Valerien O., Pede, Keitaro Aoyagi, 2015. Neighborhood effects and social behavior: The case of irrigated and rain - fed farmers in Bohol, the Philippines [J]. Journal of Economic Behavior & Organization (118): 227 - 246.

Tanja A. Borzel, 1997. What's So Special About Policy Networks? —An Exploration of the Concept and Its Usefulness in Studying European Governance [J]. European Integration online Papers1 (16).

Tayan Rai Gurung. Francois Bousquet, Guy Trebuil, 2006. Companion modeling. conflict resolution, and institution building; sharing irrigation water in the Lingmuteychu watershed, Bhutan [J]. Ecology and Society (11).

Tesfatsion, L, 1997. How economists can get alife [M] // Arthur, W. Durlauf, S., Lane, S. (Eds.). The Economy as an Evolving Complex System II. Santa Fe: Addison - Wesley: 533 - 564.

Thomas Berger, 2001. Agent - based spatial models applied to agriculture: a simulation tool for technology diffusion, resource use changes and policy analysis [J]. Agricultural Economics (25): 245 - 260.

Uphoff, Norman, M. L Wickramasinghe, c. M. Wuayaratna, 1990. Optimum Participation in Irrigation Management: Issues and Evidence from Sri Lanka [J]. Human Organization, 49 (1): 89 - 97.

Van Oel, P. R., et al, 2010. Feedback mechanisms between water availability and water use in a semi - arid river basin: a spatially explicit multi - agent simulation approach [J].

Environmental Modelling & Software, 25 (4): 433 - 443.

Vermillion, D. L. and c. Garces - Restrepo, 1998. Impacts of Colombia's Current Irrigation Management Transfer Program [M]. Colombo, Sri Lanka: International Water Management Institute.

Vermillion, D. L, 1997. Impacts of irrigation management transfer: A review of the evidence [D]. Colombo, Sri Lanka: International Irrigation Management Institute.

W. C. Clark and N. M. Dickson, 2003. Sustainabiliy Science: The Emerging Research Program [J]. Proceedings of the National Academy of Science (100): 8059 - 8061.

Wang J, Suri S, Watts D J, 2012. Cooperation and assortativity with dynamic partner updating [J]. Proc. Natl. Acad. Sci. , 109 (36).

Weili Ding & Steven F. Lehrer, 2006. Do peers affect student achievement in China's secondary schools? [D]. Nber Working Paper Sepies.

Weingast, B, 1997. The political foundations of democracy and the rule of law [J]. American Political Science Review (91): 245 - 263.

Wilson SW, 1987. Classifier systems and the animat problem [J]. Machine Learning (2): 199 - 228.

World Bank, 1993. Water Resources Management, A World Bank Policy Paper [D]. Washington, D. C. : World Bank, Operations Evaluation Department.

World Bank, 1994. A Review of World Bank Experience in Irrigation [D]. Washington, D. C. : World Bank, Operations Evaluation Department.

致　　谢

本书系作者多年来系统研究中国生态治理现代化中农村水利改革发展问题的又一项创新性研究成果。本书得到河南省高等学校哲学社会科学优秀学者项目（2015-YXXZ-08）等多个项目的支助。主要包括：河南省高等学校哲学社会科学优秀学者项目"农田水利供给制度创新研究"（2015-YXXZ-08），河南省政府决策招标项目"河南农业绿色发展推进策略研究"（2017B256），国家社科基金重点项目"中国乡村水利治理体系现代化理论与路径研究"（20AJY010），国家社科基金项目"政府社会协同提高农田水利供给绩效的制度建设研究"（13BJY100），河南省重点研发与推广专项（软科学）项目"基于空间视角的河南产业集群创新与新型城镇化耦合协调发展研究"（192400410104）等项目。在此，特向支持本书成稿的河南省教育厅、河南省人民政府发展研究中心、全国哲学社会科学工作办公室给予的项目支持表示衷心的感谢！

感谢相关领导和专家在作者承担的相关项目论证和调研期间提出的观点和思路。他们分别是河南财经政法大学副校长刘荣增教授、河南省农业科学院副院长乔鹏程研究员、河南省农业农村厅人居环境指导处唐新伟处长、河南省农业科学院田建民书记、河南省社会科学院农村发展研究所所长陈明星研究员、华北水利水电大学社科处魏新强教授等。在此对他们的关心和支持表示衷心感谢。

感谢我的科研团队成员：河南科技大学社科处田虎伟处长、裴学圣教授、柳延恒博士、马骏科长，经济学院程相斌书记、褚晓飞院长、薛选登教授、房裕博士、王向辉博士、李存贵博士、杜威漩博士等和法学院高晓燕书记为"政府社会协同提升农田水利供给绩效的制度建设研究"等研究报告撰写做出的贡献。感谢河南工业大学经贸学院副院长李铜山教授对本书定稿给予的支持。感谢河南省水利厅水文局于吉红主任、河南省水利厅农村水利处马荣立、洛阳水文局薛建民局长，对本书撰写过程中实地调研点联系、调查思路和内容设计的建议，以及对本研究实地调研、资料和数据采集等方面给予的大力支持。

最后，感谢我的爱人王芳女士给予我无尽的关爱和默默的奉献！

谨以此书献给我的父母和家人！

马培衢

成书于河南洛阳